新世纪现代交通类专业系列教材

基础工程

（第2版）

主编 尤晓暐 邵 江 卫 康

清华大学出版社
北京交通大学出版社
·北京·

内容简介

"基础工程"是"土力学"的后续专业课。本教材是根据高等学校土木工程专业（道路、桥梁、公路隧道与岩土工程专业方向）、道路桥梁与渡河工程专业教学的基本要求和培养目标编写的。本教材系统地介绍了道路、桥梁及人工构造物常用的各种类型地基和基础的设计原理、计算理论和方法及施工技术。在编写过程中，注重理论联系实际，工程应用上侧重于公路桥梁专业的实际需要，具有一定的针对性。本教材共分6章，主要内容包括：地基勘察、天然地基上的浅基础、桩基础、沉井基础、区域性地基与挡土墙、地基处理。每章首编有内容提要和学习要求，章尾附有复习思考题。

本教材可供高等学校土木工程专业教学使用，也可供其他相关专业师生和从事基础工程设计、施工的技术人员参考。

本书封面贴有清华大学出版社防伪标签，无标签者不得销售。
版权所有，侵权必究。侵权举报电话：010-62782989　13501256678　13801310933

图书在版编目(CIP)数据

基础工程/尤晓暐，邵江，卫康主编．—2版．—北京：北京交通大学出版社：清华大学出版社，2017.1（2018.5重印）
ISBN 978-7-5121-3067-8

Ⅰ.①基⋯　Ⅱ.①尤⋯　②邵⋯　③卫⋯　Ⅲ.①地基－基础（工程）－高等学校－教材　Ⅳ.①TU47

中国版本图书馆CIP数据核字(2016)第286970号

责任编辑：韩　乐

出版发行：清华大学出版社　　邮编：100084　电话：010-62776969　http://www.tup.com.cn
　　　　　北京交通大学出版社　邮编：100044　电话：010-51686414　http://www.bjtup.com.cn

印　刷　者：北京时代华都印刷有限公司
经　　　销：全国新华书店
开　　　本：185 mm×260 mm　印张：19　字数：474千字
版　　　次：2017年1月第2版　2018年5月第2次印刷
书　　　号：ISBN 978-7-5121-3067-8/TU·156
印　　　数：3 001～5 000册　定价：42.00元

本书如有质量问题，请向北京交通大学出版社质监组反映。对您的意见和批评，我们表示欢迎和感谢。
投诉电话：010-51686043,51686008；传真：010-62225406；E-mail：press@bjtu.edu.cn。

前　言

本教材是根据高等学校土木工程专业教学制定的"基础工程"课程的教材大纲，并结合目前教学改革发展的需要，以及在实际工程中专业的最新动态编写的。在编写过程中，征求了有关学校和单位对教材编写的意见和建议。本次修订，注重使教材的内容反映本学科的最新成果，使读者学到的知识能适应公路建设的需要，努力按大纲要求更新了规范，使内容更着重于阐述该学科的基本原理和基本方法。

本教材主要介绍基础工程勘察和基础工程设计、施工的基本原理、基本理论和实用方法。主要内容包括地基勘察、天然地基上的浅基础、桩基础、沉井基础、区域性地基与挡土墙、地基处理等。在编写过程中注重理论联系实际，在工程应用上侧重于满足路桥专业的实际需要，具有一定的针对性。本教材采用了最新修订的工程规范、规程和标准，并结合了本科教学的特点，突出了应用性与针对性。

本教材共分6章，由尤晓暐、邵江、卫康担任主编。具体编写人员如下：尤晓暐（绪论、第1章、第3章），邵江（第4章、第5章），卫康（第2章、第6章）。全书由尤晓暐统稿。

本教材的编写吸收和借鉴了前人同类教材的许多内容和优点，在此深表感谢。由于编者的理论水平和实践经验有限，书中错误和不妥之处在所难免，恳请使用本书的读者批评指正。

编　者

2017年1月

目 录

绪论 ·· 1
第1章 地基勘察 ·· 6
1.1 概述 ·· 6
1.1.1 岩土工程勘察的任务 ··· 6
1.1.2 岩土工程勘察的阶段划分 ··· 7
1.1.3 岩土工程勘察的常用手段 ··· 8
1.1.4 岩土工程勘察的程序 ··· 8
1.2 钻探 ·· 9
1.2.1 钻探分类 ·· 9
1.2.2 对钻探的基本要求 ··· 10
1.2.3 钻探成果 ·· 10
1.3 触探 ·· 12
1.3.1 触探分类 ·· 12
1.3.2 标准贯入试验及其成果应用 ·· 13
1.3.3 圆锥动力触探试验及其成果的应用 ··· 16
1.3.4 静力触探试验及其成果应用 ·· 18
1.4 取样与室内试验 ··· 19
1.4.1 土试样采取 ··· 20
1.4.2 室内试验 ·· 21
1.5 原位测试 ·· 21
1.5.1 平板静载试验 ·· 21
1.5.2 十字板剪切试验 ··· 22
1.5.3 旁压试验 ·· 22
1.5.4 现场剪切试验 ·· 22
1.5.5 土动力特性测试 ··· 22
1.6 水文地质勘察 ·· 22
1.7 验槽 ·· 23
1.7.1 验槽的目的与内容 ·· 23
1.7.2 验槽的方法 ··· 23
1.7.3 验槽时的注意事项 ·· 24
1.7.4 基槽的局部处理 ··· 24
1.8 勘察成果 ·· 26
1.9 桥渡工程地质勘察实例 ·· 28

  1.9.1 陕南旬河桥桥渡工程 28
  1.9.2 武汉长江公路二桥桥渡工程 31
 复习思考题 33

第2章 天然地基上的浅基础 34
 2.1 概述 34
 2.2 浅基础类型、适用条件及构造 35
  2.2.1 浅基础常用类型及适应条件 35
  2.2.2 浅基础的构造 37
 2.3 基础埋置深度的确定 38
  2.3.1 地基的地质条件 38
  2.3.2 河流的冲刷深度 38
  2.3.3 当地的冻结深度 39
  2.3.4 上部结构形式 40
  2.3.5 当地的地形条件 40
  2.3.6 保证持力层稳定所需的最小埋置深度 40
 2.4 地基承载力容许值的确定 42
  2.4.1 按理论公式计算 42
  2.4.2 按静载荷试验确定 43
  2.4.3 按规范承载力表格确定 44
 2.5 刚性扩大基础的设计与计算 52
  2.5.1 刚性扩大基础尺寸的拟定 52
  2.5.2 地基承载力验算 53
  2.5.3 基底合力偏心距验算 56
  2.5.4 基础稳定性和地基稳定性验算 57
  2.5.5 基础沉降验算 60
  2.5.6 钢筋混凝土扩展基础计算要点 62
 2.6 刚性基础和扩展基础的构造施工 64
  2.6.1 砖基础 64
  2.6.2 砌石基础 65
  2.6.3 混凝土基础 65
  2.6.4 灰土基础 66
  2.6.5 柱下钢筋混凝土单独基础 66
  2.6.6 墙下条形扩展基础 69
 2.7 地基、基础和上部结构物三者共同作用 70
  2.7.1 地基与基础的相互作用 70
  2.7.2 上部结构与基础的共同作用 71
 2.8 减轻建筑物不均匀沉降的措施 72
  2.8.1 建筑设计措施 72
  2.8.2 结构措施 74

  2.8.3 施工措施 ··· 75
2.9 埋置式桥台刚性扩大基础计算算例 ·· 76
  2.9.1 设计资料 ··· 76
  2.9.2 桥台和基础构造及其拟定的尺寸 ······································ 76
  2.9.3 荷载计算 ··· 77
  2.9.4 工况分析 ··· 82
  2.9.5 地基承载力验算 ··· 82
  2.9.6 基底偏心距验算 ··· 85
  2.9.7 基础稳定性验算 ··· 85
  2.9.8 沉降计算 ··· 86
复习思考题 ··· 88

第3章 桩基础 ·· 89
3.1 概述 ·· 89
  3.1.1 桩基础的组成及特点 ·· 90
  3.1.2 桩基础的适用条件 ··· 91
  3.1.3 桩基础的分类 ·· 91
3.2 桩与桩基础的构造 ·· 97
  3.2.1 各种基桩的构造 ··· 97
  3.2.2 承台和横系梁的构造 ·· 100
  3.2.3 桩与承台、横系梁的连接 ·· 101
3.3 单桩承载力的确定 ·· 102
  3.3.1 单桩轴向荷载传递机理及特点 ·· 102
  3.3.2 按土的支承力确定单桩轴向承载力容许值 ························· 105
  3.3.3 按桩身材料强度确定单桩轴向承载力 ······························ 117
  3.3.4 单桩横轴向承载力容许值的确定 ···································· 118
3.4 单排桩基桩内力及位移计算 ··· 121
  3.4.1 基本概念 ·· 121
  3.4.2 单桩、单排桩与多排桩 ·· 126
  3.4.3 桩的计算宽度 ··· 127
  3.4.4 刚性桩与弹性桩 ·· 129
  3.4.5 "m"法弹性单排桩基桩内力和位移计算 ························· 129
  3.4.6 单排桩基础计算示例 ·· 129
3.5 承台的设计计算 ·· 137
  3.5.1 桩顶处的局部受压验算 ·· 137
  3.5.2 承台的冲切承载力验算 ·· 138
  3.5.3 承台抗弯及抗剪强度验算 ··· 140
3.6 桩基础设计 ··· 142
  3.6.1 桩基础类型的选择 ·· 143
  3.6.2 桩径、桩长的拟定 ·· 145

3.6.3 确定基桩根数及其平面布置 …… 145
3.6.4 桩基础设计计算与验算内容 …… 147
3.6.5 桩基础设计计算步骤与程序 …… 148
3.7 桩基础施工 …… 150
3.7.1 钻孔灌注桩的施工 …… 150
3.7.2 挖孔灌注桩和沉管灌注桩的施工 …… 159
3.7.3 沉桩（预制桩）的施工 …… 162
3.7.4 大直径空心桩的施工 …… 166
复习思考题 …… 168

第4章 沉井基础
4.1 概述 …… 169
4.2 沉井类型和构造 …… 170
4.2.1 沉井的分类 …… 170
4.2.2 沉井基础的构造 …… 172
4.3 沉井设计与计算 …… 176
4.3.1 沉井作为整体深基础设计与计算 …… 176
4.3.2 沉井施工过程中结构强度计算 …… 182
4.3.3 浮运沉井计算要点 …… 192
4.4 沉井施工 …… 194
4.4.1 旱地上沉井施工 …… 194
4.4.2 水中沉井施工 …… 196
4.4.3 泥浆润滑套与壁后压气沉井施工方法 …… 197
4.4.4 沉井施工新方法简介 …… 198
4.4.5 沉井下沉过程中遇到的问题及处理 …… 199
4.5 地下连续墙 …… 200
4.5.1 地下连续墙的概念、特点及其应用与发展 …… 200
4.5.2 地下连续墙的类型与接头构造 …… 201
4.5.3 地下连续墙的施工 …… 204
4.6 沉井基础计算示例 …… 205
4.6.1 设计资料 …… 206
4.6.2 荷载计算 …… 207
4.6.3 基底应力验算 …… 209
4.6.4 横向抗力验算 …… 210
4.6.5 沉井在施工过程中的强度验算（不排水下沉） …… 211
复习思考题 …… 221

第5章 区域性地基与挡土墙
5.1 概述 …… 222
5.2 岩石地基 …… 222
5.3 土岩组合地基 …… 223

5.4 压实填土地基 ... 224
5.4.1 压实填土的质量要求 ... 224
5.4.2 压实填土的边坡和承载力 ... 225
5.5 岩溶与土洞地基 ... 226
5.5.1 岩溶地基 ... 226
5.5.2 土洞地基 ... 227
5.6 膨胀土地基 ... 227
5.6.1 膨胀土的一般特征 ... 228
5.6.2 膨胀土地基的勘察与评价 ... 229
5.6.3 膨胀土地基计算 ... 230
5.7 红黏土地基 ... 233
5.7.1 红黏土的工程性质和特征 ... 233
5.7.2 红黏土地基设计要点 ... 233
5.8 滑坡与处治 ... 234
5.8.1 滑坡的分类 ... 234
5.8.2 滑坡的成因 ... 235
5.8.3 滑坡的处治 ... 236
5.8.4 山区公路与滑坡 ... 237
5.9 边坡与挡土墙设计 ... 238
5.9.1 边坡设计要求 ... 238
5.9.2 挡土墙设计 ... 239
复习思考题 ... 245

第6章 地基处理 ... 246
6.1 基本概念 ... 246
6.2 换填法 ... 249
6.2.1 换填法的原理及适用范围 ... 249
6.2.2 设计要点 ... 250
6.2.3 施工要点 ... 253
6.2.4 质量检验 ... 254
6.3 预压法 ... 254
6.3.1 预压法的原理及适用范围 ... 254
6.3.2 砂井预压法 ... 255
6.3.3 真空预压法 ... 257
6.3.4 其他预压法 ... 259
6.4 强夯法 ... 260
6.4.1 强夯法的原理及适用范围 ... 260
6.4.2 设计要点 ... 261
6.4.3 施工过程 ... 262
6.4.4 质量检验 ... 263

6.5 挤密桩法 ... 264
6.5.1 土或灰土挤密桩法 ... 264
6.5.2 石灰桩 ... 264
6.5.3 碎（砂）石桩法 ... 265
6.5.4 渣土桩法 ... 269
6.5.5 水泥粉煤灰碎石桩 ... 269

6.6 化学固化法 ... 271
6.6.1 灌浆法 ... 271
6.6.2 深层搅拌法 ... 272
6.6.3 高压喷射注浆法 ... 274

6.7 加筋法 ... 277
6.7.1 加筋土 ... 277
6.7.2 土工合成材料 ... 278
6.7.3 土层锚杆 ... 278
6.7.4 土钉墙 ... 279

6.8 托换法 ... 281
6.8.1 概述 ... 281
6.8.2 桩式托换 ... 281
6.8.3 灌浆托换法 ... 283
6.8.4 基础加宽技术 ... 283
6.8.5 建筑物纠偏 ... 284

6.9 软土路基及地基处理实例 ... 285
6.9.1 厦门沿海公路路基稳定性 ... 285
6.9.2 汉宜高速公路软土路基处理 ... 289

复习思考题 ... 293

参考文献 ... 294

绪 论

1. 地基及基础的概念

任何建筑物都建造在一定的地层上，建筑物的全部荷载都由它下面的地层来承担。一般而言，将承受建筑物各种作用的地层称为地基，而将建筑物与地基接触的最下部分，也就是将建筑物的各种作用传递至地基的结构物称为基础。基础工程研究的对象是地基与基础问题。研究的主要内容包括桥梁、道路及其他人工结构物基础及其所在地基的设计与施工，以及相关的基本概念、计算原理和计算方法。图 0-1 及图 0-2 为建筑工程及桥梁结构地基与基础的图示说明。

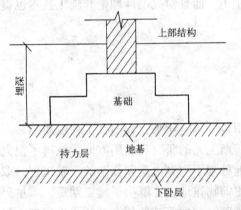 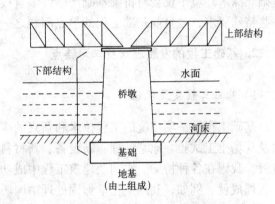

图 0-1 建筑工程地基与基础示意图　　　　图 0-2 桥梁结构各部立面示意图

在建筑物荷载下地基土会产生附加应力和变形，其范围随基础类型和尺度、荷载大小及土层分布不同而不同。建筑物对地基的要求是满足强度、变形和稳定性，这要求除考虑地基土本身的强度和变形特性外，还应考虑周围的地质和水文条件、气候和环境条件及其变化对建筑物施工阶段和使用期间的影响，比如流砂、管涌、液化、冻胀、湿陷等。当建筑物地基由多层土组成时，直接与基础底面接触的土层称为持力层，持力层以下的其他土层称为下卧层。持力层和下卧层都应满足地基设计的要求，但对持力层的要求显然比对下卧层要高。地基又可分为天然地基和人工地基两类，前者是未经人工处理直接用作建筑物地基的天然土层，后者是经过人工加固或处理后才能满足建筑物地基要求的土层。当能满足基础工程的要求时，应优先采用天然地基。

基础工程也称基础工程学，它研究的内容包括各类结构物（如房屋建筑、桥梁结构、水土结构、近海工程、地下工程等）的地基基础和挡土结构物的设计与施工，以及为满足基础工程要求进行的地基处理方法。所以基础工程既是结构工程中的一部分，又是独立的地基基础工程。基础设计与施工也就是地基基础设计与施工。其设计必须满足三个基本条件：①作用于地基上的荷载效应（基底压应力）不得超过地基容许承载力或地基承载力特征值，保证建筑物不因地基承载力不足造成整体破坏或影响正常使用，具有足够防止整体破坏的安全储备；②基础沉降不得超过地基变形容许值，保证建筑物不因地基变形而损坏或影响其正常使用；③挡土墙、边坡及地基基础保证具有足够防止失稳破坏的安全储备。荷载作用下，地基、基础和上部结构三部分彼此联系、相互制约。设计时应根据地质勘察资料，综合考虑地基—基础—上部结构的相互作用、变形协调与施工条件，进行经济技术比较，选取安全可靠、经济合理、技术先进、保护环境和施工简便的地基基础方案。

根据基础的埋置深度和施工方式，可分为浅基础、深基础和深水基础。所谓基础的埋置深度，对于建筑工程而言，是指基础底面到地面的竖向距离；对于桥梁工程，在无冲刷时为基础底面到河底面的距离，在有冲刷时为基础底面到局部冲刷线的距离。一般埋置深度小于 5 m，用普通的施工方法即可施工的基础称为浅基础；埋置深度大于 5 m，用特殊的施工方法才能施工的基础称为深基础。目前在桥梁基础工程中，对"浅水"和"深水"并没有严格的定量界限，但根据一般传统的桥梁基础工程中所介绍的水中围堰的概念，可暂将深水基础定义为：水深超过 5 m 以上，且不能采用一般的土围堰、木板桩围堰等防水技术施工的桥梁基础。深水环境不仅会对桥梁基础产生许多直接作用，而且对其设计理论和施工技术也提出一些特殊要求，是目前基础工程的热点问题之一。

2. 基础工程的发展现状及学习特点

1) 基础工程发展现状

基础工程是一项传统的工程技术和新兴的应用科学。近年来，我国在工程地质勘察、室内及现场土工试验、地基处理、新设备、新材料、新工艺的研究和应用方面，取得了很大的进展。我国在各种桥梁、水利及建筑工程中成功地处理了许多大型和复杂的基础工程，取得了辉煌成就。例如，利用电化学加固处理中国历史博物馆地基，解决了施工期短、质量要求高的困难；长江上建成的十余座长江大桥及杭州湾跨海大桥等其他超大型桥梁工程中，采用管柱基础、气筒浮运沉井、组合式沉井、各种结构类型的单壁、双壁钢围堰及大直径扩底墩等一系列深基础和深水基础，成功地解决了水深湍急、地质复杂的基础工程问题；上海宝钢及全国许多高层、超高层建筑物的建成，为土力学与基础工程的设计、施工、检测创造了一个新的环境和条件；而三峡工程和黄河小浪底工程的基础处理，使我国基础工程的整体水平达到了一个新的高度，令世界瞩目。我国自 1962 年以来，先后召开了多届全国土力学与基础工程会议，并建立了许多地基基础研究机构、施工队伍和土工试验室，培养了大批地基基础专门人才。

目前，基础工程的关注热点之一是在设计计算理论和方法方面的研究探讨，包括考虑上部结构、基础与地基共同工作的理论和设计方法，概率极限状态设计理论和方法，优化设计方法，数值分析方法和计算机技术的应用等。另外，随着高层建筑和大跨度大空间结构的涌现、地下空间的开发等，与之密切相关的两种技术也得到极大的重视，其一为桩基础技术，其中桩土共同工作理论，新的桩基设计理论——变形控制理论，桩基非线性分析和设计方法，桩基承载力和沉降的合理估算，新的桩型例如大直径灌注桩、预应力管桩、挤扩支盘桩、套筒桩、微型桩等的研究开发，后注浆技术在桩基工程中的应用，桩基础的环境效应等都成为研究和开发的热点。其二是深基坑开挖问题，研究的重点放在土、水压力的估算，基坑支护设计理论和方法的深化——优化设计、概念设计和动态设计、考虑时空效应的方法等；新的基坑支护方法例如复合土钉墙、作为主体结构应用的地下连续墙、锚杆挡墙等的开发研究；基坑开挖对环境的影响；逆作法技术的应用等。在地基处理方面，进一步完善复合地基理论，对各类地基处理方法机理的深化研究及施工与检测技术的改进也是基础工程关心的问题。对于深水和复杂地质条件下的基础工程，例如在大型桥梁、水工结构、近海工程中，重要的是深入研究地震、风和波浪冲击的作用，以及发展深水基础（如超长大型水下桩基、新型沉井等）的设计和施工方法。

随着我国经济建设的发展，相信会碰到更多的基础工程问题，也会不断出现新的热点和难点问题需要解决。而基础工程将在克服这些难题的基础上得到新的发展。

2) 基础工程课的学习特点与学习内容

基础工程学需要工程地质学和土力学的基本知识，这两门专业基础课是本课程的先修课程，其中土的基本特性及土力学中关于强度、变形、稳定、地基承载力等基本内容和地基计算方法等都是必须掌握的。本课程重在培养学生阅读和使用工程地质勘测资料的能力，同时学会利用上述土力学知识，结合结构计算和施工知识，合理地解决基础工程问题。

通过学习，应明确任何一个成功的基础工程都是工程地质学、土力学、结构计算知识的运用和工程实践经验的完美结合，在某些情况下，施工可能是决定基础工程成败的关键。

通过学习，应了解上部结构、基础和地基作为一个整体是协调工作的，一些常规计算方法不考虑三者共同工作是有条件的，在评价计算结果中应考虑这种影响，并采取相应的构造措施。

通过学习，应清楚地基处理方法不是万能的，各种方法都有它的加固机理和适用范围，应该根据土的特性和工程特点选用不同的处理方法。

本教材共分7章，内容包括地基勘察、天然地基的浅基础、桩基础、沉井基础、区域性地基与挡土墙、地基处理。

3. 基础工程计算荷载的确定及有关问题的说明

1) 基础工程计算荷载的确定

同上部结构一样，作用在地基与基础上的计算荷载可分为恒载（永久荷载）、可变荷载及偶然荷载三类。

各种荷载及作用力的计算方法在规范中均有具体规定，有关教材中也有介绍，读者可以查阅相关资料。以下简单介绍一下荷载组合的问题。

为保证地基与基础满足强度、稳定性和变形方面的要求，应根据结构物所在地区的各种条件和结构特性，对在使用过程中结构上可能同时出现的荷载进行荷载效应组合，按最不利组合进行设计。所谓"最不利荷载组合"是指组合起来的荷载应产生相应的最大力学效应。例如用容许应力设计时产生的最大应力，滑动稳定验算时产生的最大滑动可能性等。因此，不同的验算内容将由不同的最不利荷载组合控制设计，应该分别考虑。

在建筑工程中，永久荷载和一种或几种可变荷载的组合称为基本组合。组合中包含有偶然荷载的称为偶然组合，并规定偶然荷载的代表值不乘分项系数，与偶然荷载同时出现的可变荷载，可根据观测资料和工程经验采用适当的代表值。《建筑地基设计规范》规定，按地基承载力确定基础底面积及埋深时，传至基础底面上的荷载应按基本组合，土的自重分项系数为 1.0，按实际的重度计算。计算地基变形时，传至基础底面上的荷载应按长期效应组合，不计入风荷载和地震作用。计算挡土墙的土压力、地基稳定及滑坡推力时，荷载应按基本组合，但其分项系数均为 1.0。

按照各种荷载特性及出现的概率不同，在进行公路桥梁工程的设计计算时应考虑各种可能出现的荷载组合，一般有以下几种。

组合Ⅰ：由恒载中的一种或几种与一种或几种活载（平板挂车或履带车除外）相组合。该组合中不包括混凝土收缩、徐变及水的浮力引起的影响力时，习惯上称为主要组合。

组合Ⅱ：由恒载中的一种或几种与活载中的一种或几种（平板挂车或履带车除外）及其他可变荷载的一种或几种相组合。

组合Ⅲ：由平板挂车或履带车与结构物自重、预应力、土重及土侧压力中的一种或几种相结合。

组合Ⅳ：由活载（平板挂车或履带车除外）的一种或几种与恒载的一种或几种与偶然荷载中的船只或漂流物撞击力相组合。

组合Ⅴ：施工阶段验算荷载组合，包括可能出现的施工荷载，如结构重、脚手架、材料机具、人群、风力、拱桥单向推力等。

组合Ⅵ：由地震力与结构重、预应力、土重及土侧压力中的一种或几种相结合。

组合Ⅱ、Ⅲ、Ⅳ、Ⅴ、Ⅵ习惯上称为附加组合，当组合Ⅰ中包括混凝土收缩、徐变及水的浮力引起的荷载效应时也称为附加组合。因为附加组合中考虑的荷载的出现概率比主要组合小些，设计时不必要求过大的安全储备，因此，设计规范在取安全系数时均比组合Ⅰ小些，地基的容许承载力允许提高一定数值。在地基与基础的设计计算中，应分别在各种组合的荷载作用下进行各项验算，计算结果均应分别满足设计规定的要求。

2）关于基础工程极限状态设计

在结构工程设计中早已采取了极限状态设计法，如我国早在 20 世纪 80 年代，建筑结构工程设计与国外一样采用以概率理论为基础的极限状态设计方法。该方法以半经验半概率的分项系数描述设计表达式代替原来的总安全系数的设计表达式，从而对计算结果赋以概率的含义，对结构设计结果的可靠度有科学的预测。而我国现行的地基基础设计规范，仅有个别的已采用概率极限状态设计方法，如 1995 年 7 月颁布的建筑桩基技术规范（JGJ 94—94），其余大部分均未采用极限状态设计，如桥涵地基础设计规范等，由此产生了地基基础设计与上部结构设计在荷载计算、材料强度、结构安全度等方面不协调的情况。我国某些地基设计规范等尚未采用极限状态设计的主要原因是岩土设计参数的概率特性比上部结构材料要复杂得多，需要大量的测试与分析工作，需要积累足够的数据和经验。目前，我国地基基础设计正朝着这方面努力。

3）有关规范的协调和使用

本教材沿用传统做法，按照基础工程学科的自身知识体系编写而成，这样做的依据是各个行业基础工程设计的基本原理在本质上是一致的。但是，目前还没有各个行业统一的地基基础设计规范，而各行业规范又存在一定的差别，有许多不协调之处，有些名词的称呼甚至也不一样。这种不协调首先表现在行业内部的不协调，比如，同作为交通土建工程，采用极限状态设计方法的钢筋混凝土结构规范和采用容许应力法设计的地基规范就有不协调的情况；其次是行业之间的不平衡，比如本教材主要涉及的建筑工程及交通土建两大体系，各自的规范都明确地提出不得混用，这势必给学生的学习带来许多不便。

鉴于上述情况，我们建议，学习的重点应以学科知识体系为主，弄清基础工程设计和施工中的主要内容和基本方法，同时兼顾不同专业方向，对各自的行业规范部分有所偏重。

基础工程是一门有着较强的理论性和实践性的课程。除基础理论外，试验测试及工程经验对于解决工程问题也十分重要。所以在学习时应注意理论与实际的联系，通过各个教学环节学习好本课程。

第1章 地基勘察

> **内容提要和学习要求**
>
> 本章主要介绍岩土工程勘察步骤、方法、要求及对勘察成果的分析方法。"地基勘察"是相对于本课程"地基基础设计"而言的,为土木工程进行的地质勘察按照传统称为"工程地质勘察",现在则多数称"岩土工程勘察"。工程地质勘察或岩土工程勘察是以地质学、岩土力学、结构力学等为基础的边缘学科和应用技术,其内容远超过本课程的范围,本章只着重介绍与地基基础设计有关的勘察工作内容。
>
> 通过本章的学习,要求熟悉并掌握地基勘察的各种方法;了解岩土工程勘察的等级、地基勘察的任务及勘探点的布置;熟悉地基勘察报告书的编写内容;掌握验槽内容及基槽局部处理的方法。

1.1 概述

1.1.1 岩土工程勘察的任务

1. 勘察场地的适宜性

岩土工程勘察首先要对场地的建筑适宜性做出结论。所谓"场地",是指拟布置建(构)筑物及其附属设施的整个地带。场地的建筑适宜性主要取决于以下两个方面。

1) 场地的稳定性

场地的稳定性是决定场地是否能建筑的先决条件。处于活动滑坡范围的场地,有活动性断裂通过的场地都是不稳定的场地,一般是不能进行建筑的,选址时应避开。即使场地范围内不存在上述不良地质因素,如果场地的周边有崩塌、滑坡、泥石流等发生的可能,对场地的安全构成严重威胁,这样的场地也是不宜建筑的;地下岩溶发育,有可能引起大规模地面塌陷,或者地下有采空区,导致地面严重变形或下陷,也是一种不稳定的现象,不经处理,也不宜进行建筑。

2) 场地开发利用的经济性

场地开发利用的经济性,主要是要求根据地形、地质条件判断场地对拟建项目是否需要投入很多的治理费用。如土地平整、边坡支挡、地面排水、地基处理、抗震设防等都需要投入资金,不同的场地条件,这些费用的额度可能有很大的出入,必须从技术经济角度论证场地利用的合理性与可行性。

2. 勘察岩土层分布及性质

在解决场地建筑适宜性之后,勘察的第二项任务就是查明场地以及每个单体建(构)筑物所处部位的岩土层分布、性质,通过测试提供各层的承载力及压缩性等设计所需的计算参数,并对设计与施工应注意的事项提出建议。传统的工程地质勘察着重反映客观自然条件,而岩土工程勘察则强调勘察工作不仅要反映自然而且要研究并参与改造自然,即在场地整治、地基处理、基础选型、施工方案等方面进行深入研究,提出具体意见,并在建设的全过程中提供服务。

1.1.2 岩土工程勘察的阶段划分

从上述岩土工程勘察的任务可见,勘察工作应从全局到局部,从定性到定量,从简略到详细逐步深入,表现在程序上就是按阶段进行工作。以房屋建筑勘察为例,勘察工作一般分为以下三个阶段。

1. 可行性研究勘察(选址勘察)

选址阶段主要是对若干参与被选的初选场址的建筑适宜性作出评价,为各场址的技术经济比较和选址决策提供地质方面的依据。这一阶段的工作通常以搜集资料及现场调查研究为主,必要时才进行少量勘探工作。

2. 初步勘察

初步勘察阶段的主要任务是针对已选定的场地进行不同地段的稳定性和地基岩土工程性质的评价,为确定建筑总平面、选择场地、地基整治处理措施等提供资料。本阶段中,一般需进行一定数量的勘探工作,但勘探点比较稀疏。初勘的勘探点是按照垂直于地貌单元或地层走向的勘探线布设的。勘探对象主要是第四系土层时,应采用垂直于地貌单元的勘探线,如垂直于河流及其岸边的各级阶地。勘探对象主要是岩层时,则应采用垂直于地层走向或地质构造走向的勘探线。勘探线按一定的间距布设,每条线上按一定的间距布设勘探点。初勘的勘探线距和线上点距取决于地质的复杂程度和工程的重要性等级。地质条件复杂、工程重要时,线距为50～100m,线上点距为30～50m;地质条件简单、工程重要性一般时,线距为150～300m,线上点距为75～200m。初勘的勘探深度一般应达15m左右,部分控制性的勘探点深度应达到30m或更深。

3. 详细勘察

详细勘察阶段的主要任务是按已确定的建筑总平面图对不同的建筑物提供详细的岩土层分布情况及其技术参数,为地基、基础的设计与施工提供资料。详细勘察勘探点的密度比初步勘察阶段增加,一般按拟建建(构)筑物的轮廓或柱网布设,点的间距由地质条件简单时的40～65m至地质条件复杂时的15～35m不等,深度则应达到建筑物荷载影响的范围。

除上述三个阶段之外，还有一个施工阶段的勘察。按照传统的概念，只有在施工中发现地质情况有局部变化，或设计施工方案改变要求补充地质资料时才进行施工勘察。而按岩土工程勘察的概念，则施工中的验槽、检测等后续服务工作均可纳入施工勘察的范畴。

勘察工作的阶段划分对各类工程（如建筑、水利、道路、桥梁等）可能不尽相同，但基本原则是一致的。另外，也并不是所有项目的勘察都要经历所有的阶段，应根据具体情况确定。如旧城改造中拟在某处兴建一高层建筑，不存在比较选址问题，地区的建筑经验也很充足，这时一般只进行一阶段勘察，即详细勘察阶段的勘察。

1.1.3 岩土工程勘察的常用手段

以上提到了勘探（exploration），往往有人误以为勘探就是勘察，钻探就是勘探，其实不然。勘探只是勘察的手段，虽然是很常用的手段，但不是唯一的手段。岩土工程勘察的常用手段包括以下三种。

1. 工程地质调查与测绘

目的是了解场地的地质和地貌、不良地质现象的发育程度和分布范围、场地的已有建筑经验等。

2. 勘探

用以了解岩土层的性质和空间分布，可分为以下几种：

（1）直接勘探。如探井、探槽、坑探、洞探等，人可进入其中直接观察岩土层的状况。

（2）半直接勘探。包括各种钻探，只能根据岩芯（core）（由钻头取出地面的样品）间接判断岩土层的状况。

（3）间接勘探。包括各类触探和工程地球物理勘探（简称工程物探）。触探是根据某种形状的探头采用某种方式贯入地层过程中的阻力变化来判断地层。工程物探是通过对地下物理场（如电场、磁场、重力场等）的量测来了解地层、地质构造、地下洞穴和埋藏物等。

3. 测试

测试包括现场原位测试和取样室内试验，目的是测定岩土层的物理、力学及化学性质，获得设计计算所需参数。

在一项勘察工程中究竟需采用哪些勘察手段，应根据地质情况和工程要求而定。一般要采用多种手段配合，取长补短，才能获得最佳效果。对地基基础设计而言，钻探、触探和各种测试是最常用的。

1.1.4 岩土工程勘察的程序

岩土工程勘察通常按以下程序进行。

（1）由上部结构设计单位提出勘察任务委托书。委托书应注明勘察阶段、拟建建（构）筑物的规模、荷载及总平面布置等，并提出对勘察工作的具体要求，需要解决的重点问题等。

（2）由勘察单位根据规范的规定及委托书的要求编制勘察工作纲要，对整个勘察工程的具体工作内容、顺序、操作要领、质量标准等作出规定。

（3）按照勘察工作纲要的规定完成各项外业工作（如地质测绘、勘探、现场测试等），如果情况有变化，可对工作纲要作修改、补充，外业工作进行相应增减。

（4）完成内业资料分析整理，编制勘察成果报告书。

（5）施工时配合设计施工单位进行基底土质检验，当开挖情况与勘察报告不符时提出处理意见，或补充有关工作内容。

以上介绍的是有关岩土工程勘察的一般知识，更具体的内容，如勘察任务、手段选择等，不同工程类型和不同地质条件有不同的规定，可参阅有关规范、规程或书籍。以下各节只介绍工程中常用的勘察方法。

1.2 钻探

钻探（boring）是勘探中最常用的一种。通过钻探可鉴别地层（土层或岩层），从中采取试样，并了解地下水的水位、水量及水质等情况。

1.2.1 钻探分类

根据钻进方式不同，钻探分为以下几种。

1. 回转钻探

回转钻探是指轴向压力与水平回转力同时作用下以压皱、压碎和剪切方式破碎岩石，又分为螺旋钻探和岩芯钻探。螺旋钻探是用螺旋状钻头通过钻杆旋入土层中，分段提升，每段 0.5～1.0m，将土样带出地面。这种方法只适用于黏性土层，对砂、卵石层和岩层无效，钻孔深度很难超过30m。岩芯钻探是用管状钻头对地层进行环形旋转切削，同时施加一定的轴压实行钻进。切削形成的碎屑或岩粉由通过钻杆泵入的循环液返出地面，圆柱状的岩土样（岩芯）则进入管内，分段提出地面。岩芯钻探使用的循环液通常为膨润土泥浆，除携带岩粉、冷却钻头作用外，泥浆还能起到保护孔壁不坍塌的作用。岩芯能较完整地保持岩土的天然结构，对于判断岩土层的状况比螺旋钻头带上的扰动样品效果更好。从岩层中取出的完整岩芯可用于试验。岩芯钻探适用于土层和岩层，深度可达数十米至数百米。目前高层建筑的勘察多采用岩芯钻。

2. 冲击钻探

冲击钻探是用不同形状的冲击钻头（如锥形、一字形、十字形等）冲击孔底，破碎地层，实行钻进。按照动力传递介质不同，可分为液动冲击钻探和气动冲击钻探。这种钻进方法只能由循环液将岩土碎屑返出地面或用另外的钻具捞取，看不到完整的岩芯样，因此属于

"无岩芯钻探"。对岩土工程勘察而言，冲击钻探并不是理想的钻探方法，但当遇到卵石、漂石层等其他方法难以穿越的地层时，也常采用这种方法。

3. 振动钻探

振动钻探是采用高速振动及一定的轴向压力使管状钻头切入土层中，可取得较有代表性的鉴别土样。这种方法适用于黏土层、砂层及粒径较小的卵石层。由于钻进过程中对土层扰动较大，同冲击钻探一样对土层取样不利。

4. 冲洗钻探

冲洗钻探是通过高压射水破坏孔底土层实行钻进，钻进效率高，适用于多种土层，但看不到土样，不利于鉴别地层，因此在勘察中应用较少。

1.2.2 对钻探的基本要求

钻探方法很多，除了根据地层特点选取不同方法之外，主要应考虑的是所选用的方法必须满足以下岩土工程勘察的基本要求：

(1) 能可靠地鉴别地层，包括确定岩土层的名称、重力密度、湿度等特征。
(2) 尽量减少对地层的扰动，以便从中采取试样，或在其中进行原位测试。
(3) 能观测地下水位。

这些要求体现了岩土工程勘探与地质矿资源勘探的区别。岩土工程勘察通常十分重视对覆盖土层的研究，对岩层并不要求了解很深的深度（地下工程除外），但对基岩浅部风化带的划分则十分重视。为此，要求钻探时能采取有效措施，保证对土层和岩层风化带鉴别的准确性，如限制每回次钻进的深度，采用良好钻具提高取芯率，地下水位以上采用干法钻进以便正确反映土层的天然湿度，采用以回转为主的钻进方法减少对土层的扰动等。

1.2.3 钻探成果

钻探成果通常以钻孔柱状图表示。图1-1是钻孔柱状图的示例。这是一幅现场钻孔柱状图。之所以称为"现场钻孔柱状图"是因为岩土层的划分是依据现场鉴别结果而定的。经过室内试验之后，土层名称可能会按照试验结果作某些修正，修正之后即成为正式的钻孔柱状图。图1-1中对岩层有两项指标解释如下。

(1) 岩芯采取率。岩芯采取率是一个钻进回次中采取的岩芯总长度与该回次钻进深度之比。它是衡量钻探质量的一项指标，在一定程度上它也反映岩层的破碎程度。

(2) 岩石质量指标 RQD（rock quality designation）。其定义是一个钻进回次中取到的岩芯中单段长度大于 10 cm 的岩芯长度总和与该回次钻进深度之比。RQD 是衡量岩石（岩体）完整程度的一项指标。

除了图件之外，通常还拍摄岩芯彩照，或保留岩芯实物等。

第1章 地基勘察

工程名称：_____　　终孔深度：25m　　钻机型号：XJ-00　　日期：___年___月___日

孔号：ZK10　　孔口高程：31.0m　　孔位坐标：x=125.00m　y=35.00m　　初见1.5m　地下水位：静止1.0m

层序	深度（或高程）/m	层厚/m	图例	岩性特征描述	岩芯 采取率/%	岩石质量指标/%	土样 取样深度及取土器型号	原位测试 类型	测试结果
1	2.0 (29.0)	2.0		人工填土，含砖渣、瓦片等建筑垃圾，稍密～中密，杂色，下部含灰色黏性土，约30%					
2	4.0 (27.0)	2.0		淤泥，灰黑色，流塑，含腐殖质物，具臭味，钻进中易缩孔			2.5~3.3m 薄壁		
3	8.3 (22.7)	4.3		黏土，灰黄～褐黄色，可塑，上部偏软塑，土质均匀，切面光滑，未见其他包含物			4.2~5.0 薄壁		
4	12.4 (18.6)	4.1		粉质黏土，黄灰～灰，可塑～软塑，含云母、少量黏粒、砂粒，偶见白螺壳，层底部粉粒、砂粒含量渐增多			9.0~9.8 薄壁 11.5~12.0 薄壁	S.P.T (10.5~10.8)	4
5	16.0 (15.0)	3.6		粉土灰色，很湿，用手摇动有水析出，偶见包含黏性土团块，层理不清晰，下部砂粒增多				S.P.T 13~13.3 15~15.3	7 12
6	20.5 (10.5)	4.5		细砂，青灰色，饱和，中密，砂粒矿物成分以石英为主，含少量云母片，土质较均匀，无肉眼可见明显层理及黏性土夹层				S.P.T 17~17.3 18.5~18.3 20~20.3	18 19 21
7	23.0 (8.0)	2.5		强风化泥质页岩，黄灰～青灰色，已风化呈土状，但层理仍可辨认，顺层理剖开可见个别较硬的小岩块	90	0		S.P.T 21~21.3	45
8	25.0 (6.0)	2.0		中风化泥质页岩，青灰色，层理清晰岩质较硬，有泥化程度较重的夹层	75	40			

钻探机长：_____　　制图：_____　　校对：_____

图1-1　现场钻孔柱状图示例

1.3 触探

触探(sounding)是地基勘察中最常用的手段之一。其主要优点是操作简便,成本相对较低,能够在短时间内得出成果,根据贯入指标及其随深度变化的曲线,既可判别土层类别,又可间接推算土层的物理力学性质指标,兼有勘探与测试的双重功能。其主要不足之处在于不能直接观察到土层的样品,贯入曲线的判释有时有多解性,没有钻探的配合可能发生误判。另外,触探一般只能用于土层能够达到的深度有一定的限制。

1.3.1 触探分类

根据贯入方式,触探可分为动力触探(dynamic sounding)和静力触探(static sounding)两大类。

1. 动力触探

以锤击方式贯入探头的触探称为动力触探,包括标准贯入试验(standard penetration test,SPT)和圆锥动力触探(dyhamic penetration test,DPT)两类。标准贯入试验是采用管状贯入器的一种触探方法,这种方法有很悠久的历史,其设备规格见表1-1。圆锥动力触探则采用实心锥形探头,其设备规格及贯入指标见表1-2。

表1-1 标准贯入试验设备规格

落锤	锤的质量/kg	63.5±0.5
	落距/cm	76±2
贯入器	长度/mm	>457
	外径/mm	51±1
	内径/mm	35±1
管靴	长度/mm	76±1
	刃口角度/(°)	18~20
钻杆	直径/mm	42

表1-2 圆锥动力触探类型

	类型	轻型	重型	超重型
落锤	锤的质量/kg	10±0.2	63.5±0.5	120±1
	落距/cm	50±2	76±2	100±2
探头	直径/mm	40	74	74
	锥角/(°)	60	60	60
探杆直径/mm		25	42	50~60
贯入指标	深度/cm	30	10	10
	锤击数	N_{10}	$N_{63.5}$	N_{120}

2. 静力触探

以匀速静力方式连续压入探头的触探方法称为静力触探。当前文献中"cone penetration test"（CPT）一词通常也是指静力触探。静力触探的贯入指标是以探头底面竖向投影面积上的压强表示。如果加有侧壁摩擦筒，则摩擦筒表面的单位面积摩阻力也是贯入指标之一。地面上触探机对探头施加的压力是通过探杆传递下去的。由于探杆与周边土层有摩擦力，所施压力只有一部分作用于探头。为了获得准确的贯入指标，现代的静力触探多采用电测探头，在探头中装有一个或多个力传感器，其信号通过多芯电缆传至地面的接收仪器。这样就能完全排除探杆侧壁阻力的影响，准确地量测到实际作用于探头上的阻力。静力触探探头底面投影面积有 $10cm^2$ 和 $15cm^2$ 两种。只量测锥尖阻力的探头，内部只设有一组惠斯敦电桥，故称为单桥探头，其贯入指标记为 q_c，具有压强的量纲。既量测锥尖阻力，也量测侧壁阻力的探头称为双桥探头，表示侧壁阻力的贯入指标记为 f_s，其量纲与 q_c 相同。我国引进静力触探技术是在20世纪60年代末，研制的探头是单桥探头，但其锥尖与一段一定高度的侧壁连为一体，因此量测到的阻力是包括端阻和侧阻的综合阻力，故亦称综合探头，其贯入指标记为 p_s，是将端阻与侧阻综合的总阻力除以锥尖底竖向投影面积所得出的值，同样具有压强的量纲。这种探头在我国从20世纪70年代开始推广，迄今已有40余年，积累了大量的资料和应用经验，应用范围极广。其性能可靠，测定成果稳定，深受广大勘察设计人员的欢迎。静力触探技术的新近发展是多功能化，在探头中加入更多的传感装置，可量测孔隙水压力、剪切波速、探孔倾斜度等。

1.3.2 标准贯入试验及其成果应用

1. 标准贯入试验的操作要点

采用回转方式进钻至试验高程以上15cm处，清除孔底残土，然后按标准落距进行锤击，打入土中15cm以后，开始记录每打入10cm的锤击数，连续3次共打入30cm，即结束试验。3次累计锤击数即为贯入指标 N 值。当锤击数已达50次，而贯入深度未达30cm时，可记录实际贯入深度并终止试验，N 值按比例推算。标准贯入试验成果的可靠性在很大程度上取决于每次锤击的落距是否准确，亦即锤击能量是否恒定。早期的标准贯入试验采用人力拉绳起落重锤，劳动强度很大，落距控制也不可能十分准确。后来改用机械结合人力的方法，将拉绳缠绕于卷扬机的卷筒上，人力拉紧绳头，重锤被卷扬机提起，松开绳头，重锤坠落。现代的标准贯入试验已采用自动落锤，重锤提升至标准高度后，自动脱钩装置启动，重锤下落。因此每次落距恒定，锤击能量准确。这种方法是现行规范规定的方法。

2. 标准贯入试验成果的校正

标贯击数 N 值即使在试验操作非常标准的条件下也还要受到诸多因素的影响。如不同的杆长（从锤击顶端到探头）可能有不同的结果；试验点的原位应力水平不同试验结果也不同。因此存在一个是否需按某种标准条件来校正试验结果的问题。对此前人做了许多研究，但迄今意见并不统一，实际做法也很不一致，有些结论甚至是截然相反的。如杆长问题，按照碰撞理论，杆长越大，即被击物体质量越大，则有效锤击能量越小，因此 N 值应随杆长增大而折减。而按照弹性波传播理论，则认为锤击传输给杆件的能量变化远大于杆长变化时能量的衰减，杆长短时，N 值要折减，杆长超过一定值后，N 值即可不折减。现行岩土工程勘察规范规定，提供勘察报告时，N 值均不作杆长修正，但在利用 N 值来进行土质评价时仍应根据有关规范的规定决定是否需要校正。如按《建筑地基基础设计规范》（GB 50007—2011）评价承载力时就需要作杆长校正。校正公式为：

$$N = \alpha N' \tag{1-1}$$

式中：N——校正锤击数；

N'——实测锤击数；

α——校正系数，见表1-3。

表1-3 标准贯入试验杆长校正系数

探杆长度/m	≤3	6	9	12	15	18	21
α	1.00	0.92	0.86	0.81	0.77	0.73	0.70

以下介绍标准贯入试验成果应用中，凡需要校正时均予以说明。

3. 标准贯入试验成果应用

（1）用 N 值评价砂土的密实度和内摩擦角。

N 值与砂土相对密度的关系见表1-4。

表1-4 按 N 值判定砂土密实度

N 值	D_r	紧密程度	
		国 内	国 外
0～4	0～0.2	疏松	很松
4～10			松
10～15	0.2～0.33	稍密	稍密
15～30	0.33～0.67	中密	中密
30～50	0.67～1.0	密实	密实
>50			极密

D_r 为相对密度。

N 值与砂土内摩擦角 φ 有下列经验关系。

Peek 的经验公式：

$$\varphi = 0.3N + 27 \tag{1-2}$$

Meyehof 的经验公式：

$$\varphi = \frac{5}{6}N + 26\frac{2}{3} \tag{1-3}$$

$$\varphi = \frac{1}{4}N + 32.5 \tag{1-4}$$

式中：φ——内摩擦角（°）。

式（1-3）适用于 $4 \leq N \leq 10$ 的情况；式（1-4）适用于 $N > 10$ 的情况。这两式若用于粉砂应减少5°，用于粗、砾砂应增加5°。

(2) 评价黏性土的稠度状态和无侧限抗压强度 q_u。

黏性土的稠度状态及无侧限抗压强度 q_u 与 N 值的关系见表 1-5。

表 1-5 黏性土 N 值与稠度状态关系

N	>2	2~4	4~8	8~15	15~30	>30
稠度状态	极软	软	中等	硬	很硬	坚硬
q_u/kPa	<25	25~50	50~100	100~200	200~400	>400

(3) 用 N 值评价土的承载力和压缩性。

砂土的承载力标准值 f_k 与 N 值的关系、黏性土的承载力标准值 f_k 与 N 值的关系见第 2 章。计算时应采用校正的 N 值。

国家标准《建筑地基基础设计规范》（GB 50007—2011）具有一定的通用性。与此相反，用 N 值推求土的变形参数（E_s 或 E_0）的经验公式虽然也很多，但迄今尚未得到普遍认同并列入国家规范者。原因在于土的变形参数是一项变异性较大的参数，在不同地区、不同土类中得到的经验关系不可避免地具有局限性，即只适用于一定的地区和一定的土类。如原冶金部武汉勘察公司对中南、华东地区的黏性土进行试验得到：

$$E_s = 1.04N + 4.89 \text{ MPa} \tag{1-5}$$

原建设部西南综合勘察院对河北唐山地区的粉细砂进行试验得出：

$$E_s = 0.276N + 10.22 \text{ MPa} \tag{1-6}$$

新加坡对该地的残积土进行试验提出的经验关系为：

$$E_s = 1.0N \text{ MPa} \tag{1-7}$$

采用上述经验公式时，最好能结合本地的经验，同时参照其他测试手段得出的结果进行综合评价，以免失误。值得提倡的是在一个地区积累较充分的资料之后，不妨建立本地区的经验公式。

(4) 评价粉土、砂土的液化。

标准贯入试验的另一项重要用途是评价饱和黏土、粉细砂在地震时液化的可能性和液化指数。根据国家标准《建筑抗震设计规范》（GB 50011—2010）的规定，在地面以下 15 m 深度范围内的饱和砂土、粉土符合下列条件时，则认为该土层是可能液化的。

$$N < N_{cr} \tag{1-8}$$

$$N_{cr} = N_0 [0.9 + 0.1(d_s - d_w)] \sqrt{\frac{3}{\rho_c}}$$

式中：N——标准贯入击数实测值；

N_{cr}——液化判别标准贯入锤击数临界值；

N_0——液化判别标准贯入锤击数基准值，根据地震烈度及震中距按表 1-6 确定；

d_s——标准贯入试验点的深度，m；

d_w——地下水深度，m；

ρ_c——土的黏粒含量百分率，当小于 3 或为砂土时均采用 3。

表1-6 液化评价的标准贯入锤击数基准值

震中距	烈度		
	7	8	9
近震	6	10	16
远震	8	12	—

注：需考虑远震的地区规范中有具体说明。

如按式（1-8）判定为可液化土层时，还要进一步计算整个竖向剖面的液化指数，具体规定详见《建筑抗震设计规范》。

标准贯入试验成果的应用十分广泛。除了以上介绍的外，根据 N 值还可确定许多其他的参数，如桩基设计中的桩侧摩擦力和桩端承载力等。限于篇幅，不一一罗列，需要时读者可参阅有关规范或其他文献。

1.3.3 圆锥动力触探试验及其成果的应用

圆锥动力触探采用实心探头，在标准贯入试验无法实施的地层中，圆锥动力触探有可能进入。因此圆锥动力触探多用于粗粒土层或较坚硬的地层，如卵石层、密实砂层、风化岩层、含砖瓦碎块等建筑垃圾的杂填土层等。

1. 圆锥动力触探的操作要点

圆锥动力触探的操作要点与标准贯入试验的操作要点一样，进行圆锥动力触探试验时，必须准确控制锤的落距，保持每次锤击能量的恒定。因此，也提倡采用自动落锤。与标准贯入试验不同之处在于标准贯入试验是先钻孔后在孔底贯入，每次仅贯入 45 cm；而圆锥动力触探是在未先钻孔的情况下在地层中连续贯入，因而存在钻杆与周边土的摩擦力的干扰，影响试验成果。为了解决这一问题，宜采用钻孔与动力触探交替进行的方式操作，控制每次动力触探连续贯入的深度，以减少摩擦力的影响。如果连续贯入深度过大，还可采用一定数量的对比试验，即无摩擦（先钻孔）和有摩擦影响的比较，以判断两种情况的差别，对有摩擦影响的试验成果要进行修正。

2. 圆锥动力触探结果的校正

除了上述摩擦影响之外，圆锥动力触探也有杆长校正问题。重型和超重型圆锥动力触探的杆长校正系数列于表1-7、表1-8。轻型动力触探（N_{10}，也称轻便钎探）探测深度不超过 4 m，不要求作杆长校正或摩擦校正。

3. 圆锥动力触探成果的应用

（1）$N_{63.5}$ 与 f_k 的关系。

1977年颁布的《工业与民用建筑工程地质勘察规范》（TJ 21—1977）提供了圆锥动力触探 $N_{63.5}$ 与部分土类承载力的关系，见表1-9、表1-10。此规范已被国家标准《岩土工程勘察规范》（GB 50021—2001）取代，但所提供的评价方法仍可参考使用。应用表1-9、表

1-10时事先应对$N_{63.5}$值作杆长校正。

表1-7 $N_{63.5}$的杆长修正系数

	$N_{63.5}$	5	10	15	20	25	30	35	40	>50
杆的长度/m	<2	1.00	1.00	1.00	1.00	1.00	1.00	1.00	1.00	1.00
	4	0.98	0.95	0.93	0.92	0.90	0.89	0.87	0.85	0.84
	6	0.93	0.90	0.88	0.85	0.83	0.81	0.79	0.78	0.75
	8	0.90	0.86	0.83	0.80	0.77	0.75	0.73	0.71	0.67
	10	0.88	0.83	0.79	0.75	0.72	0.69	0.67	0.64	0.61
	12	0.85	0.79	0.75	0.70	0.67	0.64	0.61	0.59	0.55
	14	0.82	0.76	0.71	0.66	0.62	0.58	0.56	0.53	0.50
	16	0.79	0.72	0.67	0.62	0.57	0.54	0.51	0.48	0.45
	18	0.77	0.70	0.63	0.57	0.53	0.49	0.46	0.43	0.40
	20	0.75	0.67	0.59	0.53	0.48	0.44	0.41	0.39	0.36

表1-8 N_{120}的杆长修正系数

	N_{120}	0	1	3	5	7	9	10	15	20	25	30	35	40
杆的长度/m	1	1	1	1	1	1	1	1	1	1	1	1	1	1
	2	0.96	0.92	0.91	0.91	0.90	0.90	0.90	0.89	0.88	0.88	0.88	0.88	0.88
	3	0.94	0.88	0.85	0.85	0.85	0.84	0.84	0.83	0.82	0.82	0.82	0.81	0.81
	5	0.92	0.82	0.79	0.78	0.77	0.77	0.76	0.75	0.74	0.73	0.73	0.72	0.72
	7	0.90	0.78	0.75	0.74	0.73	0.72	0.71	0.70	0.69	0.68	0.67	0.66	0.66
	9	0.88	0.75	0.72	0.70	0.69	0.68	0.67	0.66	0.64	0.63	0.62	0.62	0.62
	11	0.87	0.73	0.69	0.67	0.66	0.66	0.64	0.62	0.61	0.60	0.59	0.58	0.58
	13	0.86	0.71	0.67	0.65	0.63	0.63	0.61	0.60	0.58	0.57	0.58	0.55	0.55
	15	0.86	0.69	0.65	0.63	0.62	0.61	0.59	0.58	0.57	0.56	0.55	0.54	0.53
	17	0.85	0.68	0.63	0.61	0.60	0.60	0.57	0.56	0.54	0.53	0.52	0.50	0.50
	19	0.84	0.66	0.62	0.60	0.59	0.58	0.56	0.54	0.52	0.51	0.50	0.50	0.49

表1-9 中、粗、砾、砂 f_k 与 $N_{63.5}$ 的关系

$N_{63.5}$	3	4	5	6	8	10
f_k/kPa	120	150	200	240	320	400

表1-10 碎石土 f_k 与 $N_{63.5}$ 的关系

$N_{63.5}$	3	4	5	6	8	10	12
f_k/kPa	140	170	200	240	320	400	480

(2) N_{120} 与卵石层的 f_k、E_0 的关系。

原建设部西南勘察院对成都地区卵石层进行试验得出的经验关系见表1-11。

表1-11 卵石层 f_k 与 N_{120} 的关系

N_{120}	3	4	5	6	7	8	9	10	11	12	14	16
f_k/kPa	240	320	400	480	560	640	720	800	850	900	950	1 000
E_0/MPa	16	21	26	31	36.5	42	47.5	53	56.5	60	62.5	65

(3) $N_{63.5}$ 与杂填土承载力的关系。

中南勘察设计院根据在武汉地区城区杂填土中 24 组静载试验资料，经回归分析得到杂填土（含粗颗粒较多）的承载力与 $N_{63.5}$ 的关系为：

$$f_k = 40 N_{63.5} \text{ kPa} \tag{1-9}$$

式（1-9）与表 1-10 几乎是一致的。

1.3.4 静力触探试验及其成果应用

1. 静力触探的操作要点

如前所述，目前静力触探均采用探头内的传感器测力，所以不存在类似于动力触探的能量校正、摩擦校正等问题。由于静力触探计力准确且反应灵敏，故能连续地探测到地层的微小变化，成果的重现性很好，即多台设备对同一地点能得出基本相同的结果，受人为操作因素的影响很小，这是静力触探最突出的优点，也是它深受人们欢迎得以迅速推广的原因所在。

静力触探成果的可靠性主要决定于探头内的力传感器。探头应精心制作，妥善密封防水，探头系数（传感器信号值与压力值之间的换算系数）应定期校定。传感器的零点可能因温度变化而发生飘移，试验过程中要随时进行零飘的校正。此外，静力触探的探杆直径较小（一般为 $\phi 33.5$ mm），在触探深度较大的情况下，探杆易于偏转弯曲，导致深度数据失真且在地面很难察觉。解决的办法是注意探杆连接的平直，保持触探机安装平稳，如深度过大（超过 30～40 m），可采用触探钻孔交替进行的办法，在已触探过的上段用钻机扩孔，下设导向管，通过导向管再进行深部的触探。最新研制的多功能探头有的安装了测斜装置，可以随时监测探杆的偏移。

2. 静力触探成果的应用

（1）土类划分。

用单桥探头测得的 p_s 值划分土类可参考表 1-12。当采用双桥探头时，可求出摩阻比 n，$n = f_s / q_c$。根据 n 可按表 1-13 大致区分土类。安装有孔隙水压力量测器的探头（简称为 CPTU），可根据孔压随深度变化情况或孔压随时间消散的特点为土类判别提供更多的信息，具体内容可参阅有关著作。

表 1-12 根据 p_s 值及其线形划分土类

p_s/MPa	线形特征	土类
<0.8	较平滑	淤泥、淤泥质土
0.8～1.2	较平滑	软-可塑黏性土
1.2～2.0	较平滑	可塑黏性土
2.0～5.0	较平滑	可塑-坚硬黏性土
2.0～5.0	起伏大	粉土、松-稍密粉细砂，其中或夹有黏性土
4.0～10.0	起伏大	粉细砂-中粗砂
>10.0	起伏大	密实砂、粗砂、砾砂、卵石

第1章 地基勘察

表1-13 根据摩阻比 n 划分土类

摩阻比 n/%	土 类
>8	黏性很高的淤泥、淤泥质土
4~8	黏土
2~4	粉质黏土
1~2	粉土
<1	砂土

(2) 确定土的承载力和变形参数。

在这一方面，不论国内或国外，各地区均做过大量的对比研究，获得了许多宝贵的经验。现列举较常用的一些经验公式，见表1-14。

表1-14 确定土的强度和变形参数的经验公式

经 验 公 式	适用范围 p_s/MPa	适用土类
$f_k = 0.104 p_s + 26.9$	0.3~6	淤泥质土、一般黏性土、老黏性土
$f_k = 5.25 \sqrt{p_s} - 103$	1~10	中、粗砂
$f_k = 0.02 p_s + 59.5$	1~15	粉、细砂
$E_s = 3.72 p_s + 1.26$	0.3~5	淤泥、淤泥质黏性土、一般黏性土
$E_s = 1.4 - 4.0 q_c$		砂土（密实砂土用高值，正常固结砂土用低值）

注：计算 f_k 时 p_s 以 kPa 计，所得结果以 kPa 计；计算 E_s 时 p_s 及 q_c 均以 MPa 计，结果以 MPa 计。

(3) 确定桩基设计参数。

由于静力触探的贯入过程与某些桩型（如预制桩，打入或压入）的成桩过程有类似之处，因此用静力触探指标来推求桩基设计参数（q_p，q_s），预估单桩承载力早已是各地研究的重点之一，且已取得了许多成功的经验。《建筑桩基技术规范》（JGJ 94—2008）对使用单、双桥静力触探资料确定混凝土预制桩单桩竖向极限承载力作了规定。限于篇幅不在此摘引，需要时请参阅规范。

(4) 判定饱和砂土、粉土地震时液化的可能性。

《岩土工程勘察规范》在《建筑抗震设计规范》规定的标准贯入试验判别法之外，提供了静力触探液化判别的方法，具体方法可参阅规范。目前此法多作为一种辅助方法使用。

1.4 取样与室内试验

虽然触探能提供土的许多参数并具有简便易行的优点，但从触探指标推求土力学参数均依赖经验关系，具有较大的局限性，触探自身的力学机理并不很清楚。原位测试是获得土的力学参数的另一途径，有其明显的优点，但当人们想改变某些条件（如应力条件、排水条件）来研究土的性状变化时，原位测试又有明显的不足。因此迄今为止，采取土试样进行室内土工试验仍是勘察和岩土力学研究中最主要的手段。

1.4.1 土试样采取

室内土工试验首先需要试样。显然,试样采取是否符合要求,是否能代表所研究的土层具有重要的意义。现行《岩土工程勘察规范》将土试样划分为4个质量等级,见表1-15。表中Ⅰ、Ⅱ级土试样要求尽可能保持土的天然结构与状态不受扰动,通常称为"原状土样"(undisturbed sample)。Ⅲ级土试样允许结构扰动,但应保持其天然湿度,故又称"保湿土样"。Ⅳ级土样允许结构扰动和湿度变化,但不能有其他层位的物质混入,主要用于土类的定名,故又称"鉴别土样"(representative sample)。

表1-15 土试样质量等级划分

等 级	扰动程度	试验目的
Ⅰ	不扰动	土类定名、含水率、密度、强度试验、固结试验
Ⅱ	轻微扰动	土类定名、含水率、密度
Ⅲ	显著扰动	土类定名、含水率
Ⅳ	完全扰动	土类定名

原状土试样可在探井或钻孔中采取,通常多在钻孔中采取。为了取得高质量土试样,必须有良好的取样工具和钻孔、取样操作技术。对取样技术的研究,国内外都十分重视,发展了许多性能优良的原状土取土器,并制定了相应的操作规程或技术标准。用于采取Ⅰ、Ⅱ级原状土样的取土器多为薄壁取土器。所谓薄壁取土器是指面积比 $C_\alpha \leq 13\%$ 的取土器。面积比定义为:

$$C_\alpha = \frac{D_r^2 - D_e^2}{D_e^2} \tag{1-10}$$

式中的符号意义如图1-2(a)所示。对于刃口内径100 mm左右的取土器,取样管壁厚度应在3 mm以内,通常为1.5~2.0 mm。

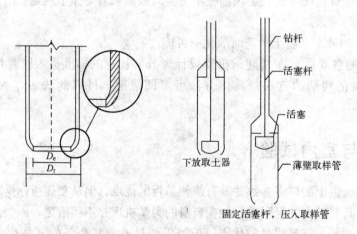

(a) 薄壁取样管参数   (b) 固定活塞取土器取样过程

图1-2 原状土取土器及其取样过程示意图

典型的 I 级原状土试样取样器是固定活塞薄壁取土器（stationary piston sampler）。

其工作原理如图 1-2（b）所示。下放取土器时，固定活塞处于取样管底部，可防止孔底浮土进入取样管。取土器到达预定位置后，在地面固定活塞杆，限制活塞位移，然后通过钻杆压下取样管，土样进入薄壁管内，最后提升，完成取样过程。

在制订勘察工作纲要时，还要对取样的数量和位置作出具体规定。按规范规定，每一土层单元的土试样一般不应少于 6 件。

1.4.2 室内试验

室内试验项目根据工程评价、计算需要而定，现将试验的一般要求列于表 1-16。

表 1-16 室内土工试验项目

试验要求	试验项目
土类定名	液限、塑限、颗粒分析
判定土的状态	含水率，天然重度，干重度，相对密度
判定土的强度	剪力试验（直剪、三轴、UU、CU、CD），无侧限抗压强度
判定土的变形	压缩试验（单向、三向）
渗流研究	渗透试验
土动力性质研究	动三轴试验，动单剪试验，共振柱试验
土的压实性质研究	击实试验
其他	湿陷性试验、膨胀（或收缩）性试验

1.5 原位测试

有些土层很难采取高质量的原状土样（如疏松砂层、卵石、碎石层，风化岩层等），通过原位测试来测定其力学参数是比较有效的途径。原位测试能反映一个较大范围（相对于室内试验的小块试样而言）土、岩体的情形，这是其独特的优点。

静力触探和动力触探兼具勘探和测试功能，也可视为一种原位测试手段。除触探之外，地基勘察中常用的原位测试有以下几种。

1.5.1 平板静载试验

平板静载试验用于确定地基土的承载力及变形模量。用此法测得的地基土承载力迄今仍被视为最可靠、最具有说服力的试验成果。

1.5.2 十字板剪切试验

十字板剪切试验用于测定黏性土,特别是饱和软黏性土的不排水抗剪强度,包括峰值强度和残余强度。这种试验是现行规范中优先推荐的测试方法之一,其成果有广泛的应用价值。

1.5.3 旁压试验

旁压试验用于在钻孔中测定岩、土的旁压极限压力 p_1 和旁压模量 E_p,按照专门的技术规程,可通过旁压试验结果评价岩土的承载力、变形特征及桩基设计参数等。

1.5.4 现场剪切试验

现场剪切试验用以测定粗颗粒土、风化岩体的抗剪强度,或测定滑坡滑动面、岩体中的结构面(如层面、节理面等)的抗剪强度。

1.5.5 土动力特性测试

土动力特性测试包括测定土的纵横波速的测试、测定场地土常时微动的地脉动测试、测定动力基础地基土动刚度指标的块体振动测试等。

以上各项原位测试的具体要求和方法可参阅有关规范和规程。

1.6 水文地质勘察

地基基础设计中,地下水是必须考虑的一个重要因素。一般要求了解:
(1)地下水位及其年变化幅度,这一点对承受地下水浮托的地下建(构)筑物的设计尤为重要。
(2)地下水水质对混凝土、钢材等建筑材料的侵蚀性。
(3)地下水对深基坑开挖施工的影响,是否有产生基底突涌的可能,是否需要人工降低地下水位,基坑涌水量的大小等。

为提供上述资料,地基勘察中应视地质条件和工程特点进行必要的水文地质研究。其方法一般有以下几种:

(1)测量地下水位。钻孔至某一深度开始出现地下水时的深度称为初见水位。此时应停钻一定时间,待水位上升至稳定不变后再次量测水位,称为静止水位。如果存在两层以上地下水且各层对工程均有影响时,必须分层观测水位,将上层水用套管有效地隔离,单独对下层水位进行观测。关于水位的年变化幅度,一般是通过调查访问或收集区域观测资料作出判断。对重要工程，要求设置长期观测孔进行不少于一年时间的长期观测。

（2）试验室分析。采取水试样送试验室进行侵蚀性分析。

（3）渗透试验。对含水层进行渗透试验（包括抽水试验、压水试验或注水试验等），以确定渗透系数。

如果含水层上下性质有差异，还要求分层进行试验。虽然土的渗透性也可在室内测定，但其结果远不如现场渗透试验结果可靠。

1.7 验槽

1.7.1 验槽的目的与内容

验槽是勘察工作的最后一个环节。当施工单位将基槽开挖完毕后，由勘察、设计、施工和使用单位等方面的技术负责人，共同到施工现场进行验槽。验槽的目的如下：

（1）检验有限的钻孔与实际全面开挖的地基是否一致，勘察报告的结论与建议是否准确。

（2）根据基槽开挖实际情况，研究解决新发现的问题和勘察报告遗留的问题。

验槽的基本内容如下：

（1）核对基槽开挖平面位置和槽底高程是否与勘察、设计要求相符。

（2）检验槽底持力层土质与勘探是否相符。参加验槽人员需沿槽底依次逐段检验，用铁铲铲出新鲜土面，用野外鉴别方法进行鉴别。

（3）当基槽土质显著不均匀或局部有古井、菜窖、墓穴时，可用钎探查明平面范围与深度。

（4）研究决定地基基础方案是否有必要修改或作局部处理。

1.7.2 验槽的方法

验槽方法以肉眼观察或使用袖珍贯入仪等简便易行的方法为主，必要时可辅以夯、拍或轻便勘探。

1. 观察验槽

观察验槽应重点注意柱基、墙角、承重墙下受力较大的部位。仔细观察基底土的结构、孔隙、湿度、含有物等，并与设计勘察资料相比较，确定是否已挖到设计的土层。对于可疑之处应局部下挖检查。

2. 夯、拍验槽

夯、拍验槽是用木夯、蛙式打夯机或其他施工工具对干燥的基坑进行夯、拍（对潮湿和软土地基不宜夯、拍,以免破坏基底土层),从夯、拍声音判断土中是否存在土洞或墓穴。对可疑迹象应用轻便勘探仪进一步调查。

3. 轻便勘探验槽

轻便勘探验槽是用钎探、轻便动力触探、手持式螺旋钻、洛阳铲等对地基主要受力层范围的土层进行勘探,或对上述观察、夯或拍发现的异常情况进行探查。

(1) 钎探

用 $\phi 22 \sim 25\,mm$ 的钢筋作钢钎,钎尖呈 $60°$ 锥状,长度 $1.8 \sim 2.0\,m$,每 $300\,mm$ 作一刻度。钎探时,用质量为 $4 \sim 5\,kg$ 的穿心锤将钢钎打入土中,落锤高 $500 \sim 700\,mm$,记录每打入 $300\,mm$ 的锤击数,据此可判断土质的软硬情况。

钎孔的平面布置和深度应根据地基土质的复杂程度和基槽形状、宽度而定。孔距一般取 $1 \sim 2\,m$,对于较软弱的人工填土及软土,钎孔间距不应大于 $1.5\,m$。如有发现洞穴等情况应加密探点,以确定洞穴的范围。钎孔的平面布置可采用行列式和错开的梅花形。当条形基槽宽小于 $80\,cm$ 时,钎探在中心打一排孔;槽宽大于 $80\,cm$,可打两排错开孔。钎孔的深度约 $1.5 \sim 2.0\,m$。

每一栋建筑物基坑(槽)钎探完毕后,要全面地逐层分析钎探记录,将锤击数显著过多和过少的钎孔在平面图上标出,以备重点检查。

(2) 手持式螺旋钻

它是一种小型的轻便钻具,钻头呈螺旋形,上接 T 形手把,由人力旋入土中,钻杆可接长,钻探深度一般为 $6\,m$,在软土中可达 $10\,m$,孔径约 $70\,mm$。每钻入土中 $300\,mm$(钻杆上有刻度)后将钻竖直拔出,根据附在钻头上的土了解土层情况(也可采用洛阳铲或勺形钻)。

1.7.3 验槽时的注意事项

验槽时应注意以下事项:

(1) 应验看新鲜土面,清除回填虚土。冬季冻结表土或夏季日晒干土都是虚假状态,应将其清除至新鲜土面进行验看。

(2) 槽底在地下水位以下不深时,可挖至水面验槽,验完槽再挖至设计高程。

(3) 验槽要抓紧时间。基槽挖好后要立即组织验槽,以避免下雨泡槽、冬季冰冻等不良影响。

(4) 验槽前一般需做槽底普遍打钎工作,以供验槽时参考。

(5) 当持力层下埋藏有下卧砂层而承压水头高于槽底时,不宜进行钎探,以免造成涌砂。

1.7.4 基槽的局部处理

对于验槽而查出的局部与设计不符的地基,应根据不同情况妥善处理。下面分别举出一些常见的地基局部处理方法。

1. 墓坑或松土坑的处理

若坑的范围较小，应将坑中虚土挖除至坑底和四周都见到老土为止，然后用与老土压缩性相近的材料回填夯实。如遇地下水位较高或坑内积水无法夯实时，可用砂、石分层夯实回填。

如坑的范围较大且基槽又受到条件限制不能挖得过宽以达到老土层时，可将该范围内的基槽适当加宽些，回填的材料和方法如同上述。

如坑在槽内所占的范围较大（长度在 5 m 以上），且坑底土质与槽底相同，可将坑范围内的基础局部加深，做 1:2 踏步与两端相接，每步高不高于 50 cm（坑底为硬土时可不高于 100 cm）、长不小于 100 cm，踏步数量根据坑深而定。

对于较深的松土坑（如坑深大于槽宽或坑底在槽底之下 1.5 m 以上时），基槽按上述原则处理后，还应考虑适当加强上部结构的刚度，以抵抗可能产生的不均匀下沉；若局部软弱层很厚时，也可打短桩处理。总之，根据具体情况采用的不同方法，其原则是使基础不均匀沉降减少至容许范围之内。

2. 土井或砖井的处理

当井位于槽的中部，井口填土较密实时，可将井的砖圈拆去 1 m 以上，用 2:8 或 3:7 灰土分层夯实回填至槽底。如井的直径大于 1.5 m 时，土井挖至地下水面，每层铺 20 cm 粗集料，分层压实至槽底水平，上做钢筋混凝土梁（板）跨越砖井。也可在基础墙内配筋以增强基础的整体刚度。

若井位于基础的转角处，除采用上述的回填办法外，还应视基础压在井上的面积大小，采用从两端墙基中伸出挑梁，或将基础沿墙长方向向外延长出去，跨越井的范围，然后再在基础墙内采用配筋或加钢筋混凝土梁（板）来加强。

3. 管道穿过基础的处理

槽底以下有管道时，最好能拆迁管道，或将基础局部加深，使管道从基础之上通过。如管道必须埋于基础之下时，则应采取防护措施，避免管道被基础压坏。如用铸铁管或钢筋混凝土管代替瓦管，或在管的周围包筑混凝土等措施。

如管道在槽底以上穿过基础或基础墙时，应采取防漏措施，以免漏水浸湿地基造成不均匀下沉。当地基为填土或湿陷性土时，尤其应注意。有管道通过的基础或基础墙，必须在管道的周围预留足够尺寸的孔洞。管道的上部预留的空隙应大于房屋预估的沉降量，以保证建筑物产生沉降后不致引起管道的变形或损坏。

4. "橡皮土"的处理

当地基为含水率很大趋于饱和的黏性土时，夯打后会破坏土的天然结构，使地基变成所谓"橡皮土"。故当地基为含水率很大、接近饱和的黏性土时，要避免直接夯打，而应采用晾槽或掺石灰的办法减小土的含水率，然后再根据具体情况选择施工方法及基础类型。如地基已发生了所谓"橡皮土"的现象时，则应采取措施，如把已受扰动部分的表土清除至硬底为止。如果不能完全清除干净，则利用碎石或卵石打入将泥挤紧，或铺撒吸水材料（如干土、碎砖、生石灰等）和采取其他有效措施进行处理。如施工中不慎扰动了基底土，则应设法补救。对于湿度不大的土，可作表面夯实处理，对于软黏土需掺入砂、碎石或碎砖才能夯打，或将扰动的土清除，另填好土再进行夯实。

5. 局部范围有硬土（或硬物）的处理

当基槽下发现有部分比其邻近地质坚硬得多的土质时（如槽下遇到基岩、旧墙基、大树根和压实的路面等），均应尽量挖除，以防止建筑物产生较大的不均匀沉降，导致建筑物开裂。若硬物不易挖除时，应考虑加强建筑上部刚度，如在基础墙内加钢筋或钢筋混凝土梁等，以减少可能产生的不均匀沉降对建筑物造成的危害。

在工程验槽过程中，除了会遇到上述情况外，还会遇到许多复杂的问题，如基槽中段软弱两端坚实、槽底严重倾斜、暖气沟或电缆沟斜贯基槽、邻近建筑基础凸入基槽、槽底有钢筋混凝土巨大化粪池、部分基槽填土很深、腐蚀性化学物质污染基槽、河流通过基槽局部淤泥层很深及基槽积水泡软持力层等，为了保证工程安全，防止工程事故的发生，必须对验槽过程中发现的问题进行妥善处理。

1.8 勘察成果

勘察成果是以勘察报告的形式提供的。根据《岩土工程勘察规范》的规定，编制勘察报告所依据的各项原始资料，应经整理、检查、分析、鉴定研究无误后方可使用。勘察报告的内容一般应包括：

(1) 勘察的目的、要求和任务。
(2) 拟建工程概述。
(3) 勘察方法和勘察工作量布置。
(4) 场地地形、地貌、地层、地质构造、岩土性质、地下水、不良地质现象的描述与评价。
(5) 场地稳定性与适宜性的评价。
(6) 岩土参数的分析与选用。
(7) 岩土利用、整治、改造方案。
(8) 工程施工和使用期间可能发生的岩土工程问题的预测及监控，预防措施的建议。
(9) 成果报告应附必要的图件：
① 勘探点平面布置图；
② 钻孔柱状图（见图1-1）；
③ 工程地质剖面图（见图1-3）；
④ 原位测试成果图表；
⑤ 室内试验成果图表；
⑥ 岩土利用、整治、改造方案的有关图表；
⑦ 岩土工程计算简图及计算成果图表。
图1-3是工程地质剖面图的示例。

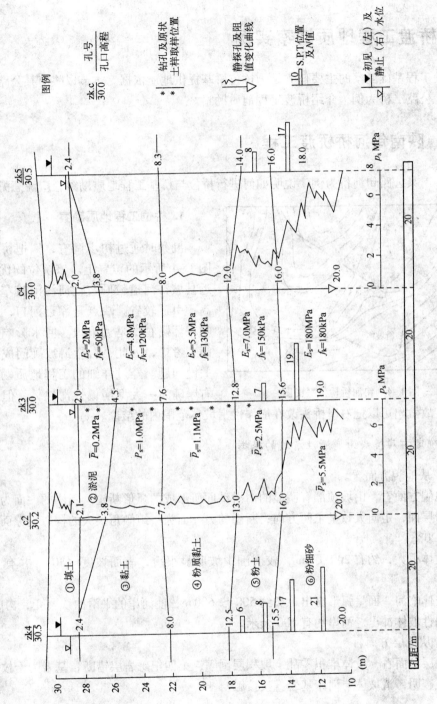

图1-3 I—I'工程地质剖面图示例

1.9 桥渡工程地质勘察实例

桥渡工程基础勘察的主要任务是为桥位桥基提供地质依据。本节以陕南某公路旬河桥及武汉长江公路二桥为例,介绍桥渡工程地质勘察。

1.9.1 陕南旬河桥桥渡工程

以陕南某公路旬河桥为例,说明如何进行桥位与桥基工程地质勘察,应注意哪些问题。

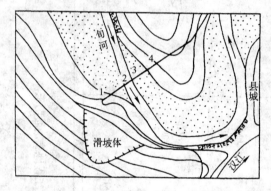

图 1-4 旬河桥桥位平面图

1. 桥位工程地质勘察

勘察时通过初步调查,拟把桥位选在如图 1-4 所示的位置上。该桥位的优点是:靠近县城,河道较顺直,河漫滩较窄,两岸较高,引道较省。缺点是靠近河口,受回水影响;怀疑右岸是大滑坡。回水影响可以在桥高上考虑,因此,右岸滑坡疑问成为桥位的关键问题。经过详细的工程地质勘察,查明右岸确为一大型崩塌性滑坡体,但推断其已经稳定,故做出可以把右岸桥头改在崩塌性滑坡体范围内的结论。

1) 确定右岸桥头为崩塌性滑坡的根据

(1) 从地貌方面看。

从地貌方面看,山坡顶部有明显的由滑动面所形成的弧形断崖。断崖的一面为倾角很大的千枚岩层面,走向大致呈东西方向;断崖的另一面为一组倾角很大的构造裂隙面,走向大致为 NW20°。

滑坡体很大,约有 200 万 m³,较周围山坡明显很缓,表面坡度 ≤30°,并有 4~5 级台阶。

滑坡体临河一面呈弧形突出,长约 500~600 m,使河岸的平滑曲线突变,构成 W 形弯曲。崩塌性坡体冲出老河岸约有 100 余米。

(2) 从地层方面看。

从地层方面看,滑体堆积零乱,坡积层倒倾,第四纪砾岩层错断;基岩为千枚岩,产状零乱,经查明,滑坡体与河床基岩直接接触。

2) 把桥台放在滑坡体范围内的依据

旬河桥是三孔 60 m 的双曲拱桥,这种结构对墩台的变形很敏感。回答是否可以把桥台放在滑坡体范围内这个问题,必须确定滑坡体是否稳定。推断滑坡体已经稳定的根据如下。

该滑坡是因为山坡岩体长期遭受河水冲刷,逐渐失去稳定,突然沿着上述软弱面下滑而形成的。从滑坡体下落的高度、冲出河岸的距离看出，由于岩体很大，下滑时滑动力也很大，这种崩塌性滑动后，滑坡体已经处于完全稳定的位置，它的表面平均坡度不超过30°，其底部坐在古河道上，并与河底基岩直接接触。

滑坡体除表层覆有土和土夹碎石外，深处全是破裂的岩块、岩层。由于这种组成，使它很少受水浸的影响；也由于这种组成，使它能迫使河道改移，而河水很难冲刷它。

在滑坡舌的上游已经淤积了很大面积的高滩地，滑坡舌部已经深埋在冲积层下不少于10 m，滑坡后壁风化剥落严重，这些都说明滑坡发生的时间相当早。

整个滑坡体上所有几十年、近百年的大树没有弯曲的现象。建在滑坡体最低一个台阶上的民房，最老的有将近200年的历史，没有发现因滑坡体移动而变形的现象。滑坡体上还有乾隆年间的古墓。这些都说明，在近一二百年内，滑坡体未曾移动过。

该滑坡紧靠旬阳县城，旬阳县志始于1781年，追记到公元700年，没有关于这个大型滑坡的记载。这个情况配合以上所列各点，可以说明该滑坡是更早以前发生的，以后未再移动过。

2. 桥基工程地质勘察

桥位确定以后，为确定基础埋置深度，参考桥位工程地质断面图（图1-5），对河道冲刷进行了调查分析，认为可把1号桥台放在滑坡岩体上，2、3号桥墩均需放在基岩上。在基础施工过程中，2号桥墩沉井内比钻探资料提早1.5 m遇到岩体，怀疑其是否为滑坡前沿的大孤石，经调查，发现井底岩体产状与两岸基岩一致，判断确认为基岩。

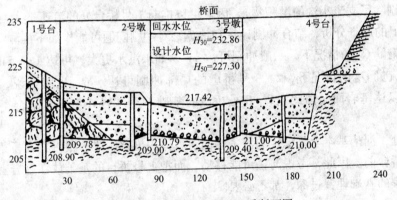

图1-5 旬河桥桥位工程地质断面图

1）河道冲刷分析

为确定1、2、3号三个桥墩（台）的基础埋置深度，需要判断和预测：桥位处洪水期间主流的流向和位置，建桥后各墩（台）处的可能冲刷情况；在桥梁使用期限内主槽是否稳定等。

根据该桥位的具体情况，从水流、地貌、冲积物三个方面进行调查研究，经综合分析，对冲刷问题做出判断和预测。

（1）水流情况分析。

根据已有的设计资料，结合现场的调查访问，得到如下资料：设计流量 $Q_{50} = 5\,700 \text{ m}^3/\text{s}$，

设计水位 H_{50} = 227.30 m，最大水深 11.30 m。设计回水水位 H_{30} = 232.86 m，最大水深 16.86 m。洪水比降约为 0.1%，最大流速约为 5.5 m/s，该河发水时冲刷最强。

(2) 地貌情况分析。

桥位正处于河道的喇叭口地段。由于滑体冲出古河岸约 100 余米，使河道突然变窄，形成喇叭口。在桥位处，水流束窄，流速增大冲刷随之增大，2、3 号桥墩均在流速最大、冲刷最大的位置，1 号桥台则处于喇叭口边缘流速较低、冲刷不大的位置。

由于水流长期冲刷，造成滑坡舌临河面后退并出现陡崖。但因为滑坡体是由破裂的岩块、岩层组成，且与河底基岩直接抵触，河流很难冲动它。根据调查，桥位处滑坡舌高岸，在 70～80 年内，后退不到 3 m。因此可以认为，在桥梁使用期限内河道是稳定的，亦即不会向 1 号桥台方向有多大移动。

(3) 冲积物分析。

不同的水流（流速、水深）形成不同的冲积物，河流横断面不同位置的水流情况不同，形成的冲积物也不同。反之，根据冲积物的不同，可推求水流的不同，根据河流横断面内各处的冲积物不同，可推求不同位置的水流情况。但要注意区分蚀余堆积与支流小沟的洪积物。

从钻探资料及沉井施工来看，2、3 号桥墩处，基岩以上都是比较干净的砂夹砾、卵石，说明整个这一层可能都是活动的、可冲移的；靠近基岩面都有大漂石，但 2 号桥墩下的大漂石更多一些，更大一些，说明洪水期间最大流速线靠近 2 号桥墩处。

从 1 号桥台的挖基来看，基坑侧壁所见均为河漫滩相的砂（从细砂到中、粗砂），没有砾、卵石（剔除了支流小沟的洪积物），因此可以推断 1 号桥台处的流速不大。

根据以上的调查分析，结合冲刷计算和估算，对冲刷问题可能作如下推测：

在设计流量 Q_{50} 的情况下，一般冲刷可达 3 m，如果洪水更大，可达 4～5 m。

在设计流量 Q_{50} 的情况下，2、3 号桥墩的局部冲刷可达 5 m，也就是说，一般冲刷加局部冲刷可以达基岩面，因此把 2、3 号桥墩的基础下至基岩并与基岩结合牢固是完全必要的。

在桥位处，河槽基本上是稳定的。主槽向滑坡体内推移很难、很慢，在桥梁使用期间不会移至 1 号桥台前。因此，考虑河槽可能移动，而把 1 号桥台的基础放在基岩上，或把 2 号桥墩防护工程的基础埋置过深，都不必要。

3) 河底基岩判断

2 号桥墩的沉井在施工过程中比钻探资料提早 1.5 m 遇到岩体，又加 2 号桥墩靠近滑坡体，因此需要判断遇到的岩体是基岩还是大孤石。经调查判断，确认为基岩，其根据如下：

第一，大的孤石（比沉井底面积还要大）很少见。

第二，在岩体上面有大漂石层出现。这种漂石层的出现，是接近基岩的标志。山区大河的主流位置，在砂、砾、卵石层中，如出现漂石层，一般都是接近基岩的标志。

第三，岩体的岩层走向完全与周围外露岩层一致。该区的岩层走向由于构造关系，基本上是东西方向。2 号桥墩沉井下岩体的岩层走向完全与周围一致，这是岩体未曾移动的根据，也是判断岩体为基岩的依据。

1.9.2 武汉长江公路二桥桥渡工程

1. 桥渡区河势、地貌及地质构造

1）河势

长江是北东向流经武汉地区，在武汉长江大桥附近因受龟、蛇山的控制，形成窄路，江面宽仅 1.1km，往下游江面逐渐展宽，至桥址处两大堤间宽约 2km，桥址下游 4.5km 处被天兴洲分为南北两汊，过天兴洲两汊合流后，急转东流，经阳逻、白浒山流出武汉市。

桥渡区河道顺直，河岸稳定。深槽偏武昌岸。一般水位时水深 15～20m，洪水时，水深汰 25～30m。

2）地貌

两岸地处长江漫滩及一级阶地上。低水位时，滩地外露，汉口岸滩地宽约 300m，武昌岸滩地宽约 120m，两岸一级阶地地形较平坦，但因受地表水流切割影响，宽浅沟较发育。

3）地质构造

武汉地处淮阳山字形构造前弧的西冀及东西向构造带与新华夏系第二沉降带的复合部位。褶曲断裂发育，形成北西—北西西和北北东向断裂带及北西西向的褶曲带。在有些地方，由于受北西西向断裂的影响，形成断陷沉积。桥渡区为白垩—第三系断凹沉积的红层，为东湖群的砂砾岩层，下伏志留系的砂、页岩层。位于近东西向堤角背斜的南翼，两者呈不整合接触。红层受构造作用影响轻微，岩层倾角平缓，约 15°左右。节理裂隙不太发育。局部可见裂面与擦痕。

2. 桥渡区岩土工程地质特征

桥渡区的高河漫滩及一级阶地的覆盖层为二元结构，即上部为 8～19m 厚的黏性土层，下部主要为粉细砂层。河槽及低河漫滩的覆盖层主要由粉、细、中砂层组成。覆盖层厚度，汉口岸 45～46m，河槽 21～33m，武昌岸 46～51m。下伏基岩为白垩—第三系东湖群的泥岩、砂岩和砾岩，地层由武昌至汉口方向逐渐变老，推测产状走向为 N30°E，倾向 SE，倾角约 18°。理由简述如下。

1）第四系地层

（1）最新地层主要为两岸填土及河槽砂类土层。
（2）两岸黏性土层主要由黏土、砂质黏土及淤泥质黏土层组成。
（3）砂类、碎石类土层是桥渡区覆盖层中的主要土层，遍及全区。主要由粉砂、细砂、细砂夹卵石、中砂、砾砂、砾石土及砾质黏土层组成，粗砂呈薄层状夹于其他层中。
（4）砂砾胶结层为灰紫、浅黄、褐、灰、白灰、绿灰色，砂砾状碎屑结构，锰菱铁矿及砂粒胶结，胶结较牢者类似混凝土状，碎屑物的磨圆度中等。卵石的磨圆度中等，成分以硅质岩、石英岩、细砂岩、白云岩、火山岩等为主，分布于桥渡区覆盖层底部。

2) 白垩—第三系东湖群砂、砾岩

白垩—第三系东湖群主要由灰紫红色、紫红色的砂质泥岩、泥质砂岩、砾岩夹含砾砂岩、粗砂岩组成，岩层倾角平缓，平均15°左右，裂隙少。由于风化强度的不同，可分三个风化带：全风化带、强风化带、弱风化带，以下为新鲜岩石（含微风化带）。另外，由于成岩胶结分为强、中、弱胶结。砾岩分布于全桥渡区，砂质泥岩、泥质砂岩主要分布于武昌武青三干道立交桥部位。

3. 桥渡区的水文地质特征

1) 覆盖层的水文地质特征

覆盖层地下水储存于第四系（Q_4）一级阶地中，在桥渡区上、下游的第四系（Q_4）一级阶地地层主要分布在汉口地区、武昌徐家棚、青山以东地带。它自上而下自细变粗，即黏土、砂质黏土、淤泥质土，粉、细、中、粗砂及砂砾石，砂砾石层不太稳定。汉口岸引桥地下水埋深为 2~10 m，武昌岸引桥地下水埋深为 1~7 m，均随季节而变化，渗透系数 4~6 m/d，含水层中的地下水与长江水成互补关系。地下水的水温一般在 16~19℃，pH 为 6.9~7.8，总矿化度为 0.179~0.844 g/L，含铁量较高，为重碳酸钙型水，地下水来源于大气降水及江水。

2) 白垩—第三系砂、砾岩红层中的水文地质条件

桥渡区的基岩全部为白垩—第三层系的地层，紫红色、灰紫红色砂岩，含砾砂岩、砾岩，属裂隙弱含水层，为基岩裂隙水和孔隙水。武汉地区白垩—第三系地层中，地下水的最大可能涌水量为 500 t/d，化学类型为重碳酸型水，矿化度为 0.2 g/L 左右。

3) 环境水对混凝土的侵蚀性

分别取江水、覆盖层水、基岩裂隙水，多组进行水质分析，根据《公路混凝土工程环境水侵蚀性技术标准》，上述环境水对混凝土均无侵蚀性。

4. 桥址区地震烈度及场地砂土液化

桥址区属长期下降、近期上升的江汉平原地带，根据《中国地震烈度区划图》（1990 年版），武汉市地震基本烈度为Ⅳ度。通过标准贯入试验等测试手段测试，根据《公路工程抗震设计规范》进行判别，汉口、武昌岸覆盖层中，上覆黏性土厚度小于 13.0 m 地段的粉、细砂应考虑液化问题。

通过对桥址地区的最大可能振动强度（即加速度、卓越周期、地震反应谱）提出论证，以及对桥址周围 300 km 范围内的历史地震资料的统计分析、地震危险性分析、超越概率分析等，确定了桥基场地为Ⅰ类场地上，卓越周期为 0.14 s。场地地震反应的最大加速度值与岩性和震中距有关。

复习思考题

1-1　拟在某市市区兴建一幢 30 层楼房。根据当地经验，地质情况大致如下：上部 10～15 m 为较软弱的黏性土，以下变为粉土、粉细砂，至 45～55 m 深度处为基岩，基岩上有数米厚的中粗砂夹卵石或卵石层。下部砂层及砂卵石层中有孔隙承压水。根据上述情况，请从地基基础设计需要出发提出勘察要求（本题可在学完本课程后再做）。

1-2　根据题 1-1 的地质条件，勘察时采用哪些勘察测试手段为宜？

1-3　题图 1-1 是一幅未完成的工程地质剖面图，其中画有 4 个静力触探点的阻值随深度变化的曲线，请根据这些资料进一步完成剖面图（分层，初步判定土名、确定各层的 f_k 值和 E_s 值）。

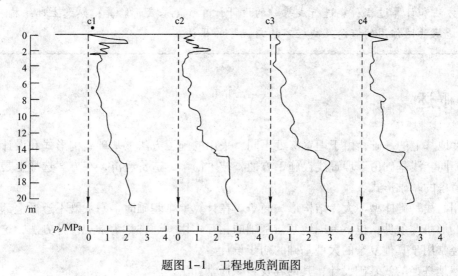

题图 1-1　工程地质剖面图

第 2 章 天然地基上的浅基础

> **内容提要和学习要求**
>
> 地基基础是建筑物很重要的一个组成部分。地基有天然地基和人工地基之分,天然土层或岩层作为建筑物地基时称为天然地基,经过人工加固处理的土层作为地基时称为人工地基。基础通常按照埋置深度的不同分为浅基础与深基础。
>
> 通过本章学习,要求掌握浅基础的类型;熟练掌握基础埋置深度,地基承载力确定的方法和计算过程;能进行浅基础的设计计算和地基变形验算;熟悉上部结构、基础和地基共同作用的概念及减轻不均匀沉降的措施。

2.1 概述

天然地基上的基础,由于埋置深度不同,采用的施工方法、基础结构形式和设计计算方法也不相同。浅基础由于埋置浅,施工方便,技术简单,造价经济,在方案选择上是设计人员首先考虑的基础形式。

常用的浅基础体型不大,结构形式简单。在计算单个基础时,一般既不遵循上部结构与基础的变形协调条件,也不考虑地基与基础的相互作用,通常称为常规设计方法,这种简化方法也经常用于其他复杂的大型基础的初步设计。

天然地基上的浅基础设计,其内容及步骤通常如下。

(1) 阅读分析建筑场地的地质勘察资料和建筑物的设计资料,充分掌握拟建场地的工程地质条件、水文地质条件及上部结构类型、荷载性质、大小、分布及建筑布置和使用要求。

(2) 选择基础的结构类型和建筑材料。

(3) 选择基础的埋置深度,确定地基持力层。

(4) 按地基承载力确定基础底面尺寸。

(5) 进行必要的地基验算,包括地基持力层及软弱下卧层的承载力验算,必要的地基稳定性、沉降验算,根据验算结构修正基础底面尺寸。

(6) 基础结构和构造设计。

(7) 绘制基础施工图,编制施工说明。

上述各个方面是密切关联、相互制约的,因此地基设计工作往往要反复进行才能取得满意的结果。对规模较大的基础工程,若满足要求的方案不止一个,还应进行经济、技术及环境综合比较,最后选择最优方案。

2.2 浅基础类型、适用条件及构造

2.2.1 浅基础常用类型及适应条件

天然地基浅基础根据受力条件及构造可分为刚性基础（也称无筋扩展基础）和钢筋混凝土扩展基础两大类。基础在外力（包括基础自重）作用下，基底的地基反力为 p（图2-1），此时基础的悬出部分 [图2-1（b）]，$a—a$ 断面左端，相当于承受着强度为 p 的均布荷载的悬臂梁，在荷载作用下，$a—a$ 断面将产生弯曲拉应力和剪应力。当基础圬工具有足够的截面使材料的容许应力大于由地基反力产生的弯曲拉应力和剪应力时，$a—a$ 断面不会出现裂缝，这时，基础内不需配置受力钢筋，这类基础称为刚性基础 [图2-1（b）]。它是桥梁、涵洞和房屋等建筑物常用的基础类型。其形式主要有刚性扩大基础 [图2-1（b）及图2-2]，单独柱下刚性基础 [图2-3（a）、（d）]、条形基础（图2-4）等。

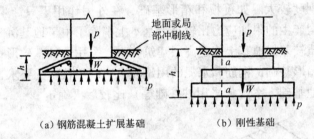

图 2-1 基础类型

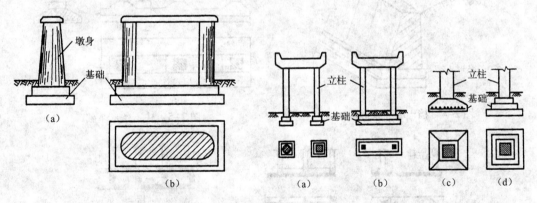

图 2-2 刚性扩大基础　　　　图 2-3 单独和联合基础

建筑物基础在一般情况下均砌筑在土中或水下，所以要求各种基础类型所用材料要有良好的耐久性和较高的强度。刚性基础常用的材料有混凝土、粗料石和片石。混凝土是修筑基础最常用的材料，其优点是强度高、耐久性好，可浇筑成任意形状的砌体，混凝土强度等级一般不宜小于C15。对于大体积混凝土基础，为了节约水泥用量，可掺入不多于砌体体积25%的片石（称片石混凝土），但片石的强度等级不应低于MU25，也不应低于混凝土的强度等级。采用粗料石砌筑桥、涵和挡墙等基础时，要求石料外形大致方整，厚度约 20～30 cm，

宽度和长度分别为厚度的1.0～1.5倍和2.5～4.0倍，石料强度等级不应小于MU25，砌筑时应错缝，一般采用M5水泥砂浆。片石常用于小桥涵基础，石料厚度不小于15 cm，强度不小于MU25，一般采用M5或M2.5砂浆砌筑。

刚性基础的特点是稳定性好、施工简便、能承受较大的荷载，所以只要地基强度能满足要求，它是桥梁和涵洞等结构物首先考虑的基础形式。它的主要缺点是自重大，并且当持力层为软弱土时，由于扩大基础面积有一定限制，需要对地基进行处理或加固后才能采用，否则会因所受的荷载压力超过地基强度而影响建筑物的正常使用。所以对于荷载大或上部结构对沉降差较敏感的建筑物，当持力层的土质较差又较厚时，刚性基础作为浅基础是不适宜的。

基础在基底反力作用下，在 $a—a$ 断面产生弯曲拉应力和剪应力若超过了基础圬工的强度极限值，为了防止基础在 $a—a$ 断面开裂甚至断裂，可将刚性基础尺寸重新设计，并在基础中配置足够数量的钢筋，这类基础称为钢筋混凝土扩展基础［图2-1（a）］。

钢筋混凝土扩展基础主要是用钢筋混凝土浇筑，常见的形式有挡土墙下条形基础（图2-4）和柱下扩展基础、条形和十字形基础（图2-5）、筏板及箱形基础（图2-6、图2-7），其整体性能较好，抗弯刚度较大。如筏板和箱形基础，在外力作用下只产生均匀沉降或整体倾斜，这样对上部结构产生的附加应力比较小，基本上消除了由于地基沉降不均匀引起的建筑物损坏。所以在土质较差的地基上修建高层建筑物时，采用这种基础形式是适宜的。但上述基础形式，特别是箱形基础，钢筋和水泥的用量较大，施工技术的要求也较高，所以采用这种基础形式应与其他基础方案（如采用桩基础等）比较后再确定。

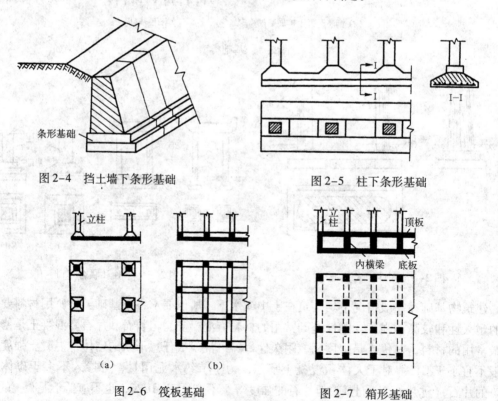

图2-4 挡土墙下条形基础　　　　图2-5 柱下条形基础

图2-6 筏板基础　　　　图2-7 箱形基础

2.2.2 浅基础的构造

1. 刚性扩大基础

由于地基强度一般较墩台或墙柱圬工的强度低,因而需要将基础平面尺寸扩大以满足地基强度要求,这类刚性基础又称刚性扩大基础,如图2-2所示。它是桥涵及其他建筑物常用的基础形式,其平面形状常为矩形。其每边扩大的尺寸最小为0.20~0.50 m,视土质、基础厚度、埋置深度和施工方法而定。作为刚性基础,每边扩大的最大尺寸应受到材料刚性角的限制。当基础较厚时,可在纵横两个剖面上都做成台阶形,以减少基础自重,节省材料。

2. 单独和联合基础

单独基础是立柱式桥墩和房屋建筑常用的基础形式之一。它的纵横剖面均可砌筑成台阶式 [图2-3 (a)、(b)、(d)],但柱下单独基础用石或砖砌筑时,则在柱子与基础之间用混凝土墩连接。个别情况下柱下基础用钢筋混凝土浇筑时,其剖面也可浇筑成锥形 [图2-3 (c)]。

3. 条形基础

条形基础分为墙下和柱下条形基础,墙下条形基础(图2-4)是挡土墙下或涵洞下常用的基础形式。其横剖面可以是矩形或将一侧筑成台阶形。如挡土墙很长,为了避免在沿墙长方向因沉降不匀而开裂,可根据土质和地形予以分段,设置沉降缝。有时为了增强桥柱下基础的承载能力,将同一排若干个柱子的基础联合起来,也就成为柱下条形基础(图2-5)。其构造与倒置的T形截面梁相类似,沿柱子排列方向的剖面可以是等截面的,也可以如图那样在柱位处加腋。在桥梁基础中,一般是做成刚性基础,个别的也可做成钢筋混凝土扩展基础。

如地基土很软,基础在宽度方向需进一步扩大面积,同时又要求基础具有空间的刚度来调整不均匀沉降时,可在柱下纵、横两个方向均设置条形基础,称为十字形基础。这是房屋建筑常用的基础形式,也是一种交叉条形基础。

4. 筏板和箱形基础

筏板和箱形基础都是房屋建筑常用的基础形式。

当立柱或承重墙传来的荷载较大,地基土质软弱又不均匀,采用单独或条形基础均不能满足地基承载力或沉降的要求时,可采用筏板式钢筋混凝土基础,这样既扩大了基底面积,又增加了基础的整体性,并避免建筑物局部发生不均匀沉降。

筏板基础在构造上类似于倒置的钢筋混凝土楼盖,它可以分为平板式 [图2-6 (a)] 和梁板式 [图2-6 (b)]。平板式常用于柱荷载较小而且柱子排列较均匀和间距也较小的情况。

为增大基础刚度,可将基础做成由钢筋混凝土顶板、底板及纵横隔墙组成的箱形基础

（图2-7），它的刚度远大于筏板基础，而且基础顶板和底板间的空间常可用作地下室。它适用于地基较软弱、土层厚、建筑物对不均匀沉降较敏感或荷载较大而基础建筑面积不太大的高层建筑。

以上仅对较常见的浅基础的构造作了概括的介绍，在实践中必须因地制宜地选用。有时还必须另行设计基础的形式，如在非岩石地基上修筑拱桥桥台基础时，为了增加基底的抗滑能力，基底在顺桥方向剖面做成齿坎状或斜面等。

2.3 基础埋置深度的确定

基础底面埋在地下的深度，称为基础的埋置深度，建筑物基础的埋置深度常用 d 表示，一般自室外地面高程算起。在填方整平区，可自填土地面高程算起；但填土在上部结构施工后完成时，应从天然地面高程算起；对于地下室，当采用箱形基础或筏板基础时，基础埋置深度自室外地面高程算起；其他情况下，应从室内底面高程算起。公路桥涵基础的埋深常用 h 表示，对于受水流冲刷的基础，由一般冲刷线算起；不受水流冲刷的基础，由挖方后的地面算起。

确定基础埋置深度是基础工程中很重要的一步，它直接关系到地基是否可靠、施工的难易、工程造价的高低，涉及建筑物建成后的牢固、稳定及正常使用问题。影响基础埋深的因素很多，必须综合考虑地基的地质和地形条件、河流的冲刷程度、当地的冻结深度、上部结构形式，以及保证持力层稳定所需的最小埋深和施工技术条件、造价等因素。但对于某一具体工程，往往是其中一两种因素起决定作用，所以设计时必须从实际出发，抓住主要因素进行分析与研究，确定合理的埋置深度。

2.3.1 地基的地质条件

地质条件是确定基础埋置深度的重要因素之一。覆盖土层较薄（包括风化岩层）的岩石地基，一般应清除覆盖土和风化层后，将基础直接修建在新鲜岩面上；如岩石的风化层很厚，难以全部清除时，基础放在风化层中的埋置深度应根据其风化程度、冲刷深度及相应的地基承载力容许值来确定。如岩层表面倾斜时，不得将基础的一部分置于岩层上，而另一部分则置于土层上，以防基础因不均匀沉降而发生倾斜甚至断裂。在陡峭山坡上修建桥台时，还应注意岩体的稳定性。

当基础埋置在非岩石地基上，如受压层范围内为均质土，基础埋置深度除满足冲刷、冻胀等要求外，可根据荷载大小，由地基土的承载能力和沉降特性来确定（同时考虑基础需要的最小埋深）。当地质条件较复杂如地层为多层土组成等，或对大中型桥梁及其他建筑物基础持力层的选定，应通过较详细计算或方案比较后确定。

2.3.2 河流的冲刷深度

在有水流的河床上修建基础时，要考虑洪水对墩台基础的冲刷作用，洪水水流越急，流量越大，洪水的冲刷越大，整个河床面被洪水冲刷后要下降，称为一般冲刷，被冲下去的深度称为一般冲刷深度。同时由于桥墩的阻水作用，使洪水在桥墩四周冲出一个深坑，如图 2-8 所示，称为局部冲刷。

因此，在有冲刷的河流中，为了防止桥梁墩、台基础四周和基底下土层被水流掏空冲走以致倒塌，基础必须埋置在设计洪水的最大冲刷线以下不小于 1m。特别是在山区和丘陵地区的河流，更应注意考虑季节性洪水的冲刷作用。

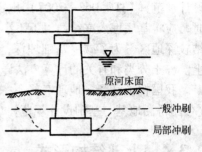

图 2-8 河流的冲刷作用

涵洞基础，在无冲刷处（岩石地基除外），应设在地面或河床底以下埋深不小于 1m 处；如有冲刷，基底埋深应在局部冲刷线以下不小于 1m；如河床上有铺砌层时，基础底面宜设置在铺砌层顶面以下不小于 1m。

基础在设计洪水冲刷总深度以下的最小埋置深度不应是一个定值，它与河床地层的抗冲刷能力、计算设计流量的可靠性、选用计算冲刷深度的方法、桥梁的重要性和破坏后修复的难易程度等因素有关。因此，对于非岩石河床桥梁墩台基础的基底在设计洪水冲刷总深度以下的最小埋置深度，参照表 2-1 采用。

表 2-1　桥梁墩台基础基底最小埋置深度　　　　　　　　单位：m

桥梁类别 \ 总冲刷深度/m	0	5	10	15	20
大桥、中桥、小桥（不铺砌）	1.5	2.0	2.5	3.0	3.5
特大桥	2.0	2.5	3.0	3.5	4.0

在计算冲刷深度时，尚应考虑其他可能产生的不利因素，如因水利规划使河道变迁、水文资料不足或河床为变迁性和不稳定河段等时，表 2-1 所列数值应适当加大。

修筑在覆盖土层较薄的岩石地基上，河床冲刷又较严重的大桥桥墩基础，基础应置于新鲜岩面或弱风化层中并有足够埋深，以保证其稳定性。也可用其他锚固等措施，使基础与岩层能联成整体，以保证整个基础的稳定性。如风化层较厚，在满足冲刷深度要求下，一般桥梁的基础可设置在风化层内，此时，地基各项条件均按非岩石考虑。

位于河槽的桥台，当其最大冲刷深度小于桥墩总冲刷深度时，桥台基底的埋深应与桥墩基底相同。当桥台位于河滩时，对河槽摆动不稳定河流，桥台基底高程应与桥墩基底高程相同；在稳定河流上，桥台基底高程可按照桥台冲刷结果确定。

2.3.3　当地的冻结深度

在寒冷地区，应该考虑由于季节性的冰冻和融化对地基土引起的冻胀影响。

产生冻胀的原因是由于冬季气温下降，当地面下一定深度内土的温度达到冰冻温度时，土中孔隙水分开始冻结，体积增大，使土体产生一定的隆胀。对于冻胀性土，如土温在较长时间内保持在冻结温度以下，水分能从未冻结土层不断地向冻结区迁移，引起地基的冻胀和隆起，这些都可能使基础遭受损坏。为了保证建筑物不受地基土季节性冻胀的影响，除地基为非冻胀性土外，基础底面应埋置在天然最大冻结线以下一定深度。《公路桥涵地基与基础设计规范》（JTG D63—2007）规定，上部为外超静定结构的桥涵基础，其地基为冻胀土层时，应将基底埋入冻结线以下不小于0.25 m。对静定结构的基础，一般也按此要求，但在冻结较深地区，为了减少基础埋深，有些类别的冻土经计算后也可将基底置于最大冻结线以上。冻土分类和有关的计算方法详见本书有关章节。

我国幅员辽阔，地理气候不一，各地冻结深度应按实测资料确定。无资料时，可参照《公路桥涵地基与基础设计规范》（JTG D63—2007）中标准冻深线图结合实地调查确定。

2.3.4 上部结构形式

基础埋深首先要满足建筑物的用途要求。当有地下室、地下管沟和设备基础时，基础埋深须相应加深。上部结构的形式不同，对基础产生的位移要求也不同。对中、小跨度简支梁桥来说，这项因素对确定基础的埋置深度影响不大。但对超静定结构即使基础发生较小的不均匀沉降也会使内力产生一定变化。如拱桥桥台，为了减少可能产生的水平位移和沉降差值，有时需将基础设置在较深的坚实土层上。

2.3.5 当地的地形条件

当墩台、挡土墙等结构位于较陡的土坡上，在确定基础埋深时，还应考虑土坡连同结构物基础一起滑动的稳定性。由于在确定地基承载力容许值时，一般是按地面为水平的情况下确定的，因而当地基为倾斜土坡时，应结合实际情况，予以适当折减并采取以下措施。

若基础位于较陡的岩体上，可将基础做成台阶形，但要注意岩体的稳定性。基础前缘至岩层坡面间必须留有适当的安全距离，其数值与持力层岩石（或土）的类别及斜坡坡度等因素有关。根据挡土墙设计要求，基础前缘至斜坡面间的安全距离 l 及基础嵌入地基中的深度 h 与持力层岩石（或土）类的关系见表2-2，在设计桥梁基础时也可作参考。但具体应用时，因桥梁基础承受荷载比较大，而且受力较复杂，采用表列 l 值宜适当增大，必要时应降低地基承载力容许值，以防止邻近边缘部分地基下沉过大。

表2-2 斜坡上基础埋深与持力层土类关系

持力层土类	h/m	l/m	示意图
较完整的坚硬岩石	0.25	0.25~0.50	
一般岩石（如砂页岩互层等）	0.60	0.60~1.50	
松软岩石（如千枚岩等）	1.00	1.00~2.00	
砂类砾石及土层	≥1.00	1.50~2.50	

2.3.6 保证持力层稳定所需的最小埋置深度

地表土在温度和湿度的影响下，会产生一定的风化作用，其性质是不稳定的。加上人类和动物的活动以及植物的生长作用，也会破坏地表土层的结构，影响其强度和稳定，所以一般地表土不宜作为持力层。为了保证地基和基础的稳定性，基础的埋置深度（除岩石地基外）应在天然地面或无冲刷河底以下不小于 1 m。

除此以外，在确定基础埋置深度时，还应考虑相邻建筑物的影响，如新建筑物基础比原有建筑物基础深，则施工挖土有可能影响原有基础的稳定。施工技术条件（如施工设备、排水条件、支撑要求等）及经济分析等对基础埋深也有一定影响，这些因素也应考虑。

上述影响基础埋深的因素不仅适用于天然地基上的浅基础，有些因素也适用于其他类型的基础（如沉井基础）。

现举例来说明如何较合理地确定基础埋置深度和选择持力层。

某河流的水文资料和土层分布及其承载力容许值如图 2-9 所示。

根据水文地质资料，如施工技术条件有充分保证，由于基础修建在常年有水的河中（上部为静定结构），因而对上述 2.3.3～2.3.6 节论述因素可以排除。从土质条件来看，土层Ⅰ、Ⅲ、Ⅳ均可作为持力层，所以第一方案采用浅基础，只需根据最大冲刷线确定其最小埋置深度，即在最大冲刷线以下 $h_1 = 2$ m，然后验算土层Ⅰ、Ⅱ的承载力是否满足要求。如这一方案不能通过，就应按土质条件将基底设置在土层Ⅲ上，但埋深 h_2 达 8 m 以上，若仍采用浅基础大开挖施工方案则要考虑技术上的可能性和经济上的合理性，这时也可考虑沉井基础（第二方案）或桩基础。如荷载大，要求基础埋得更深时，则可考虑第三方案采用桩基础，将桩底设置在土层Ⅳ中。采用这一方案时，可以避免水下施工，给施工带来便利。

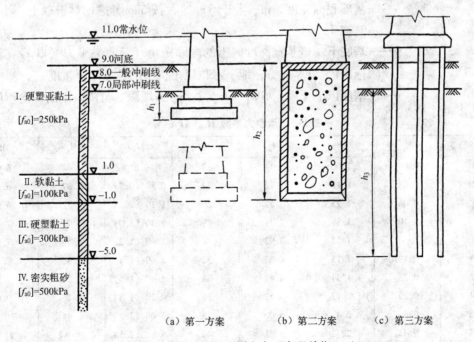

(a) 第一方案　　　(b) 第二方案　　　(c) 第三方案

图 2-9　基础埋深的不同方案（高程单位：m）

2.4 地基承载力容许值的确定

地基承载力是地基承受荷载的能力,它是基础工程设计中必需的参数。在确定地基承载力时,除应保证地基的强度和稳定性外,还应保证建筑物的沉降和不均匀沉降能满足正常使用的要求,并考虑影响地基承载力的诸多因素(如土层的物理力学性质,基础的形式与尺寸,基础埋深及施工速度等)。目前确定地基承载力容许值的方法主要有:根据土的抗剪强度指标按理论公式计算、按地基承载力理论公式计算、按现行规范提供的经验公式计算。这些方法各有长短,互为补充,必要时可用多种方法综合确定。

2.4.1 按理论公式计算

对于竖向荷载偏心和水平力都不大的基础来说,当荷载偏心距 $e \leq b/30$ (b 为偏心方向基础边长)时,可以采用《建筑地基基础设计规范》(GB 50007—2011)推荐的,以临界荷载 $p_{1/4}$ 为基础的理论公式,计算地基承载力的设计值 f_v:

$$f_v = M_r \gamma b + M_q q + M_c C_k \tag{2-1}$$

式中:M_r、M_q、M_c——承载力系数,按 φ_k 查表 2-3。对砂土地基,当 $\varphi_k \geq 24°$ 时,宜采用比 M_r 的理论值(表 2-3 括号内的数值)大的经验值,可以充分发挥土的承载力。

b——基础底面宽度,m;大于 6 m 时,按 6 m 考虑;对于砂土,小于 3 m 时按 3 m 考虑。

φ_k、C_k、γ——基底下一倍基宽深度内土的内摩擦角(°)、黏聚力(kPa)、重度的标准值(kN/m³);地下水位以下,土的重度用浮重度。

q——基底以上土重,kPa,$q = \gamma_0 d$,γ_0 为埋深 d 范围内土的平均重度。

表 2-3 承载力系数 M_r、M_q、M_c

$\varphi_k/(°)$	M_r	M_q	M_c	$\varphi_k/(°)$	M_r	M_q	M_c
0	0.00	1.00	3.14	22	0.61	3.44	6.04
2	0.03	1.12	3.32	24	0.80 (0.7)	3.87	6.45
4	0.06	1.25	3.51	26	1.10 (0.8)	4.37	6.90
6	0.10	1.39	3.71	28	1.40 (1.0)	4.93	7.40
8	0.14	1.55	3.93	30	1.90 (1.2)	5.59	7.95
10	0.18	1.73	4.17	32	2.60 (1.4)	6.35	8.55
12	0.23	1.94	4.42	34	3.40 (1.6)	7.21	9.22
14	0.29	2.17	4.69	36	4.20 (1.8)	8.25	9.97
16	0.36	2.43	5.00	38	5.00 (2.1)	9.44	10.80
18	0.43	2.72	5.31	40	5.80 (2.5)	10.84	11.73
20	0.51	3.06	5.66				

注:表中括号内的数字仅供对比用,查表时不采用。

另外,我国《港口工程技术规范》和其他地区性建筑地基基础设计规范已推荐采用汉森公式，它与魏锡克公式的形式完全一致，只是系数的数值有所不同而已。采用汉森公式求出极限承载力后，将它除以安全系数 K，即可得到地基承载力的容许值，安全系数 K 的取值是一个比较复杂的问题，它和建筑物的安全等级、荷载性质、土的抗剪强度指标取值的可靠度等因素有关，一般可取 $2 \sim 3$。

2.4.2 按静载荷试验确定

《建筑地基基础设计规范》（GB 50007—2011）规定，对一级建筑物采用原位载荷试验直接测定土的承载力。规范中的地基承载力表所提供的经验数值也是以静载荷试验成果为基础的。

静载荷试验方法见《土力学》有关章节，根据载荷试验结果，可绘成荷载和沉降的关系曲线，即 $P-S$ 曲线。对于密度砂土、硬塑黏土等低压缩性土，其 $P-S$ 曲线有明显的起始直线和极限值，如图 2-10（a）所示，考虑低压缩性土的承载力基本值一般由强度安全所控制，因此规范规定，取图 2-10（a）中 P_1（比例界限荷载）作为地基承载力的基本值；有些"脆性"破坏的土，P_1 与极限荷载 P_u 很接近，当 $P_u < 1.5 P_1$ 时，则取 P_u 值的一半作为地基承载力基本值。

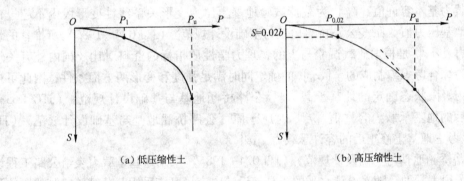

图 2-10 按载荷试验成果确定地基载力基本值

对有一定强度的中、高压缩性土，如松砂、填土、可塑黏土等，$P-S$ 曲线无明显转折，如图 2-10（b）所示，无法取得 P_1、P_u 值。由于中、高压缩性土的承载力基本值往往受允许沉降量控制，因此可以从沉降的观点来考虑，即在 $P-S$ 曲线上，以一定的容许沉降值所对应的荷载作为地基的承载力。由于沉降量与基础的底面尺寸、形状有关，而试验采用的载荷板通常小于实际的基础尺寸，因此不能直接利用基础的容许变形值在 $P-S$ 曲线上确定地基承载力。由沉降原理可知，如果载荷板和基础下的压力相同，且地基土是均匀的，则它们的沉降值与各自宽度 b 的比值大致相同。规范根据实测资料规定：当承压板面积为 $0.25 \sim 0.50 \text{m}^2$ 时，取 $S = 0.02b$（b 为承压板宽度或直径）。所对应的荷载值作为黏性土地基承载力的基本值，如图 2-10（b）所示，对于砂土，可取 $S = (0.010 \sim 0.015)b$ 所对应的荷载值作为承载力的基本值。

同一土层参加统计的试验点不应少于 3 点，如所得基本值的极差不超过平均值的 30%，则取该平均值作为地基承载力的标准值，然后再考虑基础的实际宽度 b 和埋深 d，按相关公式修正为设计值。

静载荷试验是一种原位测试方法，试验结果比较可靠。但试验费工费时，影响深度有限（一般为承压板宽度的1～2倍），如果在荷载板影响深度之下有软弱土层，而该土层又处于基础的主要受力层内，此时除非采用大尺寸的载荷板做试验，否则意义不大。

2.4.3 按规范承载力表格确定

根据全国各地大量的试验资料和建筑经验，《建筑地基基础设计规范》（GB 50007—2011）对各类土建立了地基承载力表格，可依此按土的物理力学性能指标或野外鉴别来确定地基承载力容许值。

这里介绍按《公路桥涵地基与基础设计规范》（JTG D63—2007）提供的经验公式和参数确定地基承载力容许值的方法。《公路桥涵地基与基础设计规范》（JTG D63—2007）中地基设计采用正常使用极限状态，所选定的地基承载力为地基承载力容许值，这是由于土是大变形材料，当荷载增加时，随着地基变形的相应增长，地基承载力也在逐渐增大，很难界定出一个真正的"极限值"；另外桥涵结构物的使用有一个功能要求，常常是地基承载力还有潜力可挖，而地基的变形却已经达到或超过按正常使用的限值，因此地基承载力应取结构物容许沉降对应的地基承受荷载的能力。

地基承载力基本容许值$[f_{a0}]$为载荷试验地基土压力变形关系线性变形段内不超过比例界限点的地基压力值。原《公路桥涵地基与基础设计规范》（JTJ 024—1985）所推荐的地基容许承载力$[\sigma_0]$是根据荷载试验与土的物理力学性质指标的资料对比及国内外有关规范和实践经验综合考虑编制成的，$[\sigma_0]$的确定同时满足强度和变形两方面条件，因此可视为按正常使用极限状态确定的地基承载力。《公路桥涵地基与基础设计规范》（JTG D63—2007）修正后的地基承载力容许值$[f_a]$对应于原《公路桥涵地基与基础设计规范》（JTJ 024—1985）考虑地基土修正后的容许承载力$[\sigma]$。

原《公路桥涵地基与基础设计规范》（JTJ 024—1985）采用地基承载力表给公路工程设计人员提供了很大帮助，随着设计水平的提高，设计中应尽可能采用载荷试验或其他原位测试取得地基承载力，但是由于桥涵基础所处环境特殊，在很多地点可能无法进行现场测试，可查《公路桥涵地基与基础设计规范》（JTG D63—2007）地基承载力表。

按照《公路桥涵地基与基础设计规范》（JTG D63—2007）提供的经验公式和数据来确定地基承载力容许值的步骤和方法如下。

1. 确定地基岩土的名称

公路桥涵地基的岩土分为岩石、碎石土、砂土、粉土、黏性土和特殊性岩土。

1）岩石

岩石为颗粒间连接牢固、呈整体或具有节理裂隙的地质体。作为公路桥涵地基，除应确定岩石的地质名称外，还应按《公路桥涵地基与基础设计规范》（JTG D63—2007）规定划分其坚硬程度、完整程度、节理发育程度、软化程度和特殊性岩石。

岩石的坚硬程度应根据岩块的饱和单轴抗压强度标准值f_{rk}按表2-4分为坚硬岩、较硬岩、较软岩、软岩和极软岩5个等级。当缺乏有关试验数据或不能进行该项试验时，可按

《公路桥涵地基与基础设计规范》（JTG D63—2007）附录表 A.0.1-1 定性分级。

表 2-4　岩石坚硬程度分级

坚硬程度类别	坚硬岩	较硬岩	较软岩	软岩	极软岩
饱和单轴抗压强度标准值 f_{rk}/MPa	$f_{rk}>60$	$60 \geqslant f_{rk}>30$	$30 \geqslant f_{rk}>15$	$15 \geqslant f_{rk}>5$	$f_{rk} \leqslant 5$

注：岩石饱和单轴抗压强度试验要点，见《公路桥涵地基与基础设计规范》（JTG D63—2007）附录 B。

岩体完整程度根据完整性指数按表 2-5 分为完整、较完整、较破碎、破碎和极破碎 5 个等级。当缺乏有关试验数据时，可按《公路桥涵地基与基础设计规范》（JTG D63—2007）附录表 A.0.1-3 定性分级。

表 2-5　岩体完整程度划分

完整程度等级	完整	较完整	较破碎	破碎	极破碎
完整性指数	>0.75	0.75～0.55	0.55～0.35	0.35～0.15	<0.15

注：完整性指数为岩体纵波波速与岩块纵波波速之比的平方。

岩体节理发育程度根据节理间距按表 2-6 分为节理很发育、节理发育、节理不发育 3 类。

表 2-6　岩体节理发育程度的分类

程　度	节理不发育	节理发育	节理很发育
节理间距/mm	>400	200～400	20～200

注：节理是指岩体破裂面两侧岩层无明显位移的裂缝或裂隙。

岩石按软化系数可分为软化岩石和不软化岩石，当软化系数等于或小于 0.75 时，应定为软化岩石；当软化系数大于 0.75 时，定为不软化岩石。

当岩石具有特殊成分、特殊结构或特殊性质时，应定为特殊性岩石。如易溶性岩石、膨胀性岩石、崩解性岩石、盐渍化岩石等。

2）碎石土

碎石土为粒径大于 2 mm 的颗粒含量超过总质量 50% 的土。碎石土可分为漂石、块石、卵石、碎石、圆砾和角砾 6 类，见表 2-7。

表 2-7　碎石土分类

土的名称	颗粒形状	粒组含量
漂石	圆形及亚圆形为主	粒径大于 200 mm 的颗粒含量超过总质量 50%
块石	棱角形为主	
卵石	圆形及亚圆形为主	粒径大于 20 mm 的颗粒含量超过总质量 50%
碎石	棱角形为主	
圆砾	圆形及亚圆形为主	粒径大于 2 mm 的颗粒含量超过总质量 50%
角砾	棱角形为主	

注：碎石土分类时应根据粒组含量从大到小以最先符合者确定。

碎石土的密实度，可根据重型动力触探锤击数 $N_{63.5}$ 分为松散、稍密、中密、密实 4 级，见表 2-8。当缺乏有关试验数据时，碎石土平均粒径大于 50 mm 或最大粒径大于 100 mm 时，按《公路桥涵地基与基础设计规范》（JTG D63—2007）附录表 A.0.2 鉴别其密实度。

表 2-8　碎石土密实度

锤击数 $N_{63.5}$	密　实　度	锤击数 $N_{63.5}$	密　实　度
$N_{63.5} \leq 5$	松散	$10 < N_{63.5} \leq 20$	中密
$5 < N_{63.5} \leq 10$	稍密	$N_{63.5} > 20$	密实

注：1. 本表适用于平均粒径小于或等于 50 mm 且最大粒径不超过 100 mm 的卵石、碎石、圆砾、角砾；
2. 表内 $N_{63.5}$ 为经修正后锤击数的平均值，锤击数的修正按《公路桥涵地基与基础设计规范》(JTG D63—2007) 附录 C 进行。

3) 砂土

砂土为粒径大于 2 mm 的颗粒含量不超过总质量 50%、粒径大于 0.075 mm 的颗粒超过总质量 50% 的土。砂土可分为砾砂、粗砂、中砂、细砂和粉砂 5 类，见表 2-9。

表 2-9　砂土分类

土的名称	粒组含量
砾砂	粒径大于 2 mm 的颗粒含量占总质量 25%～50%
粗砂	粒径大于 0.5 mm 的颗粒含量超过总质量 50%
中砂	粒径大于 0.25 mm 的颗粒含量超过总质量 50%
细砂	粒径大于 0.075 mm 的颗粒含量超过总质量 85%
粉砂	粒径大于 0.075 mm 的颗粒含量超过总质量 50%

砂土的密实度可根据标准贯入锤击数按表 2-10 分为松散、稍密、中密、密实 4 级。

表 2-10　砂土密实度

标准贯入锤击数 N	密　实　度	标准贯入锤击数 N	密　实　度
$N \leq 10$	松散	$15 < N \leq 30$	中密
$10 < N \leq 15$	稍密	$N > 30$	密实

4) 粉土

粉土为塑性指数 $I_P \leq 10$ 且粒径大于 0.075 mm 的颗粒含量不超过总质量 50% 的土。

粉土的密实度应根据孔隙比 e 划分为密实、中密和稍密；其湿度应根据天然含水率 w 划分为稍湿、湿、很湿。密实度和湿度的划分应分别符合表 2-11 和表 2-12 的规定。

表 2-11　粉土密实度分类

孔隙比 e	密　实　度
$e < 0.75$	密实
$0.75 \leq e \leq 0.90$	中密
$e > 0.90$	稍密

表 2-12　粉土湿度分类

天然含水率 w	湿　度
$w < 20\%$	稍湿
$20\% \leq w \leq 30\%$	湿
$w > 30\%$	很湿

5) 黏性土

黏性土为塑性指数 $I_P > 10$ 且粒径大于 0.075 mm 的颗粒含量不超过总质量 50% 的土。黏性土根据塑性指数不同分为黏土和粉质黏土，见表 2-13。

第2章 天然地基上的浅基础

表 2-13 黏性土的分类

塑性指数 I_P	土 的 名 称
$I_P > 17$	黏土
$10 < I_P \leq 17$	粉质黏土

注：液限和塑限分别按 76 g 锥试验确定。

黏性土的软硬状态可根据液性指数 I_L 不同，分为坚硬、硬塑、可塑、软塑、流塑 5 种状态，见表 2-14。

表 2-14 黏性土的状态

液性指数 I_L	状 态	液性指数 I_L	状 态
$I_L \leq 0$	坚硬	$0.75 < I_L \leq 1$	软塑
$0 < I_L \leq 0.25$	硬塑	$I_L > 1$	流塑
$0.25 < I_L \leq 0.75$	可塑	—	—

黏性土可根据沉积年代不同分为老黏性土、一般黏性土和新近沉积黏性土，见表 2-15。

表 2-15 黏性土的沉积年代分类

沉积年代	土的分类
第四纪晚更新世（Q_3）及以前	老黏性土
第四纪全新世（Q_4）	一般黏性土
第四纪全新世（Q_4）以后	新近沉积黏性土

6）特殊性岩土

特殊性岩土是具有一些特殊成分、结构和性质的区域性土，包括软土、膨胀土、湿陷性土、红黏土、冻土、盐渍土和填土等。

（1）软土。

软土是滨海、湖沼、谷地、河滩等处天然含水率高、天然孔隙比大、抗剪强度低的细粒土，其鉴别指标应符合表 2-16 规定，包括淤泥、淤泥质土、泥炭、泥炭质土等。

表 2-16 软土地基鉴别指标

指标名称	天然含水率 $w/\%$	天然孔隙比 e	直剪内摩擦角 $\varphi/(°)$	十字板剪切强度 c_u/MPa	压缩系数 $a_{1-2}/(MPa^{-1})$
指标值	≥35 或液限	≥1.0	宜小于 5	<35 kPa	宜大于 0.5

淤泥为在静水或缓慢的流水环境中沉积，并经生物化学作用形成，其天然含水率大于液限、天然孔隙比大于或等于 1.5 的黏性土。

天然含水率大于液限而天然孔隙比小于 1.5 但大于或等于 1.0 的黏性土或粉土为淤泥质土。

（2）膨胀土。

膨胀土为土中黏粒成分主要由亲水性矿物组成，同时具有显著的吸水膨胀和失水收缩特性，其自由膨胀率大于或等于 40% 的黏性土。

(3) 湿陷性土。

湿陷性土为浸水后产生附加沉降，其湿陷系数大于或等于0.015的土。

(4) 红黏土。

红黏土为碳酸盐岩系的岩石经红土化作用形成的高塑性黏土，其液限一般大于50。红黏土经再搬运后仍保留其基本特征且其液限大于45的土为次生红黏土。

(5) 冻土。

冻土为温度为0℃或负温，含有冰且与土颗粒呈胶结状态的土。

(6) 盐渍土。

盐渍土为土中易溶盐含量大于0.3%，并具有溶陷、盐胀、腐蚀等工程特性的土。

(7) 填土。

填土根据其组成和成因，可分为素填土、压实填土、杂填土、冲填土。

素填土为由碎石土、砂土、粉土、黏性土等组成的填土。经过压实或夯实的素填土为压实填土。杂填土为含有建筑垃圾、工业废料、生活垃圾等杂物的填土。冲填土为由水力冲填泥砂形成的填土。

2. 地基岩土工程特性指标确定

土的工程特性指标包括抗剪强度指标、压缩性指标、动力触探锤击数、静力触探探头阻力、载荷试验承载力以及其他特性指标。

地基土工程特性指标的代表值应分别为标准值、平均值及容许值。强度指标应取标准值；压缩性指标应取平均值；承载力指标应取容许值。

土的抗剪强度指标，可采用原状土室内剪切试验、无侧限抗压强度试验、现场剪切试验、十字板剪切试验等方法测定。当采用室内剪切试验确定土的抗剪强度指标时，室内试验抗剪强度指标黏聚力标准值c_k、内摩擦角标准值φ_k，可按《公路桥涵地基与基础设计规范》（JTG D63—2007）附录G确定。

土的压缩性指标可采用原状土室内压缩试验、原位浅层或深层平板载荷试验、旁压试验确定。当采用室内压缩试验确定压缩模量时，试验所施加的最大压力应超过土自重压力与预计附加压力之和，试验成果用$e-p$曲线表示。地基土的压缩性可按p_1为100 kPa、p_2为200 kPa相对应的压缩系数值a_{1-2}划分为低、中、高压缩性，且应按以下规定进行评价：

(1) 当$a_{1-2}<0.1\ \text{MPa}^{-1}$时，为低压缩性土。

(2) 当$0.1\ \text{MPa}^{-1}\leqslant a_{1-2}<0.5\ \text{MPa}^{-1}$时，为中压缩性土。

(3) 当$a_{1-2}\geqslant 0.5\ \text{MPa}^{-1}$时，为高压缩性土。

土的载荷试验应包括浅层平板载荷试验和深层平板载荷试验。两种载荷试验要点应分别符合《公路桥涵地基与基础设计规范》（JTG D63—2007）附录D、E规定。岩基载荷试验要点应符合《公路桥涵地基与基础设计规范》（JTG D63—2007）附录F规定。

3. 地基承载力容许值确定

地基承载力的验算，应以修正后的地基承载力容许值$[f_a]$控制。该值是在地基原位测试或《公路桥涵地基与基础设计规范》（JTG D63—2007）给出的各类岩土承载力基本容许

值 $[f_{a0}]$ 的基础上，经修正后而得。地基承载力基本容许值应首先考虑由载荷试验或其他原位测试取得，其值不应大于地基极限承载力的1/2；对于中小桥、涵洞，当受现场条件限制，或载荷试验和原位测试确有困难时，也可按照《公路桥涵地基与基础设计规范》（JTG D63—2007）第3.3.3条有关规定采用。

地基承载力基本容许值尚应根据基底埋深、基础宽度及地基土的类别按照《公路桥涵地基与基础设计规范》（JTG D63—2007）第3.3.4条规定进行修正。

软土地基承载力容许值可按照《公路桥涵地基与基础设计规范》（JTG D63—2007）第3.3.5条确定。

其他特殊性岩土地基承载力基本容许值，可参照各地区经验或相应的标准确定。

1）地基承载力基本容许值的确定

地基承载力基本容许值 $[f_{a0}]$ 可根据岩土类别、状态及其物理力学特性指标按表2-17～表2-23选用。

（1）一般岩石地基可根据强度等级、节理按表2-17确定承载力基本容许值 $[f_{a0}]$。对于复杂的岩层（如溶洞、断层、软弱夹层、易溶岩石、软化岩石等）应按各项因素综合确定。

表2-17　岩石地基承载力基本容许值 $[f_{a0}]$

$[f_{a0}]$/kPa 坚硬程度	节理发育程度 节理不发育	节理发育	节理很发育
坚硬岩、较硬岩	>3 000	3 000～2 000	2 000～1 500
较软岩	3 000～1 500	1 500～1 000	1 000～800
软岩	1 200～1 000	1 000～800	800～500
极软岩	500～400	400～300	300～200

（2）碎石土地基可根据其类别和密实程度按表2-18确定承载力基本容许值 $[f_{a0}]$。

表2-18　碎石土地基承载力基本容许值 $[f_{a0}]$

$[f_{a0}]$/kPa 土名	密实程度 密 实	中 密	稍 密	松 散
卵石	1 200～1 000	1 000～650	650～500	500～300
碎石	1 000～800	800～550	550～400	400～200
圆砾	800～600	600～400	400～300	300～200
角砾	700～500	500～400	400～300	300～200

注：1. 由硬质岩组成，填充砂土者取高值；由软质岩组成，填充黏性土者取低值；
　　2. 半胶结的碎石土，可按密实的同类土的 $[f_{a0}]$ 值提高10%～30%；
　　3. 松散的碎石土在天然河床中很少遇见，需特别注意鉴定；
　　4. 漂石、块石的 $[f_{a0}]$ 值，可参照卵石、碎石适当提高。

（3）砂土地基可根据土的密实度和水位情况按表2-19确定承载力基本容许值 $[f_{a0}]$。

表 2-19　砂土地基承载力基本容许值 $[f_{a0}]$

土　名	$[f_{a0}]$/kPa　密实度　湿度	密实	中密	稍密	松散
砾砂、粗砂	与湿度无关	550	430	370	200
中砂	与湿度无关	450	370	330	150
细砂	水上	350	270	230	100
细砂	水下	300	210	190	—
粉砂	水上	300	210	190	—
粉砂	水下	200	110	90	—

（4）粉土地基可根据土的天然孔隙比 e 和天然含水率 w 按表 2-20 确定承载力基本容许值 $[f_{a0}]$。

表 2-20　粉土地基承载力基本容许值 $[f_{a0}]$

$[f_{a0}]$/kPa　w/% 　e	10	15	20	25	30	35
0.5	400	380	355	—	—	—
0.6	300	290	280	270	—	—
0.7	250	235	225	215	205	—
0.8	200	190	180	170	165	—
0.9	160	150	145	140	130	125

（5）老黏性土地基可根据压缩模量 E_s 按表 2-21 确定承载力基本容许值 $[f_{a0}]$。

表 2-21　老黏性土地基承载力基本容许值 $[f_{a0}]$

E_s/MPa	10	15	20	25	30	35	40
$[f_{a0}]$/kPa	380	430	470	510	550	580	620

注：当老黏性土 $E_s<10$ MPa 时，承载力基本容许值 $[f_{a0}]$ 按一般黏性土（表 2-22）确定。

（6）一般黏性土可根据液性指数 I_L 和天然孔隙比 e 按表 2-22 确定地基承载力基本容许值 $[f_{a0}]$。

表 2-22　一般黏性土地基承载力基本容许值 $[f_{a0}]$

$[f_{a0}]$/kPa　I_L　e	0	0.1	0.2	0.3	0.4	0.5	0.6	0.7	0.8	0.9	1.0	1.1	1.2
0.5	450	440	430	420	400	380	350	310	270	240	220	—	—
0.6	420	410	400	380	360	340	310	280	250	220	200	180	—
0.7	400	370	350	330	310	290	270	240	220	190	170	160	150
0.8	380	330	300	280	260	240	230	210	180	160	150	140	130
0.9	320	280	260	240	220	210	190	180	160	140	130	120	100
1.0	250	230	220	210	190	170	160	150	140	120	110	—	—
1.1	—	—	160	150	140	130	120	110	100	90	—	—	—

注：1. 土中含有粒径大于 2 mm 的颗粒质量超过总质量 30% 以上者，$[f_{a0}]$ 可适当提高；
2. 当 $e<0.5$ 时，取 $e=0.5$；当 $I_L<0$ 时，取 $I_L=0$。此外，超过表列范围的一般黏性土，$[f_{a0}]=57.22E_s^{0.57}$。

(7) 新近沉积黏性土地基可根据液性指数 I_L 和天然孔隙比 e 按表2-23确定承载力基本容许值 $[f_{a0}]$。

表2-23 新近沉积黏性土地基承载力基本容许值 $[f_{a0}]$

$[f_{a0}]$/kPa I_L e	≤0.25	0.75	1.25
≤0.8	140	120	100
0.9	130	110	90
1.0	120	100	80
1.1	110	90	—

2) 地基承载力容许值的确定

地基承载力容许值 $[f_a]$ 可按式(2-2)确定。当基础位于水中不透水地层上时，$[f_a]$ 按平均常水位至一般冲刷线的水深每米再增大10 kPa确定。

$$[f_a] = [f_{a0}] + k_1\gamma_1(b-2) + k_2\gamma_2(h-3) \qquad (2-2)$$

式中 $[f_a]$——地基承载力容许值，kPa。

    b——基础底面的最小边宽，m；当 $b<2$ m 时，取 $b=2$ m；当 $b>10$ m 时，取 $b=10$ m。

    h——基底埋置深度，m。自天然地面起算，有水流冲刷时自一般冲刷线起算；当 $h<3$ m 时，取 $h=3$ m；当 $h/b>4$ 时，取 $h=4b$。

  k_1、k_2——基底宽度、深度修正系数，根据基底持力层土的类别按表2-24确定。

    γ_1——基底持力层土的天然重度，kN/m^3；若持力层在水面以下且为透水者，应取浮重度。

    γ_2——基底以上土层的加权平均重度，kN/m^3；换算时若持力层在水面以下，且不透水时，不论基底以上土的透水性质如何，一律取饱和重度；当透水时，水中部分土层则应取浮重度。

表2-24 地基土承载力宽度、深度修正系数 k_1、k_2

土类 系数	黏性土			粉土	砂土							碎石土			
	老黏性土	一般黏性土		新近沉积黏性土	—	粉砂		细砂		中砂		砾砂、粗砂		碎石、圆砾角砾		卵石	
		$I_L \geq 0.5$	$I_L < 0.5$		—	中密	密实	中密	密实	中密	密实	中密	密实	中密	密实	中密	密实
k_1	0	0	0	0	0	1.0	1.2	1.5	2.0	2.0	3.0	3.0	4.0	3.0	4.0	3.0	4.0
k_2	2.5	1.5	2.5	1.0	1.5	2.0	2.5	3.0	4.0	4.0	5.5	5.0	6.0	5.0	6.0	6.0	10.0

注：1. 对于稍密和松散状态的砂、碎石土，k_1、k_2 值可采用表列中密值的50%；
    2. 强风化和全风化的岩石，可参照所风化成的相应土类取值；其他状态下的岩石不修正。

3) 地基承载力容许值应乘的抗力系数

地基承载力容许值 $[f_a]$ 应根据地基受荷阶段及受荷情况，乘以下列规定的抗力系数 γ_R。

(1) 使用阶段。

当地基承受作用短期效应组合或作用效应偶然组合时，可取 $\gamma_R = 1.25$；但对承载力容许值 $[f_a]$ 小于 150 kPa 的地基，应取 $\gamma_R = 1.0$。

当地基承受的作用短期效应组合仅包括结构自重、预加力、土重、土侧压力、汽车和人群效应时，应取 $\gamma_R = 1.0$。

当基础建于经多年压实未遭破坏的旧桥基（岩石旧桥基除外）上时，不论地基承受的作用情况如何，抗力系数均可取 $\gamma_R = 1.5$；对 $[f_a]$ 小于 150 kPa 的地基可取 $\gamma_R = 1.25$。

基础建于岩石旧桥基上，应取 $\gamma_R = 1.0$。

(2) 施工阶段。

地基在施工荷载作用下，可取 $\gamma_R = 1.25$；当墩台施工期间承受单向推力时，可取 $\gamma_R = 1.5$。

2.5 刚性扩大基础的设计与计算

2.5.1 刚性扩大基础尺寸的拟定

拟定基础尺寸也是基础设计的重要内容之一，尺寸拟定恰当，可以减少重复设计工作。刚性扩大基础拟定尺寸时，主要根据基础埋置深度确定基础平面尺寸和基础分层厚度。

基础厚度：应根据墩（台）身结构形式，荷载大小，选用的基础材料等因素来确定。基底高程应按基础埋深的要求确定。水中基础顶面一般不高于最低水位，在季节性流水的河流或旱地上的桥梁墩（台）基础，则不宜高出地面，以防碰损。这样，基础厚度可按上述要求所确定的基础底面和顶面高程求得。在一般情况下，大、中桥墩（台）混凝土基础厚度在 1.0～2.0 m。

基础平面尺寸：基础平面形式一般应考虑墩（台）身底面的形状而确定，基础平面形状常用矩形。基础底面长宽尺寸与高度有如下的关系式（图2-11）：

$$\left.\begin{array}{l}\text{长度（横桥向）} \quad a = l + 2H\tan\alpha \\ \text{宽度（顺桥向）} \quad b = d + 2H\tan\alpha\end{array}\right\} \tag{2-3}$$

式中：l——墩（台）身底截面长度，m；
　　　d——墩（台）身底截面宽度，m；
　　　H——基础高度，m；
　　　α——墩（台）身底截面边缘至基础边缘线与垂线间的夹角，(°)。

基础剖面尺寸：刚性扩大基础的剖面形式一般做成矩形或台阶形，如图2-11所示。自墩（台）身底边缘至基顶边缘距离 c_1 称为襟边，其作用一方面是扩大基底面积增加基础承载力，同时也便于调整基础施工时在平面尺寸上可能发生的误差，也为了支立墩（台）身模板的需要。其值应视基底面积的要求、基础厚度及施工方法而定。桥梁墩（台）基础襟边最小值为 20～30 cm。

基础较厚（超过1 m以上）时，可将基础的剖面浇砌成台阶形，如图2-11所示。

基础悬出总长度（包括襟边与台阶宽度之和）按前面刚性基础的定义，应使悬出部分

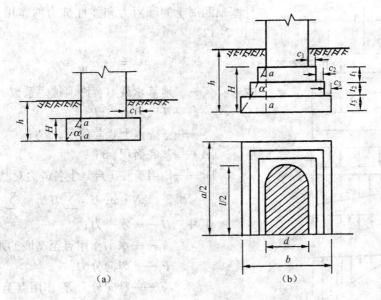

图 2-11 刚性扩大基础剖面与平面图

在基底反力作用下,在 $a-a$ 截面[图 2-11(b)]所产生的弯曲拉力和剪应力不超过基础圬工的强度限值。在满足上述要求时,就可得到自墩(台)身边缘处的垂线与基底边缘的连线间的最大夹角 α_{max},称为刚性角。在设计时,应使每个台阶宽度 c_i 与厚度 t_i 保持在一定比例内,使其夹角 $\alpha_i \leqslant \alpha_{max}$,这时可认为属刚性基础,不必对基础进行弯曲拉应力和剪应力的强度验算,在基础中也可不设置受力钢筋。刚性角 α_{max} 的数值是与基础所用的圬工材料强度有关。根据试验,常用的基础材料的刚性角 α_{max} 值可按下面提供的数值取用:

砖、片石、块石、粗料石砌体,当用 M5 以下砂浆砌筑时,$\alpha_{max} \leqslant 30°$。

砖、片石、块石、粗料石砌体,当用 M5 以上砂浆砌筑时,$\alpha_{max} \leqslant 35°$。

混凝土浇筑时,$\alpha_{max} \leqslant 40°$。

基础每层台阶高度 t_i 通常为 0.50~1.00 m,在一般情况下各层台阶宜采用相同厚度。

所拟定的基础尺寸,应是在可能的最不利荷载组合的条件下,能保证基础本身有足够的结构强度,并能使地基与基础的承载力和稳定性均能满足规定要求,并且是经济合理的。

2.5.2 地基承载力验算

地基承载力验算主要包括持力层承载力验算、软弱下卧层承载力验算和地基承载力容许值的确定。

1. 持力层承载力验算

持力层是指直接与基底相接触的土层,持力层承载力验算要求荷载在基底产生的地基应力不超过持力层的地基承载力容许值。基底应力分布在土力学课程中已有介绍,实践中多采用简化方法,即按材料力学偏心受压公式进行计算。由于浅基础埋置深度小,在计算中可不

计基础四周土的摩阻力和弹性抗力的作用,其计算式为(图2-12):

$$p_{\min}^{\max} = \frac{N}{A} \pm \frac{M}{W} \leq \gamma_R [f_a] \qquad (2-4)$$

式中:γ_R——地基承载力容许值抗力系数;
　　　p——基底应力,kPa;
　　　N——基底以上竖向荷载,kN;
　　　A——基底面积,m^2;
　　　M——作用于墩(台)上各外力对基底形心轴之力矩,kN·m;$M = \sum H_i h_i + \sum P_i e_i = N \cdot e_0$;
　　其中　H_i——水平力;
　　　　　h_i——水平作用点至基底的距离;
　　　　　P_i——竖向分力;
　　　　　e_i——竖向分力 P_i 作用点至基底形心的偏心距;
　　　　　e_0——合力偏心距;
　　　W——基底截面模量,m^3。对于图2-12所示矩形基础,$W = \frac{1}{6}ab^2 = \rho A$,$\rho$ 为基底核心半径;
　　　$[f_a]$——基底处持力层地基承载力容许值,kPa。

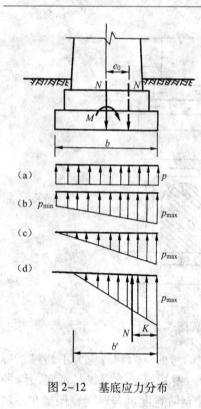

图2-12　基底应力分布

式(2-4)也可改写为:

$$p_{\min}^{\max} = \frac{N}{A} \pm \frac{N \cdot e_0}{\rho A} = \frac{N}{A}\left(1 \pm \frac{e_0}{\rho}\right) \leq \gamma_R [f_a] \qquad (2-5)$$

从式(2-5)分析可知:

当 $e_0 = 0$ 时,基底压力均匀分布,压应力分布图为矩形 [图2-12(a)]。

当 $e_0 < \rho$ 时,$1 + \frac{e_0}{\rho} > 0$,基底压应力分布图为梯形 [图2-12(b)]。

当 $e_0 = \rho$ 时,$1 - \frac{e_0}{\rho} = 0$,这时 $p_{\min} = 0$,基底压应力分布图为三角形 [图2-12(c)]。

当 $e_0 > \rho$ 时,$1 - \frac{e_0}{\rho} < 0$,则 $p_{\min} < 0$,说明基底一侧出现了拉应力,整个基底面积上部分受拉。此时若持力层为非岩石地基,则基底与土之间不能承受拉应力;若持力层为岩石地基,除非基础混凝土浇筑在岩石地基上,有些基底也不能承受拉应力。因此需考虑基底应力重分布,并假定全部荷载由受压部分承担及基底压应力仍按三角形分布 [图2-12(d)]。对矩形基础,其受压分布宽度为 b',则从三角形分布压力合力作用点及静力平衡条件可得:

$$\left. \begin{array}{l} K = \frac{1}{3}b', \; K = \frac{b}{2} - e_0 \\ b' = 3 \times \left(\frac{b}{2} - e_0\right) \end{array} \right\} \qquad (2-6)$$

$$\left.\begin{array}{l}N = \dfrac{1}{2}ab'p_{\max} = \dfrac{1}{2}a \times 3 \times \left(\dfrac{b}{2} - e_0\right)p_{\max} \\ p_{\max} = \dfrac{2N}{3a\left(\dfrac{b}{2} - e_0\right)}\end{array}\right\} \quad (2-7)$$

对于公路桥梁，通常基础横向长度比顺桥向宽度大得多，同时上部结构在横桥向布置常是对称的，故一般由顺桥向控制基底应力计算。但对通航河流或河流中有漂流物时，应计算船舶撞击力或漂流物撞击力在横桥向产生的基底应力，并与顺桥向基底应力比较，取其大者控制设计。

在曲线上的桥梁，除顺桥向引起的力矩 M_x 外，尚有离心力（横桥向水平力）在横桥向产生的力矩 M_y；若桥面上活载考虑横向分布的偏心作用时，则偏心竖向力对基底两个方向中心轴均有偏心距（图 2-13），并产生偏心距 $M_x = N \cdot e_x$，$M_y = N \cdot e_y$。因此对于曲线桥，计算基底应力时，应按下式计算：

$$p_{\min}^{\max} = \dfrac{N}{A} \pm \dfrac{M_x}{W_x} \pm \dfrac{M_y}{W_y} \leqslant \gamma_R [f_a] \quad (2-8)$$

式中：M_x、M_y——外力对基底顺桥向中心轴和横桥向中心轴之力矩；

W_x、W_y——基底对 x、y 轴的截面模量。

对式（2-4）和式（2-8）中的 N 值及 M（或 M_x、M_y）值，应按能产生最大竖向力 $N_{\max}$ 的最不利作用效应组合与此相对应的 M 值，和能产生最大力矩 $M_{\max}$ 时的最不利作用效应组合与此相对应的 N 值，分别进行基底应力计算，取其大者控制设计。

2. 软弱下卧层承载力验算

当受压层范围内地基为多层土（主要指地基承载力有差异而言）组成，且持力层以下有软弱下卧层（指承载力容许值小于持力层承载力容许值的土层）时，还应验算软弱下卧层的承载力。验算时先计算软弱下卧层顶面 A（在基底形心轴下）的应力（包括自重应力及附加力）不得大于该处地基土的承载力容许值（图 2-14），即

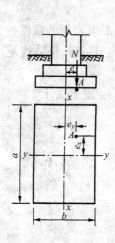
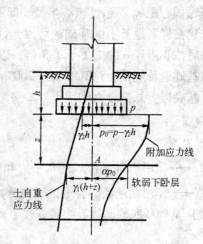

图 2-13 偏心竖直力作用在任意点　　　图 2-14 软弱下卧层承载力验算

$$p_z = \gamma_1(h+z) + \alpha(p - \gamma_2 h) \leq \gamma_R [f_a] \quad (2-9)$$

式中：p_z——软弱下卧层顶面处的压应力，kPa；
γ_1——相应于深度 $h+z$ 以内土的换算重度，kN/m^3；
γ_2——深度 h 范围内土层的换算重度，kN/m^3；
h——基底埋置深度，m；
z——从基底到软弱土层顶面的距离，m；
α——基底中心下土中附加压应力系数，可按《土力学》教材或规范提供系数表查用；
p——基底压应力，kPa；当 $z/b > 1$ 时，p 采用基底平均压应力；当 $z/b \leq 1$ 时，p 按基底压应力图形采用距最大压应力点 $b/3 \sim b/4$ 处的压应力（对于梯形图形前后端压应力差值较大时，可采用上述 $b/4$ 点处的压应力值；反之，则采用上述 $b/3$ 处压应力值），以上 b 为矩形基底的宽度；
$[f_a]$——软弱下卧层顶面处的地基承载力容许值，kPa。

当软弱下卧层为压缩性高而且较厚的软黏土，或当上部结构对基础沉降有一定要求时，除承载力应满足上述要求外，还应验算包括软弱下卧层的基础沉降量。

2.5.3 基底合力偏心距验算

墩（台）基础的设计计算，必须控制基底合力偏心距，其目的是尽可能使基底应力分布比较均匀，以免基底两侧应力相差过大，使基础产生较大的不均匀沉降，墩（台）发生倾斜，影响正常使用。若使合力通过基底中心，虽然可得均匀的应力，但这样做非但不经济，往往也是不可能的，所以在设计时，根据《公路桥涵地基与基础设计规范》（JTG D63—2007），按以下原则掌握。

对于非岩石地基，以不出现拉应力为原则：当墩（台）仅承受永久作用标准值效应组合时，基底合力偏心距 e_0 应分别不大于基底核心半径 ρ 的 0.1 倍（桥墩）和 0.75 倍（桥台）；当墩（台）承受作用标准效应组合或偶然作用（地震作用除外）标准效应组合时，一般只要求基底偏心距 e_0 不超过核心半径 ρ 即可。

对于修建在岩石地基上的基础，可以允许出现拉应力，根据岩石的强度，合力偏心距 e_0 最大可为基底核心半径 ρ 的 $1.2 \sim 1.5$ 倍，以保证必要的安全储备，具体规定可参阅《公路桥涵地基与基础设计规范》（JTG D63—2007）。

其中，基底以上外力合力作用点对基底形心轴的偏心距 e_0 按下式计算：

$$e_0 = \frac{\sum M}{N} \quad (2-10)$$

式中：$\sum M$——作用于墩（台）的水平力和竖向力对基底形心轴的弯矩；
N——作用在基底的合力的竖向分力。

墩（台）基础基底截面核心半径 ρ 按下式计算：

$$\rho = \frac{W}{A} \quad (2-11)$$

式中：W——相应于应力较小基底边缘截面模量；

A——基底截面积。

当外力合力作用点不在基底两个对称轴中任一对称轴上,或当基底截面为不对称时,可直接按下式求 e_0 与 ρ 的比值,使其满足规定的要求:

$$\frac{e_0}{\rho} = 1 - \frac{p_{\min}}{\dfrac{N}{A}} \tag{2-12}$$

式中符号意义同前,但要注意 N 和 $p_{\min}$ 应在同一种荷载组合情况下求得。

2.5.4 基础稳定性和地基稳定性验算

在基础设计计算时,必须保证基础本身具有足够的稳定性。基础稳定性验算包括基础倾覆稳定性验算和基础滑动稳定性验算。此外,对某些土质条件下的桥墩(台)、挡土墙还要验算地基的稳定性,以防桥墩(台)、挡土墙下地基的滑动。

1. 基础稳定性验算

(1) 基础倾覆稳定性验算。

基础倾覆或倾斜除了地基的强度和变形原因外,往往发生在承受较大的单向水平推力而其合力作用点又离基础底面的距离较高的结构物上,如挡土墙或高桥台受侧向土压力作用,大跨度拱桥在施工中墩(台)受到不平衡的推力,以及在多孔拱桥中一孔被毁等,此时在单向恒载推力作用下,均可能引起墩(台)连同基础的倾覆和倾斜。

理论和实践证明,基础倾覆稳定性与合力的偏心距有关。合力偏心距愈大,则基础抗倾覆的安全储备愈小,如图 2-15 所示。因此,在设计时,可以用限制合力偏心距 e_0 来保证基

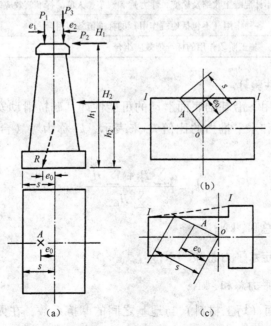

图 2-15 基础倾覆稳定性计算

础的倾覆稳定性。

设基底截面重心至压力最大一边的边缘的距离为 s（荷载作用在重心轴上的矩形基础 $s=\dfrac{b}{2}$），如图 2-15 所示，外力合力偏心距 e_0，则两者的比值 k_0 可反映基础倾覆稳定性的安全度，k_0 称为墩（台）基础抗倾覆稳定性系数，即

$$k_0 = \frac{s}{e_0}$$

$$e_0 = \frac{\sum P_i e_i + \sum H_i h_i}{\sum P_i}$$
(2-13)

式中：P_i——各竖直分力，kN；

e_i——相应于各竖直分力 P_i 作用点至基础底面形心轴的距离，m；

H_i——各水平分力，kN；

h_i——相应于各水平分力作用点至基底的距离，m。

如外力合力不作用在形心轴上 [图 2-15（b）] 或基底截面有一个方向为不对称，而合力又不作用在形心轴上 [图 2-15（c）]，基底压力最大一边的边缘线应是外包线，如图 2-15（b）、（c）中的 $I-I$ 线，s 值应是通过形心与合力作用点的连线并延长与外包线相交点至形心的距离。

不同的作用组合，对墩（台）基础抗倾覆稳定性系数 k_0 的容许值均有不同要求，详见表 2-25 所示。

表 2-25 墩（台）基础抗倾覆稳定性系数 k_0

作用组合		稳定性系数 k_0
使用阶段	永久作用（不计混凝土收缩及徐变、浮力）和汽车、人群的标准值效应组合	1.5
	各种作用（不包括地震作用）的标准值效应组合	1.3
施工阶段作用的标准值效应组合		1.2

（2）基础滑动稳定性验算。

基础在水平推力作用下沿基础底面滑动的可能性即基础抗滑动安全度的大小，可用基底与土之间的摩擦阻力和水平推力的比值 k_c 来表示，k_c 称为墩（台）基础抗滑动稳定性系数，即

$$k_c = \frac{\mu \sum P_i + \sum H_{ip}}{\sum H_{ia}}$$
(2.14)

式中：$\sum P_i$——竖向力总和，kN；

$\sum H_{ip}$——抗滑稳定水平力总和，kN；

$\sum H_{ia}$——滑动水平力总和，kN；

μ——基础底面（圬工材料）与地基之间的摩擦系数，在无实测资料时，可参照表 2-26 采用。

注意：$\sum H_{ip}$ 和 $\sum H_{ia}$ 分别为两个相对方向的各自水平力总和，绝对值较大者为滑动水平力 $\sum H_{ia}$，另一为抗滑稳定力 $\sum H_{ip}$；$\mu \sum P_i$ 为抗滑动稳定力。

表 2-26　摩擦系数 μ

地基土分类	μ	地基土分类	μ
黏土（流塑—坚硬）、粉土	0.25	软岩（极软岩—较软岩）	0.40～0.60
砂土（粉砂—砾砂）	0.30～0.40	硬岩（较硬岩、坚硬岩）	0.60、0.70
碎石土（松散—密实）	0.40～0.50		

验算桥台基础的滑动稳定性时，如台前填土保证不受冲刷，可同时考虑计入与台后土压力方向相反的台前土压力，其数值可按主动或静止土压力进行计算。

按式（2-14）求得的抗滑动稳定性系数 k_c 值，必须大于规范规定的设计容许值，不同的作用组合，对桥墩（台）基础抗滑动稳定性系数 k_c 的容许值均有不同要求，详见表 2-27 所示。

表 2-27　墩（台）基础抗滑动稳定性系数 k_c

	作 用 组 合	稳定性系数 k_c
使用阶段	永久作用（不计混凝土收缩及徐变、浮力）和汽车、人群的标准值效应组合	1.3
	各种作用（不包括地震作用）的标准值效应组合	1.2
	施工阶段作用的标准值效应组合	1.2

修建在非岩石地基上的拱桥桥台基础，在拱的水平推力和力矩作用下，基础可能向路堤方向滑移或转动，此项水平位移和转动还与桥台后土抗力的大小有关。

2. 地基稳定性验算

位于软土地基上较高的桥台需验算桥台沿滑裂曲面滑动的稳定性，基底下地基如在不深处有软弱夹层时，在台后土推力作用下，基础也有可能沿软弱夹层土Ⅱ的层面滑动，如图 2-16（a）所示；在较陡的土质斜坡上的桥台、挡土墙也有滑动的可能，如图 2-16（b）所示。

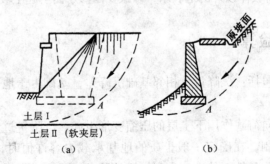

图 2-16　地基滑动示意图

这种地基稳定性验算方法可按土坡稳定分析方法，即用圆弧滑动面法来进行验算。在验算时一般假定滑动面通过填土一侧基础剖面角点 A（图 2-16），但在计算滑动力矩时，应计入桥台上作用的外荷载（包括上部结构自重和活载等）以及桥台和基础的自重的影响，然

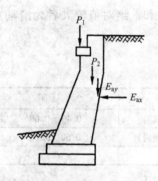

图 2-17 基础抗倾覆措施

后求出稳定系数满足规定的要求值。

以上对地基与基础的验算,均应满足设计规定的要求,达不到要求时,必须采取设计措施,如梁桥桥台后土压力引起的倾覆力矩比较大,基础的抗倾覆稳定性不能满足要求时,可将台身做成不对称的形式(如图 2-17 所示后倾形式),这样可以增加台身自重所产生的抗倾覆力矩,达到提高抗倾覆的安全度。如采用这种外形,则在砌筑台身时,应及时在台后填土并夯实,以防台身向后倾覆和转动;也可在台后一定长度范围内填碎石、干砌片石或填石灰土,以增大填料的内摩擦角,减小土压力,达到减小倾覆力矩提高抗倾覆安全度的目的。

对于拱桥桥台,在拱脚水平推力作用下,基础的滑动稳定性不能满足要求时,可以在基底四周围做成如图 2-18(a)的齿槛,这样,由基底与土间的摩擦滑动变为土的剪切破坏,从而提高了基础的抗滑力。如仅受单向水平推力时,也可将基底设计成如图 2-18(b)的倾斜形,以减小滑动力,同时增加在斜面上的压力。由图可见,滑动力随 α 角的增大而减小,从安全考虑,α 角不宜大于 10°,同时要保持基底以下土层在施工时不受扰动。

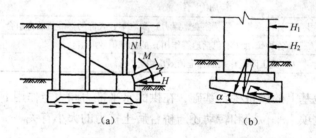

图 2-18 基础抗滑动措施

当高填土的桥台基础或土坡上的挡墙地基可能出现滑动或在土坡上出现裂缝时,可以增加基础的埋置深度或改用桩基础,提高墩(台)基础下地基的稳定性;或者在土坡上设置地面排水系统,拦截和引走滑坡体以外的地表水,以减少因渗水而引起土坡滑动的不稳定因素。

2.5.5 基础沉降验算

基础沉降验算主要包括:沉降量,相邻基础沉降差,基础由于地基不均匀沉降而发生的倾斜等。

基础沉降主要由竖向荷载作用下土层的压缩变形引起。沉降量过大将影响结构物的正常使用和安全,应加以限制。在确定一般土质的地基承载力容许值时,已考虑这一变形的因素,所以修建在一般土质条件下的中、小型桥梁的基础,只要满足了地基的强度要求,地基(基础)的沉降也就满足要求。但对于下列情况,则必须验算基础的沉降,使其不大于规定的容许值:

(1) 修建在地质情况复杂、地层分布不均或强度较小的软黏土地基及湿陷性黄土上的基础。

(2) 修建在非岩石地基上的拱桥、连续梁桥等超静定结构的基础。
(3) 当相邻基础下地基土强度有显著不同或相邻跨度相差悬殊而必须考虑其沉降差时。
(4) 对于跨线桥、跨线渡槽要保证桥（或槽）下净空高度时。

地基土的沉降可根据土的压缩特性指标进行计算。对软土、冻土、湿陷性黄土可参阅本教材有关章节。

墩台基础的最终沉降量，可按下式计算：

$$s = \psi_s s_0 = \psi_s \sum_{i=1}^{n} \frac{p_0}{E_{si}} (z_i \overline{\alpha}_i - z_{i-1} \overline{\alpha}_{i-1}) \tag{2-15}$$

$$p_0 = p - \gamma h \tag{2-16}$$

式中：s——地基最终沉降量，mm；
s_0——按分层总和法计算的地基沉降量，mm；
ψ_s——沉降计算经验系数，根据地区沉降观测资料及经验确定。缺少沉降观测资料及经验数据时，可参照《公路桥涵地基与基础设计规范》（JTG D63—2007）进行确定；
n——地基沉降计算深度范围内所划分的土层数（图2-19）；

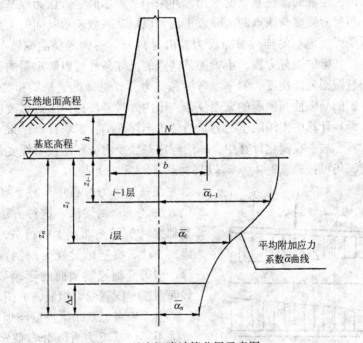

图2-19 基底沉降计算分层示意图

p_0——对应于荷载长期效应组合时的基础底面处附加压应力，kPa；
E_{si}——基础底面下第i层土的压缩模量，MPa，应取土的"自重压应力"至"土的自重压应力与附加压应力之和"的压应力段计算；
z_i、z_{i-1}——基础底面至第i层土、第$i-1$层土底面的距离，m；
$\overline{\alpha}_i$、$\overline{\alpha}_{i-1}$——基础底面计算点至第i层土、第$i-1$层土底面范围内平均附加压应力系数；
p——基底压应力，kPa；当$z/b > 1$时，p采用基底平均压应力；$z/b \leq 1$时，p按压应力图形采用距最大压应力点 $b/3 \sim b/4$ 处的压应力(对梯形图形前后端压应力差值较大时,可采用上述 $b/4$ 处的压应力值;反之,则采用上述 $b/3$ 处压应力值),以上 b 为矩形基底宽度;

h——基底埋置深度,m;当基础受水流冲刷时,从一般冲刷线算起;当不受水流冲刷时,从天然地面算起;如位于挖方内,则由开挖后地面算起;

γ——h 内土的重度,kN/m^3,基底为透水地基时水位以下取浮重度。

2.5.6 钢筋混凝土扩展基础计算要点

钢筋混凝土的柱下条形基础、筏板基础及箱形基础多数修建在高层房屋下面,公路结构物很少采用。钢筋混凝土扩展基础在外荷载作用下的内力分析与计算涉及上部结构和地基的共同工作,目前尚无统一的设计与计算方法。现仅介绍在实践中某些简化计算方法的要点。

在分析内力以前,先要确定基底压力分布。这在梁板式基础计算理论中是尚待进一步解决的问题。柱下条形基础基底反力的分布,较精确的解为弹性地基梁法,即将该条形基础视为梁,其全长由一连续的弹性基础所承担,并采用文克尔假定,认为地基梁发生挠曲时,每一点处连续分布反力强度与该点的沉降成正比,以地基系数表示其间的关系,梁在各柱之间的各部分仅承受弹性地基的连续分布反力。由材料力学中梁的挠曲变形与外荷载的微分关系,建立弹性地基梁的微分方程,由梁的某些点的已知条件可以解出梁的弹性挠曲方程,从而求得梁在任意截面处的挠度、斜率、弯矩和剪力(详见弹性地基梁相关书籍)。由于计算理论本身有一定的局限性和解题的繁琐复杂,国内外学者虽提出了许多改进方法,但计算工作量仍很大,而且计算中需用的土的力学指标也不够准确,影响计算结果,因此中小型工程常采用简化计算方法。在简化计算中,一般假定基底反力分布是按直线变化,当基础上作用着偏心荷载时,仍可按式(2-4)求基底两侧的最大和最小应力。

在基础内力分析中,柱下条形基础常用的简化方法之一是倒梁法。这种方法将地基反力作为基础梁(条形基础)上的荷载,将柱子视为基础梁的支座,将基础梁视为一倒置的连续梁进行计算,求得基础控制截面的弯矩和剪力,以此验算截面强度和配置受力钢筋,如图2-20所示。

由于未考虑基础梁挠度与地基变形协调条件,且采用了地基反力直线分布假定,所以求得的支座反力往往不等于柱子传来的压力,即反力不平衡。为此,需要进行反力调整,即将柱荷载 F_i 和相应支座反力 R_i 的差值均匀地分配在该支座两侧各三分之一跨度范围内,再解此连续梁的内力,并将计算结果进行叠加。重复上述步骤,直至满足为止。一般经过一次调整就能满足设计精度的要求(不平衡力不超过荷载的20%)。

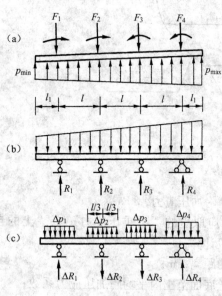

图2-20 倒梁法计算简图

如图 2-20 所示，倒梁法把柱子看作基础梁的不动支座，即认为上部结构是绝对刚性的。由于计算中不涉及变形，不能满足变形协调条件，计算结果存在一定的误差。经验表明，倒梁法较适合于地基比较均匀，上部结构刚度较好，荷载分布较均匀，且条形基础梁的高度大于 1/6 柱距的情况。

筏板基础简化计算是将筏板基础看作一倒置的平面楼盖，将基础板下地基反力作为作用在筏板基础上的荷载，然后如同平面楼盖那样，分别进行板、次梁及主梁的内力计算。

箱形基础的内力分析，应根据上部结构的刚度大小采用不同的计算方法。顶板与底板在土反力、水压力、上部结构传来的荷载等的作用下，整个箱形基础将发生弯曲，称为整体弯曲；与此同时，顶板受到直接作用在它上面的荷载后，也将产生弯曲，称为局部弯曲；同样，底板受到土压力与水压力后，也将产生局部弯曲。将上述两种弯曲计算的内力叠加，即可进行顶板、底板配筋设计。

例 2-1 某条形基础，其长度尺寸及立柱荷载如图 2-21 所示，设置在粉质黏土层上，基础埋深 $h = 1.5$ m，土的天然重度 $\gamma = 20.0$ kN/m³，地基的承载力基本容许值 $[f_{a0}] = 150$ kPa，试确定条形基础宽度并计算其内力。

解： (1) 确定基底宽度 b。

从图 2-21 求各柱压力的合力作用点离柱 A 形心的距离为：

$$x = \frac{941.8 \times 14.7 + 1\,720.7 \times 10.2 + 1\,706.9 \times 4.2}{941.8 + 1\,720.7 + 1\,706.9 + 543.5} = \frac{38\,564.58}{4\,912.9} = 7.85 \text{ (m)}$$

根据构造需要基础伸出 A 点 0.5 m。假定要求荷载的合力通过基础的核心，则基础伸出 D 点以外的距离为：

$$l = 2(7.85 + 0.5) - (14.7 + 0.5) = 16.7 - 15.2 = 1.5 \text{ (m)}$$

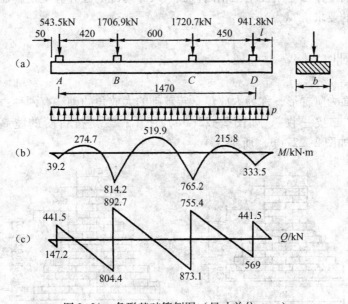

图 2-21 条形基础算例图（尺寸单位：cm）

基础的总长度为：

$$L = 14.7 + 0.5 + 1.5 = 16.7 \text{ (m)}$$

根据地基承载力容许值需要的基底面积为：

$$A = \frac{941.8 + 1\,720.7 + 1\,706.9 + 543.5}{150 - 1.5 \times 20} = \frac{4\,912.9}{120} = 40.94 \text{ （m}^2\text{）}$$

需要的基础宽度为：

$$b = \frac{40.94}{16.7} = 2.45 \approx 2.5 \text{ （m）}$$

按《公路桥涵地基与基础设计规范》（JTG D63—2007）规定，基础宽度 $b > 2$ m，粉质黏土地基承载力宽度修正系数 $K_1 = 0$，承载力容许值不予修正提高。

（2）内力计算。

由于荷载的合力通过基础的形心，故地基反力为均布，则沿基础每米长度上的净反力为：

$$p \times b = \frac{4\,912.9}{16.7} = 294.2 \text{ （kN/m）}$$

这样，条形基础相当于作用着分布荷载为 294.2 kN/m 的三跨连续梁，算得的正、负弯矩及剪力值如图 2-21（b）、（c）所示。

2.6　刚性基础和扩展基础的构造施工

刚性基础经常做成台阶断面，有时也可做成梯形断面。确定构造尺寸时最重要的一点是要保证断面各处能满足刚性角的要求，同时断面又必须经济合理，便于施工。

扩展基础包括柱下钢筋混凝土单独基础和墙下钢筋混凝土条形基础，这种基础的埋置深度和平面尺寸的确定方法与刚性基础相同，截面尺寸与配筋经计算确定，需要满足抗弯、抗剪、抗冲切破坏的要求。

2.6.1　砖基础

砖基础的剖面为阶梯形，称为大放角。砖基础的大放角的砌法有两种：一是按台阶的宽高比为 1/2，即"二皮一收"，如图 2-22（a）所示；二是按台阶的宽高比为 1/1.5，即"二一间隔收"，如图 2-22（b）所示。

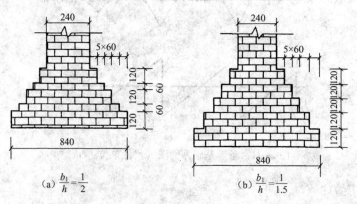

图 2-22　砖基础

为了得到一个平整的基槽底，便于砌砖，在槽底可先浇筑 100～200 mm 厚的素混凝土垫层；对于低层房屋也可在槽底打两步（300 mm）三七灰土代替混凝土垫层。

为了防止土中水分沿砖基础上升，可在砖基础中，在室内地面以下 50 mm 左右处铺设防潮层，如图 2-23 所示，防潮层可以是掺有防水剂的 1∶3 水泥砂浆，厚 20～30 mm；也可铺设沥青油毡。

砖基础的强度及拉冻性较差，对砂浆与砖的强度等级，根据地区的潮湿程度和寒冷程度有不同的要求。可查有关规范要求。

2.6.2 砌石基础

砌石基础是采用强度而未风化的料石砌筑，台阶的高度要求不小于 300 mm，分层砌筑时，为保证上一层砌石的边能压紧下一层砌石的边块，每个台阶伸长的长度不应大于 150 mm，如图 2-24 所示。

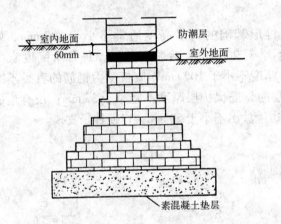

图 2-23　基础上的防潮层

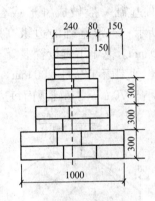

图 2-24　砌石基础（尺寸单位：mm）

2.6.3 混凝土基础

素混凝土基础可以做成台阶形或锥形断面（图 2-25），做成台阶时，总高度在 350 mm 以内做一层台阶；总高度在 350 mm < H ≤ 900 mm 时，做成二层台阶；总高度大于 900 mm 时，做成三层台阶。每个台阶的高度不宜大于 500 mm，其宽高比应符合刚性角的要求。

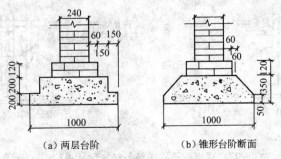

(a) 两层台阶　　(b) 锥形台阶断面

图 2-25　混凝土基础（尺寸单位：mm）

如果基础体积较大,为了节约混凝土用量,在浇灌混凝土时,可掺入少于基础体积30%的毛石,做成毛石混凝土基础。

2.6.4 灰土基础

灰土是用熟化后的石灰和黏性土或粉土混合而成。灰土基础一般与砖、砌石、混凝土等材料配合使用,做在基础的下部。厚度通常采用300~450 mm(2步或3步)。台阶宽高比应符合刚性角要求,由于基槽边角处灰土不容易夯实,所以用灰土基础时,实际的施工宽度应该比计算宽度宽,每边各放出500 mm以上,如图2-26所示。

2.6.5 柱下钢筋混凝土单独基础

1. 现浇柱下扩展基础

现浇柱基础一般做成锥形或台阶形,锥形基础的边缘高度通常不小于200 mm。如图2-26所示,锥形基础的边缘高度通常不小于200 mm;台阶形基础,每台阶高度宜为300~500 mm。基础下宜设置混凝土垫层,厚度不小于100 mm;底板受力钢筋的直径不宜小于8 mm,间距不宜大于200 mm。当有垫层时钢筋保护层厚度不宜小于35 mm;没有垫层时,不宜小于70 mm,基础顶面每边从柱子边缘放出不小于50 mm,以便柱子支模。

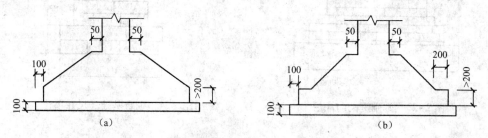

图2-26 现浇柱锥形基础形式(尺寸单位:mm)

现浇基础如果与柱子不同时浇注,伸出钢筋应与柱内钢筋相接,插筋的直径、根数、间距与柱子底部纵向钢筋相同,插筋一般均伸至基础底,如图2-27(a)所示,当基础高度较大时,可仅将四角插筋伸到基础底,其余插筋伸进基础l_d,如图2-27(b)所示。

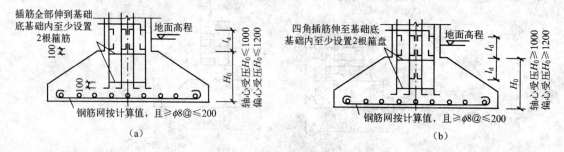

图2-27 现浇柱基础插筋布置(尺寸单位:mm)

当基础顶面离室内地面小于1.5m时，接头设在基础顶面处，如图2-27所示；当基础顶面离室内地面为1.5～3.0m时，接头设在室内地面以下150m处，如图2-28（a）所示；大于3.0m时，接头设在基础顶面和室内地面地下150mm处两个平面上，如图2-28（b）所示；当有现浇基础梁时，接头应高出基础顶面。

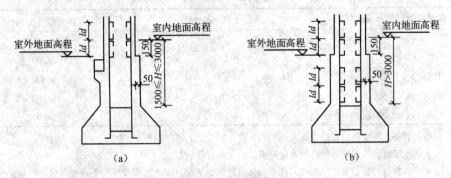

图2-28 现浇柱基础插筋接头布置（尺寸单位：mm）

2. 预制柱杯形基础

图2-29为一刚接杯形基础，图2-30是铰接杯形基础。阶梯形基础每阶高度一般为300～500mm。

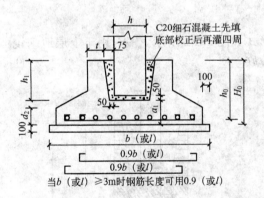

图2-29 刚接杯形基础（尺寸单位：mm）

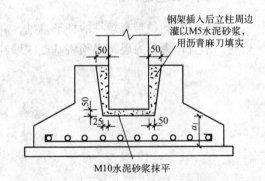

图2-30 铰接杯形基础（尺寸单位：mm）

柱的插入深度 h_1 可按表2-28选用，h_1 还应满足锚固长度的要求，即 $h_1 \geq 20d$（d 为柱子纵向受力钢筋直径），并应考虑吊装时的稳定性，即 $h_1 \geq 0.05$ 柱长。

表2-28 柱的插入深度 h_1

矩形或工字形柱				单肢管柱	双肢柱
$h < 500$	$500 \leq h < 800$	$800 \leq h < 1000$	$h > 1000$		
$h \sim 1.2h$	h	$0.9h \geq 800$	$0.8h \geq 1000$	$1.5d \geq 500$	$(1/3 \sim 2/3)h_a$ $(1.5 \sim 1.8)h_b$

注：1. h 为柱截面长边尺寸；d 为管柱的外直径；h_a 为双肢柱整个截面长边尺寸；h_b 为双肢柱整个截面短边尺寸；
2. 柱轴心受压或小偏心受压时，h_1 可适当减少；偏心距大于 $2h$（或 $2d$）时，h_1 应适当加大。

基础的杯底厚度和杯壁厚度可查表2-29确定。当柱为轴心受压或小偏心受压且$t/h_1 \geq 0.65$时,或大偏心受压且$t/h_1 \geq 0.75$时,杯壁内一般不配筋。当柱为轴心受压或小偏心受压且$0.5 \leq t/h < 0.65$时,杯壁可按表2-30、图2-31配筋。其他情况下应按计算配筋。

表2-29 基础的杯底厚度和杯壁厚度

柱截面长边尺寸 h/mm	杯底厚度 a_1/mm	杯壁厚度 t/mm
$h < 500$	≥150	150～200
$500 \leq h < 800$	≥200	≥200
$800 \leq h < 1\,000$	≥200	≥300
$1\,000 \leq h < 1\,500$	≥250	≥350
$1\,500 \leq h < 2\,000$	≥300	≥400

注:1. 双肢柱的杯底厚度值,可适当加大;
2. 当有基础梁时,基础梁下的杯壁厚度应满足其支承宽度的要求;
3. 柱子插入杯口部分的表面应凿毛,柱子与杯口之间的空隙,应用比基础混凝土强度等级高一级的细石混凝土充填密实,当达到材料设计强度的70%以上时,方能进行上部吊装。

表2-30 杯壁顶面配筋

柱截面长边尺寸 h/mm	$h < 1\,000$	$1\,000 \leq h < 1\,500$	$1\,500 \leq h \leq 2\,000$
钢筋网直径/mm	$\phi 8 \sim \phi 10$	$\phi 10 \sim \phi 12$	$\phi 12 \sim \phi 16$

3. 高杯口基础

当杯口基础是带有短柱的杯形基础,其构造形式如图2-32所示。一般用于上层地基较软弱,不宜作为持力层,必须将基础深埋到下面较好土层。

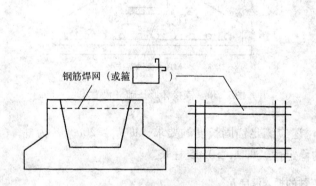

图2-31 杯壁顶面配筋

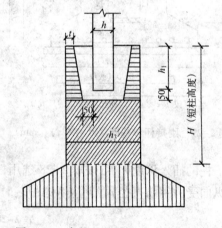

图2-32 高杯口基础(尺寸单位:cm)

柱的插入深度应符合杯形基础的要求。
当满足下列要求时,其杯壁配筋可按图2-33所示的构造要求进行设计。
① 吊车在750 kN以下,轨顶高程14 m以下,基本风压小于0.5 kPa的工业厂房。
② 基础短柱的高度不大于5 m。
③ 杯壁厚度满足表2-31规定。

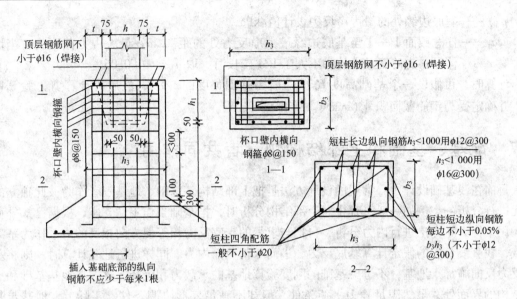

图 2-33 高杯口基础构造配筋（尺寸单位：cm）

表 2-31 高杯口基础的杯壁厚度 t

h/mm	t/mm
$600 < h \leqslant 800$	$\geqslant 250$
$800 < h \leqslant 1\,000$	$\geqslant 300$
$1\,000 < h \leqslant 1\,400$	$\geqslant 350$
$1\,400 < h \leqslant 1\,600$	$\geqslant 400$

2.6.6 墙下条形扩展基础

墙下钢筋混凝土扩展基础的受力钢筋可取单位长度基础按单向弯曲计算确定，并沿宽度方向布置，间距应小于或等于 200 mm，一般不配弯筋。设基础纵向的分布筋，直径为 6～8 mm，间距 200～300 mm，置于受力筋上面。当地基不均匀时，为增加基础抵抗不均匀沉降的能力，条形扩展基础常需增加纵向钢筋或做成带动梁的基础。

墙下钢筋混凝土基础配筋计算图如图 2-34 所示。

任意截面 I—I 的弯矩 M_I 和剪力 Q_I 为：

$$M_I = \frac{1}{4} a_1^2 (p_{j\max} + p_{ji}) \quad (2-17)$$

$$Q_I = \frac{1}{2} a_1 (p_{j\max} + p_{ji}) \quad (2-18)$$

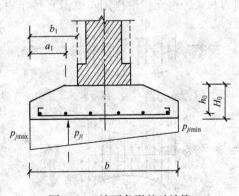

图 2-34 墙下条形基础计算

式中：p_{ji}——任意截面 I—I 处基底净反力设计值/kPa；

p_{jmax}——基底边缘处的最大净反力设计值/kPa；

a_1——任意截面Ⅰ—Ⅰ至基底边缘最大净反力处的距离/m。最大内力截面为：当墙体材料为砖墙且大放脚不大于1/4砖长时，取 $a_1 = b_1 + 0.06$。

计算时，可假设一个基础高度 H_0（一般为基础宽度的1/8），然后按计算剪力验算厚度，并确定受力钢筋截面积 $A_s (mm^2)$。

2.7 地基、基础和上部结构物三者共同作用

目前在浅基础设计中，常规的设计方法是把上部结构、基础、地基三者作为彼此独立的单元进行分析的。例如一般工程中对上部结构分析时，把基础当作不动支座，根据已知外荷载，用结构力学方法进行内力分析，再把与求得的支座反力相等但方向相反的力系作为基础荷载，找直线分布的假定计算基底反力，进而求得截面内力。同样进行地基计算时，则将基底反力反向施加于地基，不考虑基础的刚度验算地基的承载力和沉降。这样在地基基础和上部结构的界面处，虽然满足静力平衡条件，但却不满足变形协调条件。实际上，地基与基础、上部结构三者是彼此相互联系的一个整体，在接触处既传递荷载，又按各自的刚度对变形产生相互制约作用，从而使整个体系的内力和变形发生变化。因此合理的设计方法，原则上应该以地基、基础、上部结构之间必须同时满足静力平衡条件、变形协调条件为前提，这就是共同工作的基本概念。

2.7.1 地基与基础的相互作用

在地基、基础、上部结构之间，起主导作用的是地基。如果地基土不可压缩，则基础不会产生挠曲，上部结构也不会因基础不均匀沉降而产生附加内力。如位于岩石或压缩性很低的地基上的建筑物基础，就接近此种情况。这种情况下，三者共同作用的影响甚微。

通常地基土都有一定压缩性，地基土越软弱，基础的相对挠曲、内力越大，上部结构产生的附加内力也越大，为了便于分析，先不考虑上部结构的作用，假定基础是安全柔性的。这时基础就好比是放在地上的柔软薄膜，可以随地基的变形而任意弯曲，荷载的传递不受基础的约束，也无扩散作用，就像直接作用在地基上一样，所以柔性基础的基底反力分布于作用于基础上的荷载分布完全一致。如图2-35（a）所示，假设地基是均匀的弹性半空间体，按弹性力学的公式计算柔性基础基底任一点沉降，计算结果和工程实践表明，均布荷载下地基变形不均匀，是中间大、两侧递减的凹曲变形。如果要使基础沉降均匀，则荷载与地基反力需按中间小两侧大的抛物线分布，如图2-35（b）所示。

刚性基础具有非常大的抗弯刚度，负荷后基础不挠曲。假定基础绝对刚性，在其上方作用有均布荷载时，刚性基础将迫使基底下各点同步、均匀下沉，如上论述可以推断，基底反力将向两侧集中，

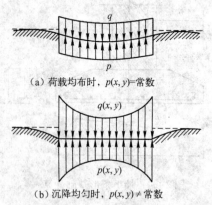

图2-35 柔性基础的基底反力和沉降

这种现象称为基础的"架越作用"。当地基土为弹性体时，基底反力分布，如图2-36（a）所示，在基底边缘处，其值趋于无限大。实际地基土具有有限的强度，在基础边缘处首先要发生屈服、破坏，部分应力将向中间转移，于是反力的分布如图2-36（b）所示，即马鞍形分布。随着荷载继续增加，基础下面边缘土的破坏范围继续扩大，反力进一步从边缘向中间转移。其分布形式如图2-36（c）所示，即钟形分布。如果地基土是无黏性土，且基础埋深很浅，边缘处土体很容易朝侧向挤出，塑性区随荷载的增加迅速开展，反力的分布有可能如图2-36（d）所示，即抛物线分布。

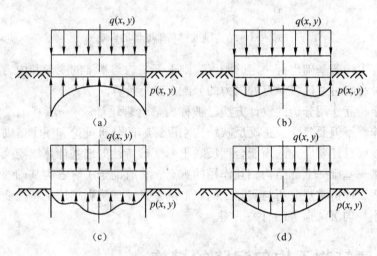

图2-36 刚性基础基底反力的分布

实际基础是有限刚性体，在上部结构传来的荷载和地基反力作用下，基础要产生一定程度的挠曲，地基土在基底反力作用下产生相应的变形，根据地基与基础变形协调的原则，理论上可根据两者刚度求出反力分布曲线，基底反力的曲线形状取决于基础与地基的相对刚度，基础刚度越大，地基越软弱，基础的挠曲越小，基础的架越作用也越强，基底反力分布与荷载的分布越不一致，基础不利截面的弯矩和剪力也相应增大。

2.7.2 上部结构与基础的共同作用

上部结构刚度对基础的受力状况影响很大。以基础梁为例，绝对刚性的上部结构（如比高也很小的现浇剪力墙结构），当地基变形时，由于上部结构不发生弯曲，各个柱子只能均匀下沉，当基础梁挠曲时，在柱端处相当于不动支座，因此，在地基反力作用下，基础犹如一根倒置的连续梁，如图2-37所示。若上部结构为柔性结构（如刚度较小的框架结构），对基础的变形没有约束作用，此时上部结构不参加共同工作，只为荷载直接作用在基础梁上，是最适合采用常规方法设计基础的结构类型，如图2-37（b）所示。上部结构安全柔性和绝对刚性这两种极端情况，形成的基础的弯曲变形和内力也截然不同，如图2-37所示。

实际工程中，大多数建筑物的刚度介于上述两种极端情况。在地基基础、荷载条件不变的情况下，随着上部结构刚度增加，基础的挠曲和内力将减小，与此同时，上部结构圆柱端

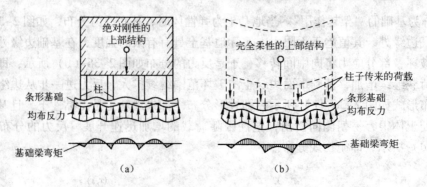

图 2-37　结构刚度对基础变形的影响

位移而产生次应力，若基础也有一定的刚度，则上部结构与基础的变形和内力必然受两者刚度的影响，这种影响可通过接触点处内力的分配来进行计算。

目前，基于相互作用分析的设计方法已被称为"合理设计"，一般基础设计仍然难以采用，因为这意味着不但要建立能正确反映结构刚度影响的分析理论和便于借助电子计算机的有效计算方法，而且还要研究选用能合理反映土的变形特性的地基计算模型及其参数。尽管如此，树立地基—基础—上部结构相互作用的观点，将有助于了解各类基础的性能，正确选择地基基础方案，评价常规分析与实际之间可能的差别，理解影响地基特征变形允许值的因素和采取防止不均匀沉降损害的有关措施。

2.8　减轻建筑物不均匀沉降的措施

地基土软硬不均，或上部结构荷重差异较大等原因，都会使建筑物产生不均匀沉降。不均匀沉降会引起建筑物局部开裂损坏，甚至带来严重的危害。因此，如何避免或减轻不均匀沉降造成的损害，一直是建筑设计的重要课题。下面将从地基、基础、上部结构共同工作的观点出发，提出在建筑、结构、施工方面采取减轻不均匀沉降的措施。

2.8.1　建筑设计措施

1. 建筑物体形应力求简单

建筑物的体形设计应力求避免平面形状复杂和立面高差悬殊，平面形状复杂的建筑物，如"I""T""E""L"等，因在其纵横交接处，基础密集、地基附加应力叠加，必然产生较大的沉降；又由于转折较多，整体刚度减弱，上部结构很容易开裂。

当建筑物立面高差悬殊时，会使作用在地基上的荷载差异较大，也易引起较大的不均匀沉降，因此应尽量采用长高比较小的"一"字形建筑。如果因建筑设计需要，建筑物平面及体型复杂时，就应采取其他措施避免不均匀沉降对建筑物的危害。

2. 控制建筑物的长高比及合理布置纵横墙

建筑物长高比是决定结构整体高度的主要因素。长高比大的建筑物整体刚度差，纵墙很容易产生过大的挠曲而出现开裂,如图 2-38 所示。一般 2 层、3 层以上的砌体承重房屋的长高比不宜大于 2.5;对于体形简单、内外墙贯通、横墙间距较小的房屋,长宽比可适当放宽,但一般不大于 3.0。

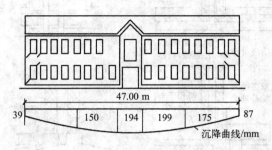

图 2-38 过长建筑物的开裂案例(长高比 7.6)

合理地布置纵横墙也是提高房屋整体刚度的措施之一。地基不均匀沉降最易产生在纵向挠曲上。因此应尽量避免纵墙的中断、转折、开设过大的门窗洞口。另外,应尽可能使纵墙与横墙联结、缩小墙间距、增加房屋整体刚度,提高调整不均匀沉降的能力。

3. 设置沉降缝

用沉降缝可以将建筑物分割成若干个独立单元,每个单元应力求体形简单、长高比小、地基比较均匀、荷载变化小,因此可有效地避免不均匀沉降带来的危害。沉降缝通常设置在以下部位:

(1) 建筑物转折处。
(2) 建筑物高度或荷载相差较大处。
(3) 建筑结构或基础类型截然不同处。
(4) 地基土的压缩性有显著变化处。
(5) 分期建造房屋的交界处。
(6) 长高比过大的建筑物的适当部位。
(7) 拟设置伸缩缝处。

沉降缝应从屋顶到基础把建筑物完全分开,其构造可参见图 2-39。沉降缝不应填塞,但寒冷地区为了防寒,可填以松软材料;沉降缝应有足够的宽度,以保证沉降缝上端不致因相邻单元内倾向而挤压损坏,工程中建筑物沉降缝宽度一般可参照表 2-32 选用。

表 2-32 房屋沉降缝宽度

房屋层数	沉降缝宽度/mm
2~3	50~80
4~5	80~120
5 层以上	不小于 120

注:当沉降缝两侧单元层数不同时,缝宽按层数大者取用。

如果地基很不均匀,或建筑物体型复杂造成的不均匀沉降较大,还可以考虑将建筑物分成相对独立的沉降单元,并相隔一定距离,其间另外用适应自由沉降的构件(如简支或悬挑结构)将建筑物连接起来。

4. 合理安排相邻建筑物之间的距离

相邻建筑物过近,由于地基应力的扩散作用,会引起建筑物附加沉降,为避免相邻影响

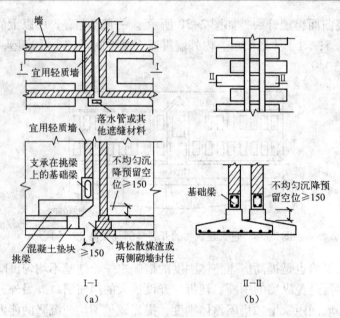

图 2-39 沉降缝构造示意图

的损害,在弱软地基上建造相邻的新建筑物时,基础间净距应按表 2-33 计算。

表 2-33 相邻建筑基础间的净距

新建筑的预估平均沉降量 S/mm	被影响建筑的长高比	
	$2.0 \leqslant L/H < 3.0$	$3.0 \leqslant L/H < 5.0$
70~150	2~3	3~6
160~250	3~6	6~9
260~400	6~9	9~12
>400	9~12	≥12

注:1. 表中 L 为房屋或沉降缝分隔的单元长度/m;H 为自基础底面标高算起的房屋高度/m;
  2. 当被影响建筑的长高比为 $1.5 < L/H < 2.0$ 时,其间净距可适当缩小。

5. 调整建筑物某些高程

对建筑物各部分的高程,根据可能产生的不均匀沉降,采取以下预防措施:
(1) 室内地坪和地下设施的高程,应根据预估的沉降量予以提高。
(2) 建筑物各部分或设备之间有联系时,可适当将沉降较大者高程提高。
(3) 建筑物与设备之间应留有足够的净空。
(4) 当有管道穿过建筑物时,应预留足够的孔洞或采用柔性管道接头。

2.8.2 结构措施

1. 减轻建筑物的自重

一般建筑物荷载中,建筑物自重占很大比例。因此在软土地基上修建建筑物时,应尽可能减少建筑物自重,减轻建筑物自重包括以下方面:一是使用轻型材料或构件,如轻型混凝土墙板等;二是采用轻型结构,如预应力钢筋混凝土结构、轻钢结构等;三是采用自重轻、回填土少的基础形式,如壳体基础等。

2. 减少或调整基底附加压力

基础沉降是由基底附加压力引起的,减小或调整基底附加压力可达到减小不均匀沉降的目的。设置地下室或半地下室,用挖除部分土重或全部来补偿上部结构荷载,因而可以降低基底附加压力,减少基础沉降。此外也可以改变基底尺寸或埋深来减少不均匀沉降,如上部荷载较大的基础,可以采用较大的基底面积,调整基底压力,使沉降趋于均匀。

3. 增强基础整体刚度

当建筑物荷载差异较大或地基土软弱不均匀时,可采用整体刚度较大的十字交叉基础筏板基础或箱形基础,达到调整不均匀沉降的目的。

4. 设置圈梁

设置圈梁可增强砖石承重墙房屋的整体性弥补砌体结构抗拉强度低的弱点,是防止墙体裂缝的有效措施,在地震区还起抗震作用。

因不易正确估计墙体可能发生的挠曲方向,一般在建筑物上下各设置一道圈梁,下面圈梁可设置在基础顶面处,上面圈梁可设置在顶层门窗顶处;多层房屋除上述两道外,中间可隔层设置,必要时可层层设置。

圈梁在平面上应成闭合系统,尽量贯通外墙、承重内纵墙和主要内横墙,以增强建筑物的整体性。当圈梁遇到墙体洞,可按图 2-40 所示的搭接要求处理。

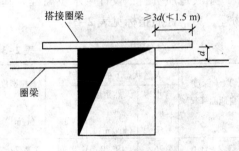

圈梁一般是现浇钢筋混凝土梁,宽同墙厚,梁高不小于 120 mm,混凝土强度等级不低于 C15,纵向钢筋不少于 4φ8,箍筋间距不大于 300 mm,当兼作过梁时,可适当增加配筋。

图 2-40 圈梁中断时的处理

5. 采用对地基沉降不敏感的上部结构

采用铰接排架、三铰拱等结构,当地基发生不均匀沉降时,不会引起很大的附加应力,可避免结构产生开裂等危害。

2.8.3 施工措施

当建筑物各部分高低差别极大或荷载大小悬殊时,应合理安排施工顺序,先建重、高的部分,后建轻、低的部分,必要时还要在高或重的建筑物竣工后间歇一段时间再建低或轻的建筑物,这样可以达到减少部分沉降差的目的。

对于灵敏度较高的软土地基,在施工时要注意尽可能不破坏土的原状结构,通常可在坑底保留约200 mm厚的软土层，待进行混凝土垫层施工时才铲除，如发现坑底软土已被扰动，可挖去扰动部分，用砂、碎石等回填处理。

在已建成的轻型建筑物周围，不宜堆放大量堆载，以免地面堆载引起建筑物产生附加沉降。在进行打桩、井点降水及深基坑开挖时，应特别注意可能对相邻近建筑物造成的附加沉降。

2.9 埋置式桥台刚性扩大基础计算算例

2.9.1 设计资料

某桥上部结构采用装配式钢筋混凝土T形梁。标准跨径20.00 m，计算跨径19.60 m，板式橡胶支座，桥面宽度为7 m + 2×1.0 m，双车道，参照《公路桥涵地基与基础设计规范》（JTG D63—2007）进行设计计算。

设计荷载为公路—Ⅱ级，人群荷载3.0 kN/m²。

材料：台帽、耳墙及截面 a—a 以上均用C20混凝土，$\gamma_1 = 25.00$ kN/m³；台身（自截面 a—a 以下）用M7.5浆砌片、块石（面墙用块石，其他用片石，石料强度不小于MU30），$\gamma_2 = 23.00$ kN/m³；基础是C15素混凝土浇筑，$\gamma_3 = 24.00$ kN/m³；台后及溜坡填土的内摩擦角 $\varphi = 35°$，黏聚力 $c = 0$。

水文地质资料：设计洪水位高程离基底的距离为6.5 m（即在 a—a 截面处）。地基土的物理、力学性质指标见表2-34。

表2-34 土工试验成果

取土深度（自地面算起）/m	天然状态下的物理指标			土粒密度 γ_{so}/(t/m³)	塑性界限		塑性指数 I_p	液性指数 I_L	压缩系数 a_{1-2}/(MPa⁻¹)	直剪试验	
	含水率 w/%	天然重度 γ/(kN/m³)	孔隙比 e		液限 w_L/%	塑限 w_p/%				黏聚力/kPa	内摩擦角 φ/(°)
3.2~3.6	26	19.70	0.74	2.72	44	24	20	0.10	0.15	55	20
6.4~6.8	28	19.10	0.82	2.71	34	19	15	0.6	0.26	20	16

2.9.2 桥台和基础构造及其拟定的尺寸

桥台及基础构造和拟定的尺寸如图2-41所示。基础分两层，每层厚度为0.50 m，襟边和台阶宽度相等，取0.4 m。基础用C15号混凝土，混凝土的刚性角 $\alpha_{\max} = 40°$，现基础扩散角为：

$$\alpha = \arctan \frac{0.8}{1.0} = 38.66° < \alpha_{\max} = 40°$$

满足要求。

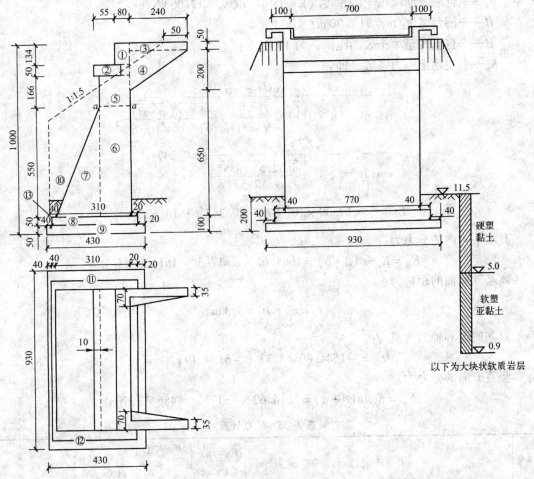

图 2-41 桥台和基础构造及拟定尺寸（尺寸单位：cm；高程单位：m）

2.9.3 荷载计算

1. 上部构造恒载反力及桥台身、基础上土重计算

具体计算值见表 2-35。

2. 土压力计算

土压力按台背竖直，$\alpha = 0$；台后填土为水平，$\beta = 0$；填土内摩擦角 $\varphi = 35°$，台背（圬工）与填土间外摩擦角 $\delta = \dfrac{1}{2}\varphi = 17.5°$ 计算。

1) 台后填土表面无活载时土压力计算

台后填土自重所引起的主动土压力按库仑土压力公式计算为：

$$E_a = \frac{1}{2}\gamma_4 H^2 B K_a$$

式中：γ_4——台后及溜坡填土的重度/(kN/m^3)，取 $\gamma_4 = 17.00 \ kN/m^3$；

B——桥台宽度/m，取 7.70 m；

H——自基底至填土表面距离，为 10.00 m；

K_a——主动土压力系数，即

$$K_a = \frac{\cos^2(\varphi - \alpha)}{\cos^2\alpha\cos(\alpha + \delta)\left[1 + \sqrt{\frac{\sin(\varphi + \delta)\sin(\varphi - \beta)}{\cos(\alpha + \delta) + \cos(\alpha - \beta)}}\right]^2}$$

$$= \frac{\cos^2 35°}{\cos 17.5°\left(1 + \sqrt{\frac{\sin 52.5°\sin 35°}{\cos 17.5°}}\right)^2} = 0.247$$

$$E_a = \frac{1}{2} \times 17.00 \times 10^2 \times 7.7 \times 0.247 = 1616.62 \ kN$$

其水平方向的分力为：

$$E_{ax} = E_a \cos(\delta + \alpha) = 1661.62 \times \cos 17.5° = 1514.80 \ kN$$

离基础底面的距离为：

$$e_y = \frac{1}{3} \times 10 = 3.3 \ m$$

对基底形心轴的弯矩为：

$$M_{ex} = -1541.80 \times 3.33 = -5134.19 \ kN \cdot m$$

竖直方向的分力为：

$$E_{ay} = E_a \sin(\delta + \alpha) = 1616.62 \times \sin 17.5° = 486.13 \ kN$$

表 2-35 恒载计算

序号	计 算 式	竖直力 P/kN	对基底中心轴偏心距 e/m	弯矩 M/($kN \cdot m$)	备 注
1	$0.8 \times 1.34 \times 7.7 \times 25.00$	206.36	1.36	278.59	
2	$0.5 \times 1.35 \times 7.7 \times 25.00$	129.94	1.075	139.69	
3	$0.5 \times 2.4 \times 0.35 \times 25.00$	21.00	2.95	61.95	
4	$\frac{1}{2} \times 0.2 \times 24 \times \frac{1}{2} \times (0.35 + 0.7) \times 2 \times 25.00$	63.00	2.55	160.65	
5	$1.66 \times 1.25 \times 7.7 \times 25.00$	399.43	1.125	449.36	
6	$1.25 \times 5.5 \times 7.7 \times 23.00$	1 217.56	1.125	1 369.76	弯矩正负值规定如下：逆时针方向取"−"号，顺时针方向取"+"号
7	$\frac{1}{2} \times 1.85 \times 5.5 \times 7.7 \times 23.00$	901.00	−0.12	−108.12	
8	$0.5 \times 3.7 \times 8.5 \times 24.00$	377.40	0.1	37.74	
9	$0.5 \times 4.3 \times 9.3 \times 24.00$	479.88	0	0	
10	$\left[\frac{1}{2}(5.13 + 6.9) \times 2.65 - \frac{1}{2} \times 1.85 \times 5.5\right] \times 7.7 \times 17.00$	1 420.56	−1.055	−1 498.70	
11	$\frac{1}{2}(5.13 + 7.73) \times 0.8 \times 3.9 \times 2 \times 17.00$	682.09	−0.07	−47.74	
12	$0.5 \times 0.4 \times 4.3 \times 2 \times 17.00$	29.24	0	0	
13	$0.5 \times 0.4 \times 8.5 \times 17.00$	28.90	−1.95	−56.36	
14	上部构造恒载	848.05	0.65	551.23	
15	$\sum P = 6804.41 \ kN, \ \sum M = 1338.05 \ kN \cdot m$				

作用点离其底形心轴的距离为：
$$e_x = 2.15 - 0.4 = 1.75 \text{ m}$$
对基底形心轴的弯矩为：
$$M_{ey} = 486.13 \times 1.75 = 850.72 \text{ kN} \cdot \text{m}$$

2) 台后填土表面有汽车荷载时

由车辆荷载换算的等代均布土层厚度为：
$$h = \frac{\sum G}{Bl_0\gamma}$$

式中 l_0 为破坏棱体长度，台背为竖直时，$l_0 = H\tan\theta$，本例中 $H = 10$ m，即
$$\tan\theta = -\tan\omega + \sqrt{(\tan\varphi + \tan\omega)(\tan\omega - \tan\alpha)}$$
$$\omega = \varphi + \delta + \alpha = 52.5°$$

而 $\tan\theta = -1.303 + \sqrt{(1.428 + 1.303) \times 1.303} = -1.303 + 1.886 = 0.583$，则
$$l_0 = 10 \times 0.583 = 5.83 \text{ m}$$

按车辆荷载的平、立面尺寸，考虑最不利情况，在破坏棱体长度范围内布置车辆荷载后轴，因是双车道，故 $B \times l_0$ 面积内的车轮总重力为：
$$\sum G = 2 \times 140 \times 2 = 560 \text{ kN}$$
$$h = \frac{560}{7.7 \times 5.83 \times 17} = 0.734 \text{ m}$$

则台背在填土连同破坏棱体上车辆荷载作用下所起的土压力为：
$$E_a = \frac{1}{2}\gamma_4 H(2h + H)BK_a = \frac{1}{2} \times 17.00 \times 10(2 \times 0.734 + 10) \times 7.7 \times 0.247$$
$$= 1853.93 \text{ kN}$$

水平方向的分力为：
$$E_{ax} = E_a\cos(\delta + \alpha) = 1853.93 \times \cos 17.5° = 1768.12 \text{ kN}$$

作用点离基础底面的距离为：
$$e_y = \frac{10}{3} \times \frac{10 + 3 \times 0.734}{10 + 2 \times 0.734} = \frac{10}{3} \times \frac{12.202}{11.468} = 3.55 \text{ m}$$

对基底形心轴的弯矩为：
$$M_{ex} = -1768.12 \times 3.55 = -6276.83 \text{ kN} \cdot \text{m}$$

竖直方向的分力为：
$$E_{ay} = E_a\sin(\delta + \alpha) = 1853.93 \times \sin 17.5° = 557.49 \text{ kN}$$

作用点离基底形心轴的距离为：
$$e_x = 2.15 - 0.4 = 1.75 \text{ m}$$

对基底形心轴的弯矩为：
$$M_{ey} = 557.49 \times 1.75 = 975.61 \text{ kN}$$

3) 台前溜坡填土自重对桥台前侧面上的主动土压力

以基础前侧边缘垂线作为假想台背，土表面的倾斜度以溜坡坡度为 1:1.5，并得 $\beta = -33.69°$，则基础边缘至坡面的垂直距离为 $H' = 10 - \frac{3.9 + 1.9}{1.5} = 6.13$ m，取 δ 等于土的内摩

擦角 35°，主动土压力系数 K_a 为：

$$K_a = \frac{\cos^2(\varphi - \alpha)}{\cos^2\alpha\cos(\alpha + \delta)\left[1 + \sqrt{\frac{\sin(\varphi + \delta)\sin(\varphi - \beta)}{\cos(\alpha + \delta)\cos(\alpha - \beta)}}\right]^2}$$

$$= \frac{\cos^2 35°}{\cos 35° + \left[1 + \sqrt{\frac{\sin 70° \times \sin 68.69°}{\cos 35° \times \cos 33.69°}}\right]^2} = 0.18$$

则主动土压力为：

$$E'_a = \frac{1}{2}\gamma_4 H^2 B K_a = \frac{1}{2} \times 17.00 \times 6.13^2 \times 7.7 \times 0.18 = 442.69 \text{ kN}$$

水平方向的分力为：

$$E'_{ax} = E'_a \cos(\delta + \alpha) = 442.69 \times \cos 17.5° = 422.20 \text{ kN}$$

作用点离基础底面的距离为：

$$e'_y = \frac{1}{3} \times 6.13 = 2.04 \text{ m}$$

对基底形心轴的弯矩为：

$$M'_{ex} = 422.20 \times 2.04 = 861.29 \text{ kN} \cdot \text{m}$$

竖直方向的分力为：

$$E'_{ay} = E'_a \sin(\delta + \alpha) = 442.69 \times \sin 17.5° = 133.12 \text{ kN}$$

作用点离基底形心轴的距离为：

$$e'_x = -2.15 \text{ m}$$

对基底形心轴的弯矩为：

$$M'_{ey} = 133.12 \times 2.15 = -286.21 \text{ kN} \cdot \text{m}$$

3. 支座活载反力计算

按下列情况计算支座反力：第一，桥上有汽车及人群荷载，台后无活载；第二，桥上有汽车及人群荷载，台后也有汽车荷载，下面予以分别计算。

1) 桥上有汽车及人群荷载，台后无活载

（1）汽车及人群荷载反力

《公路桥涵通用设计规范》（JTG D60—2004）中规定，桥梁结构的整体计算采用车道荷载。公路—Ⅱ级车道荷载均布标准值为：

$$q_k = 0.75 \times 10.5 = 7.875 \text{ kN/m}$$

集中荷载标准值为：

$$P_k = 0.75 \times \left[180 + \frac{360 - 180}{50 - 5} \times (19.6 - 5)\right]$$

$$= 178.8 \text{ kN}$$

在桥梁上的车道荷载布置如图 2-42 排列，均布荷载 $q_k = 7.875$ kN/m 满跨布置，集中荷载 $P_k = 178.8$ kN 布置在最大影响线峰值处。反力影响线的纵距分别为：

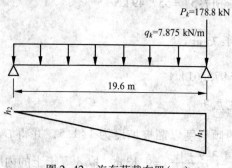

图 2-42 汽车荷载布置（一）

第 2 章 天然地基上的浅基础

$$h_1 = 1.0, \ h_2 = 0$$

支座反力为:

$$R_1 = \left(178.8 \times 1 + \frac{1}{2} \times 1 \times 19.6 \times 7.875\right) \times 2$$
$$= 511.95 \text{ kN}（按两车道数计算，不予折减）$$

人群荷载支座反力为:

$$R'_1 = \frac{1}{2} \times 1 \times 19.6 \times 3 \times 2 = 58.8 \text{ kN}$$

支座反力作用点离基底形心轴的距离为:

$$e_{R_1} = 2.15 - 1.4 = 0.75 \text{ m}$$

对基底形心轴的弯矩为:

$$M_{R_1} = 511.95 \times 0.75 = 383.96 \text{ kN} \cdot \text{m}$$
$$M'_{R_1} = 58.8 \times 0.75 = 44.10 \text{ kN} \cdot \text{m}$$

(2) 由汽车荷载产生的制动力按车道荷载标准值在加载长度上计算的总重力的 10% 计算，但公路—Ⅱ级汽车制动力不小于 90 kN。

$$H_1 = (7.875 \times 19.6 + 178.8) \times 10\% = 33.32 \text{ kN} < 90 \text{ kN}$$

因此简支梁板式橡胶支座的汽车荷载产生的制动力为:

$$H = 0.3 H_1 = 0.3 \times 90 = 27 \text{ kN}$$

2) 桥上、台后均有汽车荷载

(1) 为了得到在活载作用下最大的竖直力，将均布荷载 $q_k = 7.875$ kN/m 满跨布置，集中荷载 $P_k = 178.8$ kN 布置在最大影响线峰值处，车辆荷载后轴布置在台后，如图 2-43 所示。

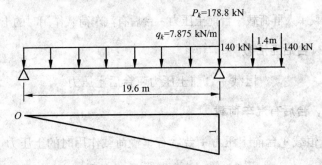

图 2-43 汽车荷载布置图（二）

则支座压力为:

$$R_1 = \left(178.8 \times 1 + \frac{1}{2} \times 1 \times 19.6 \times 7.875\right) \times 2$$
$$= 511.95 \text{ kN}（按两车道计算，不予折减）$$

人群荷载引起的支座反力为:

$$R'_1 = \frac{1}{2} \times 1 \times 19.6 \times 3 \times 2 = 58.8 \text{ kN}$$

对基底形心轴的弯矩为:

$$M_{R_1} = 511.95 \times 0.75 = 383.96 \text{ kN} \cdot \text{m}$$
$$M'_{R_1} = 58.8 \times 0.75 = 44.10 \text{ kN} \cdot \text{m}$$

(2) 汽车荷载制动力
$$H = 0.3H_1 = 0.3 \times 90 = 27 \text{ kN}$$

4. 支座摩阻力计算

板式橡胶支座摩擦系数取为 $f = 0.05$,则支座摩阻力为:
$$F = P_{恒} \cdot f = 848.05 \times 0.05 = 42.40 \text{ kN}$$

对基底形心轴的弯矩为:
$$M_F = 42.40 \times 8.7 = 368.88 \text{ kN} \cdot \text{m}（方向按荷载组合需要来确定）$$

对实体埋置式桥台,不计汽车荷载的冲击力。同时,以上对制动力和摩阻力的计算结果表明,支座摩阻力大于制动力。因此,在以后的附加组合中,以支座摩阻力控制设计。

2.9.4 工况分析

根据实际可能,应按桥上有汽车及人群荷载,台后无活载;桥上有汽车及人群荷载,台后有汽车荷载;桥上无活载,后台无活载;桥上无活载,台后无活载;桥上无活载,台后有汽车荷载共5种荷载组合,同时还应对施工期间桥台仅受台身自重及土压力作用的情况进行验算。现将上述组合分别计算如下。

1. 桥上有汽车及人群荷载,台后无活载

恒载 + 桥上车道荷载 + 人群荷载 + 台前土压力 + 台后土压力 + 支座摩阻力

2. 桥上有汽车及人群荷载,台后有汽车荷载

恒载 + 桥上车道荷载 + 人群荷载 + 台前土压力 + 台后有汽车荷载作用时的土压力 + 支座摩阻力

3. 桥上无活载,台后无活载

恒载 + 台前土压力 + 台后土压力

4. 桥上无活载,台后有汽车荷载

恒载 + 台前土压力 + 台后有车辆荷载作用时的土压力

5. 无上部构造时

桥台和基础自重 + 台前土压力 + 台后土压力

2.9.5 地基承载力验算

1. 台前、台后填土对基底产生的附加应力计算

考虑到台后填土较高,须计算由于填土自重在基底下地基所产生的附加压应力,其计算式按《公路桥涵地基与基础设计规范》(JTG D63—2007)为:
$$p_i = a_i \gamma h_i$$

式中：a_i——附加竖向压应力系数，按基础埋置深度及填土高度按《公路桥涵地基与基础设计规范》（JTG D63—2007）查用；

γ——路堤填土重度/(kN/m³)；

h_i——原地面至路堤表面（或溜坡表面）的距离。

根据桥台情况，台后填土高度 $h_1 = 8$ m，当基础埋深为 2.0 m 时，在计算基础后边缘附加应力时，取 $a_1 = 0.46$；计算基础前边缘附加应力时，取 $a_1 = 0.069$，则有：

后边缘处：$p_1' = 0.46 \times 17.00 \times 8 = 62.56$ kPa

前边缘处：$p_1' = 0.069 \times 17.00 \times 8 = 9.38$ kPa

另外，计算台前溜坡锥体在基础前边缘处底面引起的附加应力时，其填土高度可近似取基础边缘作垂线与坡面交点的距离（$h_2 = 4.13$ m），并取系数 $a_2 = 0.25$，则有：

$$p_2'' = 0.25 \times 17.00 \times 4.13 = 17.55 \text{ kPa}$$

这样，基础边缘总的竖向附加应力为：

基础前边缘：$p_2' = p_1' + p_2'' = 9.38 + 17.55 = 26.93$ kPa

基础后边缘：$p_1 = p_1' = 62.56$ kPa

2. 基底压应力计算

根据《公路桥涵地基与基础设计规范》（JTG D63—2007）及《公路桥涵设计通用规范》（JTG D60—2004）进行地基承载力验算时，传至基底的作用效应应按正常使用极限状态的短期效应组合采用，各项作用效应的分项系数分别为：上部构造恒载、桥台及基础自重、台前及台后土压力、支座摩阻力、人群荷载均为 1.0，汽车荷载为 0.7。

1）建成后使用时

建成后使用共有 4 种工况，分别为工况 1～工况 4，将 4 种工况的正常使用极限状态的短期作用效应组合值汇总于表 2-36。

表 2-36　作用效应组合汇总表

工　况	水平力/kN	竖直力/kN	弯矩/(kN·m)
1	1162.00	7840.83	-2426.35
2	1388.32	7912.19	-3444.10
3	1119.60	7423.66	-2370.34
4	1345.92	7495.02	-3388.09

由于工况 2 作用下所产生的竖直力最大，所以以工况 2 来控制设计，下面仅计算工况 2 作用下的基底压应力。

$$p_{min}^{max} = \frac{\sum P}{A} \pm \frac{\sum M}{W} = \frac{7912.19}{4.3 \times 9.3} \pm \frac{-3444.10}{\frac{1}{6} \times 9.3 \times 4.3^2}$$

$$= 197.85 \pm 120.17 = \begin{cases} 318.02 \text{ kPa} \\ 77.68 \text{ kPa} \end{cases}$$

考虑台前台后填土产生的附加应力：

台前：$p_{max} = 318.02 + 26.93 = 344.95$ kPa

台后：$p_{\min} = 77.68 + 62.56 = 140.24 \text{ kPa}$

2）施工时

以工况 5 来控制设计。

$$\sum P = 5956.36 + 486.13 + 133.12 = 6575.61 \text{ kN}$$

$$\sum M = 786.82 - 4283.47 + 575.08 = -2921.57 \text{ kN} \cdot \text{m}$$

$$p_{\min}^{\max} = \frac{\sum P}{A} \pm \frac{\sum M}{W} = \begin{cases} 266.37 \text{ kPa} \\ 62.49 \text{ kPa} \end{cases}$$

考虑台前台后填土产生的附加应力：

台前：$p_{\max} = 266.37 + 26.93 = 293.30 \text{ kPa}$

台后：$p_{\min} = 62.49 + 62.56 = 125.05 \text{ kPa}$

3. 地基承载力验算

1）持力层承载力验算

根据土工试验资料，持力层为一般黏性土，按《公路桥涵地基与基础设计规范》（JTG D63—2007）：当 $l = 0.74$，$I_L = 0.10$ 时，查表得 $[f_{a0}] = 354 \text{ kPa}$，基础埋置深度为原地面下 2.0 m，所以地基承载力不予修正，则：

$$[f_0] = [f_{a0}] = 354 \text{ kPa} > p_{\max} = 344.95 \text{ kPa}$$

2）下卧层承载力验算

下卧层也是一般黏性土，根据提供的土工试验资料，当 $e = 0.82$，$I_L = 0.6$ 时，查得容许承载力 $[f_{a0}] = 222.00 \text{ kPa}$，小于持力层地基容许承载力 $[f_{a0}] = 354 \text{ kPa}$，因此必须予以验算。

基底至土层Ⅱ顶面（高程为 +5.0 m）处的距离为：

$$z = 11.5 - 2.0 - 5.0 = 4.5 \text{ m}$$

$$a/b = 9.3/4.3 = 2.16, \quad z/b = 4.5/4.3 = 1.05$$

由《公路桥涵地基与基础设计规范》（JTG D63—2007）查得附加应力系数 $a = 0.469$，计算下卧层顶面处压应力 σ_{h+z}，当 $z/b > 1$ 时，基底压力应取平均值：

$$p_{\text{平均}} = \frac{p_{\max} + p_{\min}}{2} = \frac{344.95 + 140.24}{2} = 242.60 \text{ kPa}$$

$$p_{h+z} = 19.70 \times (2 + 4.5) + 0.469 \times (242.60 - 19.70 \times 2)$$
$$= 128.05 + 95.30 = 223.35 \text{ kPa}$$

下卧层顶面处的容许承载力可按下式计算，其中 $K_1 = 0$，而 $I_L = 0.6 > 0.5$，因此 $K_2 = 1.5$，则有：

$$[p]_{h+z} = 222.00 + 1.5 \times 19.70 \times (6.5 - 3)$$
$$= 222.00 + 103.43 = 325.43 \text{ kPa} > p_{h+z} = 223.35 \text{ kPa}$$

满足承载力要求。

2.9.6 基底偏心距验算

1. 仅受永久作用标准值效应组合时，应满足 $e_0 \leq 0.75\rho$

以工况 3 来控制设计，即桥上、台后均无活载，仅承受恒载作用，即

$$\rho = \frac{W}{A} = \frac{1}{6}b = \frac{1}{6} \times 4.3 = 0.72 \text{ m}$$

$$\sum M = 1388.05 + (850.72 - 5134.19) + (861.29 - 286.21) = -2370.34 \text{ kN} \cdot \text{m}$$

$$\sum P = 6804.41 + 486.13 + 133.12 = 7423.66 \text{ kN}$$

$$e_0 = \frac{\sum M}{\sum P} = \frac{2370.34}{7423.66} = 0.32 \text{ m} < 0.75 \times 0.72 = 0.54 \text{ m}$$

满足要求。

2. 承受作用标准值效应组合时，应满足 $e_0 \leq \rho$

以工况 4 来控制设计，即桥上无活载，台后有车辆荷载作用，即

$$\sum M = 1388.05 + (975.61 - 6276.83) + (861.29 - 286.21)$$
$$= -3338.09 \text{ kN} \cdot \text{m}$$

$$\sum P = 6804.41 + 557.49 + 133.12 = 7495.02 \text{ kN}$$

$$e_0 = \frac{\sum M}{\sum P} = \frac{3338.09}{7495.02} = 0.45 \text{ m} < \rho = 0.72 \text{ m}$$

满足偏心距要求。

2.9.7 基础稳定性验算

1. 倾覆稳定性验算

1) 使用阶段

(1) 永久作用和汽车、人群的标准值效应组合。

以工况 2 来控制设计，即桥上、台后均有活载，车道荷载在桥上，车辆荷载在台后，即

$$s = \frac{b}{2} = \frac{4.3}{2} = 2.15 \text{ m}$$

$$e_0 = \frac{3328.91}{8065.77} = 0.41 \text{ m}$$

$$k_0 = \frac{2.15}{0.41} = 5.24 > 1.5$$

满足要求。

(2) 各种作用的标准值效应组合。

以工况 4 来控制设计,即桥上无活载,台后有车辆荷载作用,即

$$e_0 = \frac{3388.09}{7495.02} = 0.45 \text{ m}$$

$$k_0 = \frac{2.15}{0.45} = 4.78 > 1.3$$

满足要求。

2) 施工阶段作用的标准值效应组合

以工况 5 来控制设计,则有:

$$e_0 = \frac{2921.57}{6575.61} = 0.44 \text{ m}$$

$$k_0 = \frac{2.15}{0.44} = 4.89 > 1.2$$

满足要求。

2. 滑动稳定性验算

因基底处地基土为硬塑黏土,查得 $\mu = 0.30$。

1) 永久作用和汽车、人群的标准值效应组合

以工况 2 来控制设计,即桥上、台后均有活载,车道荷载在桥上,车辆荷载在台后,即:

$$k_c = \frac{0.3 \times 8065.77 + 422.2}{1768.12 + 42.40} = 1.57 > 1.3$$

满足要求。

2) 施工阶段作用的标准值效应组合

以工况 5 来控制设计,则有:

$$k_c = \frac{0.3 \times 6575.61 + 422.2}{1541.80} = 1.55 > 1.2$$

满足要求。

2.9.8 沉降计算

由于持力层以下的土层 Ⅱ 为软弱下卧层(软塑亚黏土),按其压缩系数为中压缩性土,对基础沉降影响较大,因此应计算基础沉降。

1. 确定地基变形的计算深度

$$Z_n = b(2.5 - 0.4\ln b) = 4.3 \times (2.5 - 0.4 \times \ln 4.3) = 8.2 \text{ m}$$

2. 确定分层厚度

第一层:从基础底部向下 4.5 m;第二层:从第一层底部向下 3.7 m。

3. 确定各层土的压缩模量

第一层：$E_{s1} = \dfrac{1}{a_{1-2}} = \dfrac{1}{0.15} = 6.67$ MPa

第二层：$E_{s1} = \dfrac{1}{a_{1-2}} = \dfrac{1}{0.26} = 3.85$ MPa

4. 求基础底面处附加压应力

以工况 2 来控制设计，传至基础底面的作用效应应按正常使用极限状态的长期效应组合采用，各项作用效应的分项系数分别为：上部构造恒载、桥台及基础自重、台前及台后土压力、支座摩阻力均为 1.0，汽车荷载和人群荷载均为 0.4。则有：

$$N = 6804.41 + 557.49 + 133.12 + 0.4 \times (511.95 + 58.8)$$
$$= 7723.32 \text{ kN}$$

基础底面处附加压应力为：

$$P_0 = \dfrac{N}{A} = \dfrac{7723.32}{4.3 \times 9.3} = 193.13 \text{ kPa}$$

5. 计算地基沉降

计算深度范围内各土层的压缩变形量见表 2-37。

表 2-37　计算深度范围内各土层的压缩变形量

z/m	l/b	z/b	$\bar{a}_i$	$z_i \bar{a}_i$	$z_i \bar{a}_i - z_{i-1} \bar{a}_{i-1}$	E_{S_i}	$\Delta S'_i$	$S' = \sum \Delta S'_i$
0	2.2	0						
4.5	2.2	1.5	0.308	1.386	1.386	6.67	40.13	40.13
8.2	2.2	1.9	0.220	1.804	0.418	3.85	20.97	61.10

6. 确定沉降计算经验系数

沉降计算深度范围内压缩模量的当量值为：

$$\bar{E}_S = \dfrac{\sum A_i}{\sum \dfrac{A_i}{E_{S_i}}} = \dfrac{1.386 + 0.418}{\dfrac{1.386}{6.67} + \dfrac{0.418}{3.85}} = 5.71 \text{ MPa}$$

$$\psi_S = 1 + \dfrac{7 - 5.71}{7 - 4} \times (1.3 - 1) = 1.13$$

7. 计算地基的最终沉降量

$$S = \psi_S S' = 1.13 \times 61.10 = 69.04 \text{ mm}$$

根据《公路桥涵地基与基础设计规范》(JTG D63—2007)规定：相邻墩（台）间不均匀沉降差值（不包括施工中的沉降），不应使桥面形成大于 0.2% 的附加纵坡（折角）。因此，该桥的沉降量是否满足要求，还应知道相邻墩（台）的沉降量。

复习思考题

2-1 浅基础和深基础主要有哪些区别？

2-2 确定基础埋深时应考虑哪些因素？

2-3 地基（基础）沉降计算包括哪些步骤？在什么情况下应验算桥梁基础的沉降？

2-4 有一桥墩墩底为矩形 $2\,m \times 8\,m$，刚性扩大基础（C20 混凝土）顶面设在河床下 $1\,m$，作用于基础顶面荷载：轴心垂直力 $N = 5200\,kN$，弯矩 $M = 840\,kN \cdot m$，水平力 $H = 96\,kN$。地基土为一般黏性土，第一层厚 $2\,m$（自河床算起），$\gamma = 19.0\,kN/m^3$，$e = 0.9$，$I_L = 0.8$；第二层厚 $5\,m$，$\gamma = 19.5\,kN/m^3$，$e = 0.45$，$I_L = 0.35$，低水位在河床下 $1\,m$（第二层下为泥质页岩），试确定基础埋置深度及尺寸，并经过验算说明其合理性。

第3章 桩 基 础

内容提要和学习要求

当地基浅层土质不良，采用浅基础无法满足结构物对地基强度、变形和稳定性要求时，往往需要采用深基础。桩基础是一种应用广泛的深基础形式。

本章主要讨论单桩的类型和成桩工艺，桩的设计理论和设计方法，桩的承载力与桩体结构的检测技术。

通过本章的学习，要求掌握单桩的工作原理及确定单桩承载力的方法；掌握桩基在水平荷载下的性状，并能用"m"法计算水平荷载下桥梁与港口工程中单桩的桩身弯矩、桩侧土抗力及桩顶水平位移；了解群桩效应；了解桩基础设计步骤和方法；了解负摩阻力现象。

3.1 概述

一般建筑物应充分利用天然地基或人工地基的承载能力，尽量采用浅基础。但遇软弱土层较厚建筑物对地基的变形和稳定要求较高，或由于技术、经济等各种原因不宜采用浅基础时，就得采用桩基础。桩是一种埋入土中、截面尺寸比其长度小得多的细长构件，桩群的上部与承台连接而组成桩基础，通过桩基础把竖向荷载传递到地层深处坚实的土层上去，或把地震力等水平荷载传到承台和桩前方的土体中。房屋建筑工程的桩基础通常为低承台桩，如图3-1所示，其承台底面一般位于土面以下。

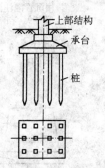

图3-1 低承台桩

从工程观点出发，桩可以用不同的方法分类。就其材料而言，有木桩、钢筋混凝土桩和钢桩。由于木材在地下水位变动部位容易腐烂，且其长度和直径受限制，承载力不高，目前已很少使用。近代主要制桩材料是混凝土和钢材，这里仅按桩的承载性状，施工方法及挤土效应进行分类。

随着高层和高耸建（构）筑物如雨后春笋般地涌现，桩的用量、类型、桩长、桩径等均以极快速度向纵深方面发展，从表3-1可以看出，桩的最大深度在我国已达104 m。桩的最大直径已达6 000 mm。这样大的深度与直径并非设计者的标新立异，而是上部结构与地质条件结合情况下势在必行的客观要求。建（构）筑物越高，则采用桩（墩）的可能性就越大。因为每增高一层，就相当于在地基上增加12～14 kPa的荷载，数十层的高楼所要求的承载力高的土层往往埋藏很深，因而常常要用桩将荷载传递到深部土层去。

表 3-1 我国各主要桩型应用概况

桩型	最大桩深/m	最大桩径/截面/mm	应用于建筑物层数 5 10 15 20 25 30 35 40 45 50 55 60 65 70 75 80 85 90	应用于基坑深/m	高耸塔架等	桥梁	码头等水工建筑
1. 钢管桩	83	1200	20——————90		√	√	√
2. 钻、冲孔灌注桩	104	4000	10——————80	6~18	√	√	√
3. 人工挖孔桩	53	4000	10————50	3~14		√	
4. 预制钢筋混凝土桩	75	600×600	5————35	6~9	√	√	√
5. 预应力混凝土管桩	65	1400	5————35			√	√
6. 沉管灌注桩	35	700	5———25	4~7			
7. 钻孔埋入预应力空心桩	50	6000				√	
8. 水泥土和加筋水泥木桩	37	700		3~15	√		

注:1. 表列桩型选用时主要视地质条件、结构特点、荷载大小、沉降要求、施工环境、工程进度、经济指标等因素综合考虑而定,也可能受当时当地施工经验和设备供应等因素影响;
2. 钢管桩用量迄今累计约6万根(不完全统计);最大桩深用于上海金茂大厦;
3. 机械成孔灌注桩每年用量约达50万根左右,最大桩深用于黄河山东北镇大桥、厦门昌林大厦;
4. 人工挖孔桩,据统计在广东惠州等地占了当地用桩总量的50%以上;
5. 预制桩的桩长与截面之比最大达140(浙江温州);
6. 预应力管桩的年生产能力,仅广东省已达约1200万米;
7. 用沉管灌注桩建造的建筑物累计已达数亿平方米;
8. 据1994年前竣工的100幢桩基高层建筑统计,采用钻、冲孔桩者占37%,预制钢筋混凝土桩占32%,人工挖孔桩占20%,钢管桩占6%,预应力管桩占5%;
9. φ700 mm的水泥土搅拌桩应用于南京炼油厂油罐地基加固。桩身轴力传递有效长度达25 m;加筋水泥土桩已在上海、武汉等地代替传统的地下连续墙。

3.1.1 桩基础的组成及特点

桩基础可以是单根桩(如一柱一桩的情况),也可以是单排桩或多排桩。对于双(多)柱式桥墩单排桩基础,当桩外露在地面上较高时,桩间以横系梁相连,以加强各桩的横向联系。多数情况下桩基础是由多根桩组成的群桩基础,基桩可全部或部分埋入地基土中。群桩基础中所有桩的顶部由承台联成一整体,在承台上再修筑墩身或台身及上部结构,如图3-2所示。承台的作用是将外力传递给各桩并将各桩联成一整体共同承受外荷载。基桩的作用在于穿过软弱的压缩性土层或水,使桩底坐落在更密实的地基持力层上。各桩所承受的荷载由桩通过桩侧土的摩阻力及桩端土的抵抗力将荷载传递到

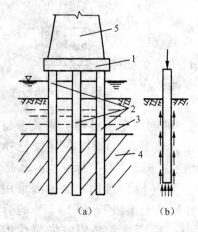

图 3-2 桩基础
1-承台;2-基桩;3-松软土层;
4-持力层;5-墩身

桩周土及持力层中,如图3-2(b)所示。

桩基础如设计正确,施工得当,它具有承载力高、稳定性好、沉降量小而均匀,在深基础中具有耗用材料少、施工简便等特点。在深水河道中,可避免(或减少)水下工程,简化施工设备和技术要求,加快施工速度并改善工作条件。近代在桩基础的类型、沉桩机具和施工工艺以及桩基础理论等方面都有了很大发展,不仅便于机械化施工和工厂化生产,而且能以不同类型桩基础的施工方法适应不同的水文地质条件、荷载性质和上部结构特征,因此,桩基础具有较好的适应性。

3.1.2 桩基础的适用条件

在下列情况下可考虑采用桩基础:

(1) 荷载较大,地基上部土层软弱,适宜的地基持力层位置较深,采用浅基础或人工地基在技术上、经济上不合理时。

(2) 河床冲刷较大,河道不稳定或冲刷深度不易计算正确,位于基础或结构物下面的土层有可能被侵蚀、冲刷,如采用浅基础不能保证基础安全时。

(3) 当地基计算沉降过大或建筑物对不均匀沉降敏感时,采用桩基础穿过松软(高压缩)土层,将荷载传到较坚实(低压缩性)土层,以减少建筑物沉降并使沉降较均匀。

(4) 当建筑物承受较大的水平荷载,需要减少建筑物的水平位移和倾斜时。

(5) 当施工水位或地下水位较高,采用其他深基础施工不便或经济上不合理时。

(6) 地震区,在可液化地基中,采用桩基础可增加建筑物抗震能力,桩基础穿越可液化土层并伸入下部密实稳定土层,可消除或减轻地震对建筑物的危害。

以上情况也可以采用其他形式的深基础,但桩基础由于耗材少、施工快速简便,往往是优先考虑的深基础方案。

当上层软弱土层很厚,桩底不能达到坚实土层时,此时桩长较大,桩基础稳定性稍差,沉降量也较大;而当覆盖层很薄,桩的入土深度不能满足稳定性要求时,则不宜采用桩基础。设计时应综合分析上部结构特征、使用要求、场地水文地质条件、施工环境及技术力量等,经多方面比较,以确定适宜的基础方案。

3.1.3 桩基础的分类

1. 按承台位置分类

桩基础按承台位置,可分为高桩承台基础(简称高桩承台)和低桩承台基础(简称低桩承台),如图3-3所示。

高桩承台的承台底面位于地面(或冲刷线)以上,低桩承台的承台底面位于地面(或冲刷线)以下。高桩承台的结构特点是基桩部分桩身沉入土中,部分桩身外露在地面以上(称为桩的自由长度),而

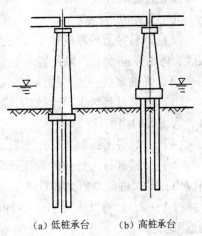

(a) 低桩承台　　(b) 高桩承台

图3-3 高桩承台和低桩承台

低桩承台则基桩全部沉入土中（桩的自由长度为零）。

高桩承台由于承台位置较高或设在施工水位以上，可减少墩台的圬工数量，避免或减少水下作业，施工较为方便。然而，在水平力的作用下，由于承台及基桩露出地面的一段自由长度周围无土来共同承受水平外力，基桩的受力情况较为不利，桩身内力和位移都比同样水平外力作用下的低桩承台要大，其稳定性也比低桩承台差。

近年来由于大直径钻孔灌注桩的采用，桩的刚度、强度都较大，因而高桩承台在桥梁基础工程中已得到广泛采用。

2. 按施工方法分类

基桩的施工方法不同，不仅在于采用的机具设备和工艺过程的不同，而且将影响桩与桩周土接触边界处的状态，也影响桩土间的共同作用性能。桩的施工方法种类较多，但基本形式为沉桩（预制桩）和灌注桩。

1）沉桩（预制桩）

沉桩是按设计要求在地面良好条件下制作的（长桩可在桩端设置钢板、法兰盘等接桩构造，分节制作），桩体质量高，可大量工厂化生产，加速施工进度。

（1）打入桩（锤击桩）。打入桩是通过锤击（或以高压射水辅助）将各种预先制好的桩（主要是钢筋混凝土实心桩或管桩，也有木桩或钢桩）打入地基内达到所需要的深度。这种施工方法适用于桩径较小（一般直径在 0.60 m 以下），地基土质为砂性土、塑性土、粉土、细砂以及松散的不含大卵石或漂石的碎卵石类土的情况。

（2）振动下沉桩。振动法沉桩是将大功率的振动打桩机安装在桩顶（预制的钢筋混凝土桩或钢管桩），利用振动力以减少土对桩的阻力，使桩沉入土中。它对于较大桩径，土的抗剪强度受振动时有较大降低的砂土等地基效果更为明显。《公路桥涵地基与基础设计规范》（JTG D63—2007）将打入桩及振动下沉桩均称为沉桩。

（3）静力压桩。在软塑黏性土中也可以用重力将桩压入土中称为静力压桩。这种压桩施工方法免除了锤击的振动影响，是在软土地区，特别是在不允许有强烈振动的条件下桩基础的一种有效施工方法。

沉桩具有以下特点。

（1）不易穿透较厚的砂土等硬夹层（除非采用预钻孔、射水等辅助沉桩措施），只能进入砂、砾、硬黏土、强风化岩层等坚实持力层不大的深度。

（2）沉桩方法一般采用锤击，由此产生的振动、噪声污染必须加以考虑。

（3）沉桩过程产生挤土效应，特别是在饱和软黏土地区沉桩可能导致周围建筑物、道路、管线等的损失。

（4）一般说来预制桩的施工质量较稳定。

（5）预制桩打入松散的粉土、砂砾层中，由于桩周和桩端土受到挤密，使桩侧表面法向应力提高，桩侧摩阻力和桩端阻力也相应提高。

（6）由于桩的贯入能力受多种因素制约，因而常常出现因桩打不到设计高程而截桩，造成浪费。

（7）预制桩由于承受运输、起吊、打击应力，需要配置较多钢筋，混凝土强度等级也要相应提高,因此其造价往往高于灌注桩。

2) 灌注桩

灌注桩是在现场地基中钻挖桩孔,然后在孔内放入钢筋骨架,再灌注桩身混凝土而成的桩。灌注桩在成孔过程中需采取相应的措施和方法来保证孔壁稳定和提高桩体质量。针对不同类型的地基土可选择适当的钻具设备和施工方法。

(1) 钻、挖孔灌注桩。钻孔灌注桩是指用钻(冲)孔机具在土中钻进,边破碎土体边出土渣而成孔,然后在孔内放入钢筋骨架,灌注混凝土而形成的桩。为了顺利成孔、成桩,需采用包括制备有一定要求的泥浆护壁、提高孔内泥浆水位、灌注水下混凝土等相应的施工工艺和方法。钻孔灌注桩的特点是施工设备简单、操作方便,适用于各种砂性土、黏性土,也适用于碎、卵石类土层和岩层。但对淤泥及可能发生流砂或承压水的地基,施工较困难,施工前应做试桩以取得经验。我国已施工的钻孔灌注桩的最大入土深度已达百余米。

依靠人工(用部分机械配合)在地基中挖出桩孔,然后与钻孔桩一样灌注混凝土而成的桩称为挖孔灌注桩。它的特点是不受设备限制,施工简单;桩径较大,一般大于 1.4 m。它适用于无水或渗水量小的地层;对可能发生流砂或含较厚的软黏土层地基施工较困难(需要加强孔壁支撑);在地形狭窄、山坡陡峻处可以代替钻孔桩或较深的刚性扩大基础。因能直接检验孔壁和孔底土质,所以能保证桩的质量。还可采用开挖办法扩大桩底,以增大桩底的支承力。

(2) 沉管灌注桩。沉管灌注桩系指采用锤击或振动的方法把带有钢筋混凝土桩尖或带有活瓣式桩尖(沉桩时桩尖闭合,拔管时活瓣张开)的钢套管沉入土层中成孔,然后在套管内放置钢筋笼,并边灌混凝土边拔套管而形成的灌注桩,也可将钢套管打入土中挤土成孔后向套管中灌注混凝土并拔出套管成桩。它适用于黏性土、砂性土、砂土地基。由于采用了套管,可以避免钻孔灌注桩施工中可能产生的流砂、塌孔的危害和由泥浆护壁所带来的排渣等弊病。但桩的直径较小,常用的尺寸在 0.6 m 以下,桩长常在 20 m 以内。在软黏土中由于沉管的挤压作用对邻桩有挤压影响,且挤压时产生的孔隙水压力易使拔管时出现混凝土桩缩颈现象。

各类灌注桩具有以下共同优点。

(1) 施工过程无大的噪声和振动(沉管灌注桩除外)。

(2) 可根据土层分布情况任意变化桩长;根据同一建筑物的荷载分布与土层情况可采用不同桩径;对于承受侧向荷载的桩,可设计成有利于提高横向承载力的异形桩,还可设计成变截面桩,即在受弯矩较大的上部采用较大的断面。

(3) 可穿过各种软、硬夹层,将桩端置于坚实土层和嵌入基岩,还可扩大桩底,以充分发挥桩身强度和持力层的承载力。

(4) 桩身钢筋可根据荷载与性质及荷载沿深度的传递特征,以及土层的变化配置。无需像预制桩那样配置起吊、运输、打击应力筋。其配筋率远低于预制桩,造价约为预制桩的 40%~70%。

3) 管柱基础

大跨径桥梁的深水基础,或在岩面起伏不平的河床上的基础,曾采用振动下沉施工方法建造管柱基础。它是将预制的大直径(直径 1~5 m 左右)钢筋混凝土或预应力钢筋混凝土或钢管柱（实质上是一种巨型的管桩，每节长度根据施工条件决定，一般采用4 m、8 m或10 m，接头用法兰盘和螺栓连接），用大型的振动沉桩锤沿导向结构将其振动下沉到基岩（一般以高压射水和吸泥机配合帮助下沉），然后在管柱内钻岩成孔，下放钢筋笼骨架，灌注混凝土，将管柱与岩盘牢固连接，如图3-4所示。管柱基础可以在深水及各种覆盖层条件下进行，没有水下作业和不受季节限制，但施工需要有振动沉桩锤、凿岩机、起重设备等大型机具，动力要求也高，所以在一般公路桥梁中很少采用。

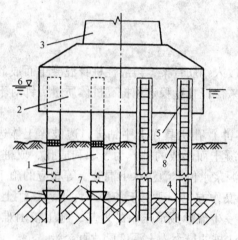

图3-4 管柱基础

1—管柱；2—承台；3—墩身；4—嵌固于岩层；
5—钢筋骨架；6—低水位；7—岩层；
8—覆盖层；9—钢管靴

4）钻孔空心桩

将预制桩壳预拼连接后，吊放沉入已成的桩孔内，然后进行桩侧填石压浆和桩底填石压浆而形成的预应力钢筋混凝土空心桩称为钻孔空心桩。

它适用于大跨径桥梁大直径（$D \geqslant 1.5 \text{ m}$）桩基础，通常与空心墩相配合，形成无承台大直径空心桩墩。

钻孔空心桩具有以下优点。

（1）直径可大达4～5 m而无需振动下沉管柱那样繁重的设备和困难的施工。

（2）水下混凝土的用量可减少40%，同时又可以减轻自重。

（3）通过桩周和桩底二次压注水泥浆来加固地基，使它与钻孔桩相比承载力可提高30%～40%。

（4）工程一开工后便可开始预制空心桩节，增加工程作业面，实现了基础工程部分工厂化，不但保证质量，还加快了工程进度。

（5）一般碎石压浆易于确保质量，不会有断桩的情况发生，即使个别桩节有缺陷，还可以在桩中空心部分重新处理，省去了水下灌注桩必不可少的"质检"环节。

（6）由于质量得到保证，在设计中就可以放心地采用大直径空心桩结构，取消承台，省去小直径群桩基础所需要的昂贵的围堰，达到较大幅度地降低工程造价的目的。

3. 按桩的设置效应分类

大量工程实践表明，成桩挤土效应对桩的承载力、成桩质量控制及环境等有很大影响，因此，根据成桩方法和成桩过程的挤土效应，将桩分为挤土桩、部分挤土桩和非挤土桩三类。

1）挤土桩

实心的预制桩、下端封闭的管桩、木桩以及沉管灌注桩在锤击或振入过程中都要将桩位处的土大量排挤开（一般把用这类方法设置的桩称为打入桩），因而使土的结构严重扰动破坏（重塑）。黏性土由于重塑作用使抗剪强度降低（一段时间后部分强度可以恢复），而原来处于疏松和稍密状态的无黏性土的抗剪强度则可提高。

2）部分挤土桩

底端开口的钢管桩、型钢桩和薄壁开口预应力钢筋混凝土桩等，打桩时对桩周土稍有排挤作用，但对土的强度及变形性质影响不大。由原状土测得的土的物理、力学性质指标一般仍可用于估算桩基承载力和沉降。

3）非挤土桩

先钻孔后打入的预制桩以及钻（冲、挖）孔灌注桩，在成孔过程中将孔中土体清除掉，不会产生成桩时的挤土作用。但桩周土可能向桩孔内移动，使得非挤土桩的承载力常有所减小。

在饱和软土中设置挤土桩，如果设计和施工不当，就会产生明显的挤土效应，导致未初凝的灌注桩桩身缩小乃至断裂，桩上涌和移位，地面隆起，从而降低桩的承载力，有时还会损坏邻近建筑物；桩基施工后，还可能因饱和软土中孔隙水压力消散，土层产生再固结沉降，使桩产生负摩阻力，降低桩基承载力，增大桩基沉降。挤土桩若设计和施工得当，又可收到良好的技术经济效果。

在不同的地质条件下，按不同方法设置的桩所表现的工程性状是复杂的，因此，目前在设计中还只能大致考虑桩的设置效应。

4. 按承载性状分类

建筑物荷载通过桩基础传递给地基。垂直荷载一般由桩底土层抵抗力和桩侧与土产生的摩阻力来支承。由于地基土的分层和其物理力学性质不同，桩的尺寸和设置在土中方法的不同，都会影响桩的受力状态。水平荷载一般由桩和桩侧土水平抗力来支承，而桩承受水平荷载的能力与桩轴线方向及斜度有关，因此，根据桩土相互作用特点，基桩可分为以下几类。

1）竖向受荷桩

（1）摩擦桩。桩穿过并支承在各种压缩性土层中，在竖向荷载作用下，基桩所发挥的承载力以侧向摩阻力为主时，统称为摩擦桩，如图3-5（a）所示。以下几种情况均可视为摩擦桩。

① 当桩端无坚实持力层且不扩底时。

② 当桩的长径比很大，即使桩端置于坚实持力层上，由于桩身直接压缩量过大，传递到桩端的荷载较小时。

③ 当预制桩沉桩过程由于桩距小、桩数多、沉桩速度快，使已沉入桩上涌，桩端阻力明显降低时。

（2）端承桩（也称为柱桩）。端承穿过较松软土层，桩底支承在坚实土层（砂、砾石、卵石、坚硬老黏土等）或岩层中，且桩的长径比不太大时，在竖向荷载作用下，基桩所发挥的承载力以桩底土层的抵抗力为主时，称为端承桩或柱桩，如图3-5（b）所示。按照我国习惯，端承桩是专指桩底支

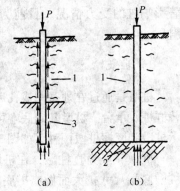

图3-5 端承桩和摩擦桩
1-软弱土层；2-岩层或硬土层；
3-中等土层

承在基岩上的桩。

端承桩承载力较大，较安全可靠，基础沉降也小，但如岩层埋置很深，就需采用摩擦桩。端承桩和摩擦桩由于它们在土中的工作条件不同，其与土的共同作用特点也就不同，因此在设计计算时所采用的方法和有关参数也不一样。

2）横向受荷桩

（1）主动桩。桩顶受横向荷载，桩身轴线偏离初始位置，桩身所受土压力因桩主动变位而产生。风力、地震力、车辆制动力等作用下的建筑物桩基属于主动桩。

（2）被动桩。沿桩身一定范围内承受侧向压力，桩身轴线被该土压力作用而偏离初始位置。深基坑支挡桩、坡体抗滑桩、堤岸护桩等均属于被动桩。

（3）竖直桩与斜桩。按桩轴方向可分为竖直桩、单向斜桩和多向斜桩等，如图3-6所示。在桩基础中是否需要设置斜桩，斜度如何确定，应根据荷载的具体情况而定。一般结构物基础承受的水平力常较竖直力小得多，且现已广泛采用的大直径钻、挖孔灌注桩具有一定的抗剪强度，因此，桩基础常采用竖直桩。拱桥墩台等结构物桩基础往往需设斜桩，以承受上部结构传来的较大水平推力，减小桩身弯矩、剪力和整个基础的侧向位移。

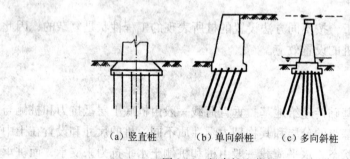

（a）竖直桩　　（b）单向斜桩　　（c）多向斜桩

图3-6　竖直桩和斜桩

斜桩的桩轴线与竖直线所成倾斜角的正切不宜小于1/8，否则斜桩施工斜度误差将显著影响桩的受力情况。目前为了适应拱台推力，有些拱台基础已采用倾斜角大于45°的斜桩。

3）桩墩

桩墩是通过在地基中成孔后灌注混凝土形成的大口径断面柱形深基础，即以单个桩墩代替群桩及承台。桩墩基础底端可支承于基岩之上，也可嵌入基岩或较坚硬土层之中，分为端承桩墩和摩擦桩墩两种，如图3-7所示。

桩墩一般为直柱形，在桩墩底土较坚硬的情况下为使桩墩底承受较大的荷载，也可将桩墩底端尺寸扩大而做成扩底桩墩［图3-7（b）］。桩墩断面形状常为圆形，其直径不小于0.8m。桩墩一般为钢筋混凝土结构，当桩墩受力很大时也可用钢套筒或钢核桩墩［图3-7（b）、（c）］。

桩墩的受力分析与基桩相类似，但桩墩的断面尺寸较大而且有较高的竖向承载力和可承受较大的水平荷载。对于扩底桩墩还具有抵抗较大上拔力的能力。

对于上部结构传递的荷载较大且要求基础墩身面积较小时的情况，可考虑桩墩深基础方

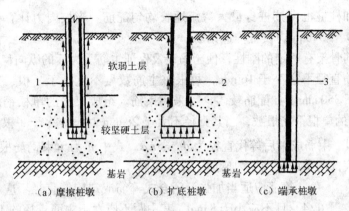

图 3-7 桩墩
1—钢筋；2—钢套筒；3—钢核

案。桩墩的优点在于墩身面积小、美观、施工方便、经济，但外力太大时，纵向稳定性较差，对地基要求也高，所以在选定方案时尤其受较大船撞力的河流中应用此类型桥墩更应注意。

4）按桩身材料分类

（1）钢桩。钢桩可根据荷载特征制作成各种有利于提高承载力的断面。其抗冲击性能好、节头易于处理、运输方便、施工质量稳定，还可根据弯矩沿桩身的变化情况局部加强其断面刚度和强度。钢桩的最大缺点是造价高和存在锈蚀问题。

（2）钢筋混凝土桩。钢筋混凝土桩的配筋率较低（一般为 0.3%～1.0%），而混凝土取材方便、价格便宜、耐久性好。钢筋混凝土桩既可预制又可现浇（灌注桩），还可采用预制与现浇组合，适用于各种地层，成桩直径和长度可变范围大。因此，桩基工程的绝大部分是钢筋混凝土桩，桩基工程的主要研究对象和主要发展方向也是钢筋混凝土桩。

3.2 桩与桩基础的构造

不同材料、不同类型的桩基础具有不同的构造特点，为了保证桩的质量和桩基础的正常工作能力，在设计桩基础时应满足其构造的基本要求。现仅以目前国内公路桥涵工程中最常用的桩与桩基础的构造特点及要求简述如下。

3.2.1 各种基桩的构造

1. 钢筋混凝土钻（挖）孔灌注桩

采用就地灌注的钻（挖）孔钢筋混凝土桩，桩身常为实心断面。钻孔桩设计直径不宜小于 0.8 m；挖孔桩直径或最小边宽不宜小于 1.2 m。桩身混凝土强度等级不应低于 C25，对仅承受竖直力的基桩可用 C20（但水下混凝土仍不应低于 C25）。

桩内钢筋应按照桩身内力和抗裂性的要求布设，长摩擦桩应根据桩身弯矩分布情况分段配筋，短摩擦桩和柱桩也可按桩身最大弯矩通长均匀配筋。当按内力计算桩身不需要配筋时，应在桩顶 3.0～5.0 m 内设置构造钢筋。

为了保证钢筋骨架有一定的刚性，便于吊装及保证主筋受力后的纵向稳定，桩内主筋不宜过细过少。主筋直径不宜小于 16 mm，每根桩主筋数量不宜少于 8 根，其净距不宜小于 80 mm 且不应大于 350 mm。如配筋较多，可采用束筋。组成束筋的单根钢筋直径不应大于 36 mm，组成束筋的单根钢筋根数，当其直径不大于 28 mm 时不应多于 3 根，当其直径大于 28 mm 时应为 2 根。束筋成束后等代直径为 $d_e = \sqrt{n}d$，式中 n 为单束钢筋根数，d 为单根钢筋直径。钢筋笼底部的主筋宜稍向内弯曲，作为导向。

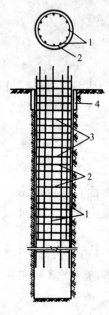

图 3-8　钢筋混凝土灌注桩
1—主筋；2—箍筋；
3—加强箍；4—护筒

箍筋应适当加强，闭合式箍筋或螺旋筋直径不应小于主筋直径的 1/4，且不应小于 8 mm，其中距不应大于主筋直径的 15 倍且不应大于为 300 mm。对于直径较大的桩或较长的钢筋骨架，可在钢筋骨架上每隔 2.0～2.5 m 设置一道加劲箍筋（直径为 16～32 mm），如图 3-8 所示。钢筋笼四周应设置突出的定位钢筋、定位混凝土块，或采用其他定位措施。主筋保护层厚度一般不应小于 60 mm。

钻（挖）孔桩的柱桩根据桩底受力情况如需嵌入岩层时，嵌入深度应根据计算确定，并不得小于 0.5 m。

钻孔灌注桩常用的含筋率为 0.2%～0.6%，较一般预制钢筋混凝土实心桩、管桩与管柱均低。

实践中也有工程采用大直径的空心钢筋混凝土就地灌注桩，是进一步发挥材料潜力、节约水泥的措施。

2. 钢筋混凝土预制桩

沉桩（打入桩和振动下沉桩）采用预制的钢筋混凝土桩，有实心的圆桩和方桩（少数为矩形桩），有空心的管桩，另外还有管柱（用于管柱基础）。

普通钢筋混凝土方桩可以就地灌注预制。通常当桩长在 10 m 以内时横断面为 0.30 m×0.30 m，桩身混凝土强度不低于 C25，桩身配筋应按制造、运输、施工和使用各阶段的内力要求通长配筋。主筋直径一般为 19～25 mm；箍筋直径为 6～8 mm，间距为 10～20 mm；桩的两端和接桩区箍筋或螺旋筋的间距须加密，其值可取 40～50 mm。由于桩尖穿过土层时直接受到正面阻力，应在桩尖处把所有的主筋弯在一起并焊在一根芯棒上。桩头直接受到锤击，故在桩顶需设方格网片三层以加增桩头强度。钢筋保护层厚度不小于 35 mm。桩内需预埋直径为 20～25 mm 的钢筋吊环，吊点位置通过计算确定，如图 3-9 所示。

钢筋混凝土管桩由工厂以离心旋转机生产，有普通钢筋混凝土或预应力钢筋混凝土两种，直径可采用 0.4～0.8 m，管壁最小厚度不宜小于 80 mm，桩身混凝土强度为 C25～C40，填芯混凝土不应低于 C15。每节管桩两端装有连接钢盘（法兰盘）以供接长。

管柱实质上是一种大直径薄壁钢筋混凝土圆管节，在工厂分节制成，施工时逐节用螺栓接成，它的组成部分是法兰盘、主钢筋、螺旋筋、管壁（不低于 C25，厚 100～140 mm），

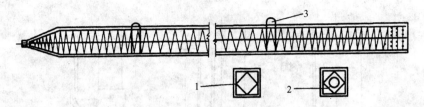

图 3-9 预制钢筋混凝土方桩
1-实心方桩；2-空心方桩；3-吊环

最下端的管柱具有钢刃脚，用薄钢板制成。我国常用的管柱直径为 1.50～5.80 m，一般采用预应力钢筋混凝土管柱。

钢筋混凝土预制桩柱的分节长度，应根据施工条件决定，并应尽量减少接头数量。接头强度不应低于桩身强度，并有一定的刚度以减少锤振能量的损失。接头法兰盘的平面尺寸不得突出管壁之外，在沉桩时和使用过程中接头不应松动和开裂。

3. 钢桩

钢桩的形式很多，主要的有钢管型和 H 型钢桩，其材质应符合国家现行有关规范、标准规定。钢桩具有强度高，能承受强大的冲击力和获得较高的承载力；其设计的灵活性大，壁厚、桩径的选择范围大，便于割接，桩长容易调节；轻便、易于搬运，沉桩时贯入能力强、速度较快，可缩短工期，且排挤土量小，对邻近建筑影响小，也便于小面积内密集的打桩施工。其主要缺点是用钢量大，成本昂贵，在大气和水土中钢材具有腐蚀性。目前，我国只在一些重要工程中使用钢桩。

分节钢桩应采用上下节桩对焊连接。若按需要为了提高钢管桩承受桩锤冲击力和穿透或进入坚硬地层的能力，可在桩顶和桩底端管壁设置加强箍。钢桩焊接接头应采用等强度连接，使用的焊条、焊丝和焊剂应符合国家现行有关规范、标准规定。

钢桩的端部形式，应根据桩所穿越的土层、桩端持力层性质、桩的尺寸、挤土效应等因素综合考虑确定。

H 型钢桩桩端形式有带端板的和不带端板（平底、锥底）的。

钢管桩按桩端构造可分为开口桩（带加强箍、不带加强箍）和闭口桩（平底、锥底）两类，如图 3-10 所示。

开口钢管桩穿透土层的能力较强，但沉桩过程中桩底端的土将涌入钢管内腔形成土芯。当土芯的自重和惯性力及其与管内壁间的摩阻力之和超过底面土反力时，将阻止进一步涌入而形成"土塞"，此时开口桩就像闭口桩一样贯入土中，土芯长度也不再增长。"土塞"形成和土芯长度与地基土性质和桩径密切有关，它对桩端承载能力和桩侧挤土程度均会有影响，在确定钢管桩承载力时应考虑这种影响。开口桩进入砂层时的闭塞效应较明显，宜选择砂层作为开口桩的持力层，并使桩底端进入砂层一定深度。

钢管桩的分段长度宜按施工条件确定，一般不宜超过 12～15 m，常用直径为 400～1 000 mm。钢管桩的设计厚度由有效厚度和腐蚀厚度两部分组成。有效厚度为管壁在外力作用下所需要的厚度，可按使用阶段的应力计算确定。腐蚀厚度为建筑物在使用年限内管壁腐蚀所需要的厚度，可通过钢桩的腐蚀情况实测或调查确定，无实测资料时，海水环境中钢桩

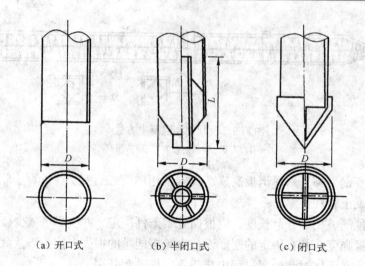

(a) 开口式　　　(b) 半闭口式　　　(c) 闭口式

图 3-10　钢管桩的端部构造形式

的单面年平均腐蚀速率可参考表 3-2 确定。其他条件下，在平均低水位以上，年平均腐蚀速率可取 0.06 mm/年；平均低水位以下，年平均腐蚀速率可取 0.03 mm/年。

表 3-2　海水环境中钢桩单面年平均腐蚀速率

部　位	平均腐蚀速率/(mm/年)	部　位	平均腐蚀速率/(mm/年)
大气区	0.05~0.1	水位变动区、水下区	0.12~0.20
浪溅区	0.20~0.50	泥下区	0.05

注：1. 表中年平均腐蚀速率适用于 pH=4~10 的环境条件，对有严重污染的环境，应适当加大；
　　2. 对水质含盐量层次分明的河口或年平均气温高、波浪大和流速大的环境，其对应部位的年平均腐蚀速率应适当加大。

钢桩防腐处理可采用外表涂防腐层、增加腐蚀余量及阴极保护等方法。当钢管桩内壁同外界隔绝时，可不考虑内壁防腐。

3.2.2　承台和横系梁的构造

对于多排桩基础，桩顶由承台连接成为一个整体。承台的平面尺寸和形状应根据上部结构（墩、台身）底截面尺寸和形状以及基桩的平面布置而定，一般采用矩形和圆端形。

承台厚度应保证承台有足够的强度和刚度，公路桥梁墩台多采用钢筋混凝土或混凝土刚性承台（承台本身材料的变形远小于其位移），其厚度宜为桩径的 1.0 倍及以上，且不宜小于 1.5 m。混凝土强度等级不宜低于 C25。对于空心墩台的承台，应验算承台强度并设置必要的钢筋，承台厚度也可不受上述限制。

承台的受力情况比较复杂，为了使承台受力较为均匀并防止承台因桩顶荷载作用发生破碎和断裂，当桩顶直接埋入承台连接时，应在每根桩的顶面上设 1~2 层钢筋网。当桩顶主筋伸入承台时，承台在桩身混凝土顶端平面内设置一层钢筋网，钢筋纵桥向和横桥向每 1 m 宽度内可采用钢筋截面积 1 200~1 500 mm² （钢筋直径为 12~16 mm），钢筋网在越过桩顶钢筋处不应截断,并应与桩顶主筋连接,如图 3-11 所示。承台的顶面和侧面应设置表层钢筋网,每个面在两个方向的截面面积均不宜小于 400 mm²/m,钢筋间距不应大于 400 mm。

对于双柱式或多柱式墩(台)单排桩基础,在桩之间为加强横向联系而设有横系梁时,一般认为横系梁不直接承受外力,可不作内力计算,横系梁的高度可取为 0.8～1.0 倍的桩径,宽度可取为 0.6～1.0 倍的桩径。混凝土强度等级不宜低于 C25。纵向钢筋不应少于横系梁截面面积的 0.15%;箍筋直径不应小于 8 mm,其间距不应大于 400 mm。

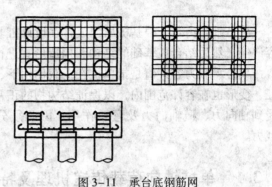

图 3-11 承台底钢筋网

3.2.3 桩与承台、横系梁的连接

桩与承台的连接,钻(挖)孔灌注桩桩顶主筋宜伸入承台,桩身嵌入承台内的深度可采用 100 mm(盖梁式承台,桩身可不嵌入);伸入承台的桩顶主筋可做成喇叭形(约与竖直线倾斜 15°;若受构造限制,主筋也可不作成喇叭形),如图 3-12(a)、(b)所示。伸入承台的钢筋锚固长度应符合结构规范,光圆钢筋不应小于 30 倍钢筋直径(设弯钩),带肋钢筋不应小于 35 倍钢筋直径(不设弯钩),并设箍筋。

对于不受轴向拉力的打入桩可不破桩头,将桩直接埋入承台内,如图 3-12(c)所示。桩顶直接埋入承台的长度,对于普通钢筋混凝土桩及预应力混凝土桩,当桩径(或边长)小于 0.6 m 时不应小于 2 倍桩径或边长,当桩径(或边长)为 0.6～1.2 m 时不应小于 1.2 m;当桩径(或边长)大于 1.2 m 时,埋入长度不应小于桩径(或边长)。

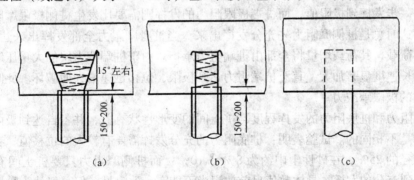

图 3-12 桩与承台的连接(尺寸单位:mm)

对于大直径灌注桩,当采用一柱一桩时,可设置横系梁或将桩与柱直接连接。横系梁的主钢筋应伸入桩内,其长度不小于 35 倍主筋直径。

当管柱与承台连接时,伸入承台内的纵向钢筋如采用插筋,插筋数量不应少于 4 根,直径不应小于 16 mm,锚入承台长度不宜小于 35 倍钢筋直径,插入管桩顶填蕊混凝土长度不宜小于 1.0 m。

3.3 单桩承载力的确定

桩基础是由若干根基桩所组成，在设计桩基础时，应从分析单桩入手，确定单桩承载力容许值，然后结合桩基础的结构和构造形式进行基桩受力分析计算。

单桩承载力容许值是指单桩在荷载作用下，地基土和桩本身的强度和稳定性均能得到保证，变形也在容许范围内，以保证结构物的正常使用所能承受的最大荷载。一般情况下，桩受到轴向力、横轴向力及弯矩作用，因此须分别研究和确定单桩轴向承载力和横轴向承载力。

3.3.1 单桩轴向荷载传递机理及特点

桩的承载力是桩与土共同作用的结果，了解单桩在轴向荷载作用下桩土间的传力途径和单桩承载力的构成特点及其发展过程，以及单桩破坏机理等基本概念，将对正确确定单桩轴向承载力具有指导意义。

1. 荷载传递过程与土对桩的支承力

当轴向荷载逐步施加于单桩桩顶，桩身上部受到压缩而产生相对于土的向下位移，与此同时桩侧表面就会受到土的向上摩阻力。桩顶荷载通过所发挥出来的桩侧摩阻力传递到桩周土层中去，致使桩身轴力和桩身压缩变形随深度递减。在桩土相对位移等于零处，其摩阻力尚未开始发挥作用而等于零。随着荷载增加，桩身压缩量和位移量增大，桩身下部的摩阻力随之逐步调动起来，桩底土层也因受到压缩而产生桩端阻力。因此，可以认为土对桩的支撑力是由桩侧摩阻力和桩端阻力两部分组成。桩端土层的压缩加大了桩土相对位移，从而使桩身摩阻力进一步发挥到极限值，而桩端极限阻力的发挥则需要比发生桩侧极限摩阻力大得多的位移值，这时总是桩侧摩阻力先充分发挥出来。当桩身摩阻力全部发挥出来达到极限后，若继续增加荷载，其荷载增量将全部由桩端阻力承担。由于桩端持力层的大量压缩和塑性挤出，位移增长速度显著加大，直至桩端阻力达到极限，位移迅速增大而破坏。此时桩所受的荷载就是桩的极限承载力。

桩侧摩阻力和桩底阻力的发挥程度与桩土间的变形性状有关，并各自达到极限值时所需要的位移量是不相同的。试验表明：桩底阻力的充分发挥需要有较大的位移值，在黏性土中约为桩底直径的25%，在砂性土中约为8%~10%；而桩侧摩阻力只要桩土间有不太大的位移就能得到充分的发挥，具体数值目前认识尚不能有一致意见，但一般认为黏性土为4~6mm，砂性土为6~10mm。因此在确定桩的承载力时，应考虑这一特点。端承桩由于桩底位移很小，桩侧摩阻力不易得到充分发挥。对于柱桩，桩底阻力占桩支承力的绝大部分，桩侧摩阻力很小常忽略不计。但对较长的柱桩且覆盖层较厚时，由于桩身的弹性压缩较大，也足以使桩侧摩阻力得以发挥，对于这类柱桩国内已有规范建议可予以计算桩侧摩阻力。对于很长桩的摩擦桩，也因桩身压缩变形大，桩底反力尚未达到极限值，桩顶位移已超过使用要求所容许的范围，且传递到桩底的荷载也很微小，此时确定桩的承载力时桩底极限阻力不宜取值过大。

2. 桩侧摩阻力的影响因素及其分布

桩侧摩阻力除与桩土间的相对位移有关，还与土的性质、桩的刚度、时间因素和土中应力状态以及桩的施工方法等因素有关。

桩侧摩阻力实质上是桩侧土的剪切问题。桩侧土极限摩阻力值与桩侧土的剪切强度有关，随着土的抗剪强度的增大而增加。而土的抗剪强度又取决于其类别、性质、状态和剪切面上的法向应力。不同类别、性质、状态和深度处的桩侧土将具有不同的桩侧摩阻力。

从位移角度分析，桩的刚度对桩侧土摩阻力也有影响。桩的刚度较小时，桩顶截面的位移较大而桩底较小，桩顶处桩侧摩阻力常较大；当桩刚度较大时，桩身各截面位移较接近，由于桩下部侧面土的初始法向应力较大，土的抗剪强度也较大，以致桩下部桩侧摩阻力大于桩上部。

由于桩底地基土的压缩是逐渐完成的，因此桩侧摩阻力所承担荷载将随时间由桩身上部向桩下部转移。在桩基施工过程中及完成后桩侧土的性质、状态在一定范围内会有变化，影响桩侧摩阻力，并且往往也有时间效应。

影响桩侧摩阻力的诸因素中，土的类别、性状是主要因素。在分析基桩承载力时，各因素对桩侧摩阻力大小与分布的影响，应分别情况予以注意。例如，在塑性状态黏性土中打桩，在桩侧造成对土的扰动，再加上打桩的挤压影响会在打桩过程中使桩周围土内孔隙水压力上升，土的抗剪强度减低，桩侧摩阻力变小。待打桩完成经过一段时间后，超孔隙水压力逐渐消散，再加上黏土的触变性质，使桩周围一定范围内的抗剪强度不但能得到恢复，而且往往还可能超过其原来强度，桩侧摩阻力得到提高。在砂性土中打桩时，桩侧摩阻力的变化与砂土的初始密度有关，如密实砂性土有剪胀性会使摩阻力出现峰值后有所下降。

桩侧摩阻力的大小及其分布决定着桩身轴向力随深度的变化及数值，因此掌握桩侧摩阻力的分布规律，对研究和分析桩的工作状态有重要作用。由于影响桩侧摩阻力的因素即桩土间的相对位移、土中的侧向应力及土质分布及性状均随深度变化，因此要精确地用物理力学方程描述桩侧摩阻力沿深度的分布规律较复杂，只能用试验研究方法，即桩在承受竖向荷载过程中，量测桩身内力或应变，计算各截面轴力，求得侧阻力分布或端阻力值。现以图3-13所示两例来说明其分布变化，其曲线上的数字为相应桩顶荷载。在黏性土中沉桩（预制桩）的桩侧摩阻力沿深度分布的形状近乎抛物线，在桩顶处的摩阻力等于零，桩身中段处的摩阻力比桩的下段大；而钻孔灌注桩的施工方法与沉桩不同，其桩侧摩阻力将具有某些不同于沉桩的特点，从图中可见，从地面起的桩侧摩阻力呈线性增加，其深度仅为桩径的5～10倍，而沿桩长的摩阻力分布则比较均匀。为简化起见，现常近似假设沉桩侧摩阻力在地面处为零，沿桩入土深度呈线性分布，而对钻孔灌注桩则近似假设桩侧摩阻力沿桩身均匀分布。

3. 桩底阻力的影响因素及其深度效应

桩底阻力与土的性质、持力层上覆荷载（覆盖土层厚度）、桩径、桩底作用力、时间及桩底进入持力层深度等因素有关，其主要影响因素仍为桩底地基土的性质。桩底地基土的受压刚度和抗剪强度大，则桩底阻力也大，桩底极限阻力取决于持力层土的抗剪强度和上覆荷载及桩径大小。由于桩底地基土层的受压固结作用是逐渐完成的，因此随着时间的增长，桩

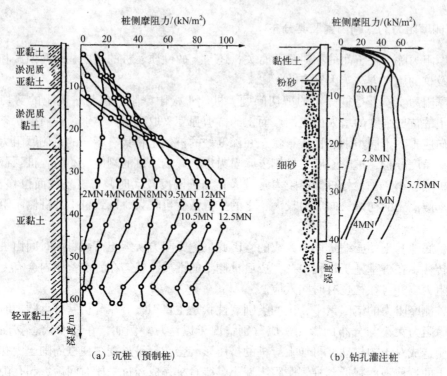

图 3-13 桩侧摩阻力分布曲线

底土层的固结强度和桩底阻力也相应增长。

模型和现场的试验研究表明，桩的承载力（主要是桩底阻力）随着桩的入土深度，特别是进入持力层的深度而变化，这种特性称为深度效应。

桩底端进入持力砂土层或硬黏土层时，桩的极限阻力随着进入持力层的深度线性增加。达到一定深度后，桩底阻力的极限值保持稳值。这一深度称为临界深度 h_c，它与持力层的上覆荷载和持力层土的密度有关。上覆荷载越小、持力层土密度越大，则 h_c 越大。当持力层下存在软弱土层时，桩底距下卧软弱层顶面的距离 t 小于某一值 t_c 时，桩底阻力将随着 t 的减小而下降。t_c 称为桩底硬层临界厚度。持力层土密度越高、桩径越大，则 t_c 越大。

由此可见，对于以夹于软层中的硬层作桩底持力层时，要根据夹层厚度，综合考虑基桩进入持力层的深度和桩底硬层的厚度。

4. 单桩在轴向受压荷载作用下的破坏模式

轴向受压荷载作用下，单桩的破坏是由地基土强度破坏或桩身材料强度破坏所引起，而以地基土强度破坏居多。以下介绍工程实践中常见的几种典型破坏模式（图 3-14）。

（1）当桩底支承在很坚硬的地层，桩侧土为软土层其抗剪强度很低时，桩在轴向受压荷载作用下，如同一受压杆件呈现纵向挠曲破坏，如图 3-14（a）所示。在荷载—沉降（$P—S$）曲线上呈现出明确的破坏荷载。桩的承载力取决于桩身的材料强度。

（2）当具有足够强度的桩穿过抗剪强度较低的土层而达到强度较高的土层时，桩在轴向受压荷载作用下，由于桩底持力层以上的软弱土层不能阻止滑动土楔的形成，桩底土体将形成滑动面而出现整体剪切破坏，如图 3-14（b）所示。在 $P—S$ 曲线上可见明确的破坏荷

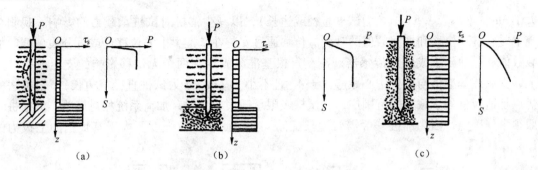

图 3-14 土强度对桩破坏模式的影响

载。桩的承载力主要取决于桩底土的支承力,桩侧摩阻力也起一部分作用。

(3) 当具有足够强度的桩入土深度较大或桩周土层抗剪强度较均匀时,桩在轴向受压荷载作用下,将出现刺入式破坏,如图 3-14 (c) 所示。根据荷载大小和土质不同,其 P—S 曲线通常无明显的转折点。桩所受荷载由桩侧摩阻力和桩底反力共同承担,一般摩擦桩或纯摩擦桩多为此类破坏,且基桩承载力往往由桩顶所允许的沉降量控制。

因此,桩的轴向受压承载力,取决于桩周土的强度或桩本身的材料强度。一般情况下桩的轴向承载力都是由土的支承能力控制的,对于柱桩和穿过土层土质较差的长摩擦桩,则两种因素均有可能是决定因素。

3.3.2 按土的支承力确定单桩轴向承载力容许值

在工程设计中,单桩轴向承载力容许值,是指单桩在轴向荷载作用下,地基土和桩本身的强度和稳定性均能得到保证,变形也在容许范围之内所容许承受的最大荷载,它是以单桩轴向极限承载力(极限桩侧摩阻力与极限桩底阻力之和)考虑必要的安全度后求得。

单桩轴向承载力容许值的确定方法较多,考虑到地基土具有多变性、复杂性和地域性等特点,往往需选用几种方法进行综合考虑和分析,合理确定单桩轴向承载力容许值。

1. 静载试验法

垂直静载试验法即在桩顶逐级施加轴向荷载,直至桩达到破坏状态为止,并在试验过程中测量每级荷载下不同时间的桩顶沉降,根据沉降与荷载及时间的关系,分析确定单桩轴向承载力容许值。

试桩可在已打好的工程桩中选定,也可专门设置与工程桩相同的试验桩。考虑到试验场地的差异及试验的离散性,试桩数目应不小于基桩总数的 2%,且不应少于 2 根;试桩的施工方法以及试桩的材料和尺寸、入土深度均应与设计桩相同。

1)试验装置

试验装置主要有加载系统和观测系统两部分。加载主要有堆载法与锚桩法(图 3-15)两种。堆载法是在荷载平台上堆放重物,一般为钢锭或砂包,也有在荷载平台上置放水箱,向水箱中充水作为荷载。堆载法适用于极限承载力较小的桩。锚桩法是在试桩周围布置 4 ~ 6 根锚桩,常适用于工程桩群。锚桩深度不宜小于试桩深度,且与试桩有一定距离,一般应

大于 $3d$ 且不小于 $1.5\,\mathrm{m}$（d 为试桩直径或边长），以减少锚桩对试桩承载力的影响。观测系统主要有桩顶位移和加载数值的观测。位移通过安装在基准梁上的位移计或百分表量测。加载数值通过油压表或压力传感器观测。每根基准梁固定在两个无位移影响的支点或基准点上，支点或基准桩与试桩中心距应大于 $4d$ 且不小于 $2\,\mathrm{m}$（d 为试桩直径或边长）。锚桩法的优点是适应桩的承载力的范围广，当试桩极限承载力较大时，加荷系统相对简单。但锚桩一般须事先确定，因为锚桩一般需要通长配筋，且配筋总抗拉强度要大于其负担的上拔力的 1.4 倍。

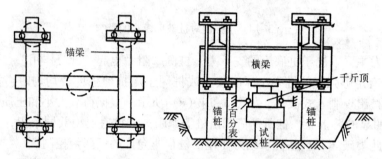

图 3-15　锚桩法试验装置

2）试验方法

试桩加载应分级进行，每级荷载约为预估破坏荷载的 $1/10 \sim 1/15$，有时也采用递变加载方式，开始阶段每级荷载取预估破坏荷载的 $1/2.5 \sim 1/5$，终了阶段取 $1/10 \sim 1/15$。

测读沉降时间，在每级加荷后的第一小时内，按 2 min、5 min、15 min、30 min、45 min、60 min 测读一次，以后每隔 30 min 测读一次，直至沉降稳定为止。沉降稳定的标准，通常规定为对砂性土为 30 min 内不超过 0.1 mm；对黏性土为 1 h 内不超过 0.1 mm。待沉降稳定后，方可施加下一级荷载。循此加载观测，直到桩达到破坏状态，终止试验。

当出现下列情况之一时，一般认为桩已达破坏状态，所相应施加的荷载即为破坏荷载：

（1）桩的沉降量突然增大，总沉降量大于 40 mm，且本级荷载下的沉降量为前一级荷载下沉降量的 5 倍。

（2）本级荷载下桩的沉降量为前一级荷载下沉降量的 2 倍，且 24 h 桩的沉降未趋稳定。

3）极限荷载和轴向承载力容许值的确定

破坏荷载求得以后，可将其前一级荷载作为极限荷载，从而确定单桩轴向承载力容许值：

$$[R_\mathrm{a}] = \frac{P_\mathrm{j}}{K} \tag{3-1}$$

式中：$[R_\mathrm{a}]$——单桩轴向受压承载力容许值/kN；

　　　　P_j——试桩的极限荷载/kN；

　　　　K——安全系数，一般为 2。

实际上，在破坏荷载下，处于不同土层中的桩，其沉降量及沉降速率是不同的，人为地统一规定某一沉降值或沉降速率作为破坏标准，难以正确评价基桩的极限承载力，因此，宜根据试验曲线采用多种方法分析,以综合评定基桩的极限承载力。

(1) P—S 曲线明显转折点法。

在 P—S 曲线上,以曲线出现明显下弯转折点所对应的荷载作为极限荷载,如图 3-16 所示。因为当荷载超过该荷载后,桩底下土体达到破坏阶段发生大量塑性变形,引起桩发生较大或较长时间仍不停滞的沉降,所以在 P—S 曲线上呈现出明显的下弯转折点。然而,若 P—S 曲线转折点不明显,则极限荷载难以确定,需借助其他方法辅助判定,例如用对数坐标绘制 $\lg P$—$\lg S$ 曲线,可能使转折点显得明确些。

(2) S—$\lg t$ 法（沉降速率法）。

该方法是根据沉降随时间的变化特征来确定极限荷载,大量试桩资料分析表明,桩在破坏荷载以前的每级下沉量（S）与时间（t）的对数呈线性关系（图3-17）,可用公式表示为:

$$S = m \lg t \tag{3-2}$$

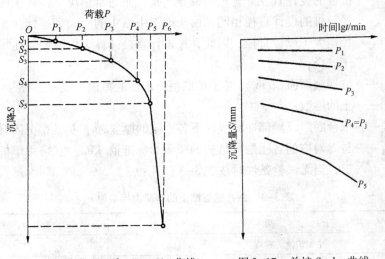

图 3-16　单桩荷载—沉降（P—S）曲线　　图 3-17　单桩 S—$\lg t$ 曲线

直线的斜率 m 在某种程度上反映了桩的沉降速率。m 值不是常数,它随着桩顶荷载的增加而增大,m 越大则桩的沉降速率越大。当桩顶荷载继续增大时,如发现绘得的 S—$\lg t$ 线不是直线而是折线时,则说明在该级荷载作用下桩沉降骤增,即地基土塑性变形骤增,桩呈现破坏。因此可将相应于 S—$\lg t$ 线形由直线变为折线的那一级荷载定为该桩的破坏荷载,其前一级荷载即为桩的极限荷载。

采用静载试验法确定单桩承载力容许值直观可靠,配合其他测试设备,还能较直接了解桩的荷载传递特征,提供有关资料,因此也是桩基础研究分析常用的试验方法。

2. 经验公式法

《公路桥涵地基与基础设计规范》（JTG D63—2007）规定了以经验公式计算单桩轴向承载力容许值的方法,这是一种简化计算方法。规范根据全国各地大量的静载试验资料,经过理论分析和统计整理,给出不同类型的桩,按土的类别、密实度、稠度、埋置深度等条件下有关桩侧摩阻力及桩底阻力的经验系数、数据及相应公式。以下各经验公式除特殊说明者外均适用于钢筋混凝土桩、混凝土桩及预应力混凝土桩。

1) 摩擦桩单桩轴向受压承载力容许值计算

钻（挖）孔灌注桩与沉桩，由于施工方法不同，根据试验资料所得桩侧摩阻力和桩底阻力数据不同，所给出的计算式和有关数据也不同。

(1) 钻（挖）孔灌注桩的轴向受压承载力容许值按下式计算：

$$[R_a] = \frac{1}{2}u\sum_{i=1}^{n}q_{ik}l_i + A_p q_r \tag{3-3}$$

$$q_r = m_0\lambda\left[[f_{a0}] + k_2\gamma_2(h-3)\right] \tag{3-4}$$

式中：$[R_a]$——单桩轴向受压承载力容许值/kN。桩身自重与置换土重（当自重计入浮力时，置换土重也计入浮力）的差值作为荷载考虑；

u——桩身周长/m。《公路桥涵地基与基础设计规范》（JTG D63—2007）中规定按桩的设计直径计算桩的桩身周长，而通常情况下，施工时选用的钻头直径与桩的设计直径相同，由于施工中钻头的摆动和碰撞，而实际的成孔直径稍大于设计直径，因此，按设计直径计算单桩轴向受压承载力容许值偏于安全；

A_p——桩端截面面积/m²。对于扩底桩，取扩底截面面积；

n——土的层数；

l_i——承台底面或局部冲刷线以下各土层的厚度/m，扩孔部分不计；

q_{ik}——与 l_i 对应的各土层与桩侧的摩阻力标准值/kPa。宜采用单桩摩阻力试验确定，当无试验条件时按表 3-3 选用；

表 3-3　钻孔桩桩侧土的摩阻力标准值 q_{ik}

土　类		q_{ik}/kPa
中密炉渣、粉煤灰		40~60
黏性土	流塑 $I_L > 1$	20~30
	软塑 $0.75 < I_L \leqslant 1$	30~50
	可塑、硬塑 $0 < I_L \leqslant 0.75$	50~80
	坚硬 $I_L \leqslant 0$	80~120
粉　土	中密	30~55
	密实	55~80
粉砂、细砂	中密	35~55
	密实	55~70
中　砂	中密	45~60
	密实	60~80
粗砂、砾砂	中密	60~90
	密实	90~140
圆砾、角砾	中密	120~150
	密实	150~180

续表

土　类		q_{ik}/kPa
碎石、卵石	中密	160～220
	密实	220～400
漂石、块石		400～600

注：挖孔桩的摩阻力标准值可参照本表采用。

q_r——桩端处土的承载力容许值/kPa。当持力层为砂土、碎石土时，若计算值超过下列值，宜按下列值采用：粉砂 1 000 kPa；细砂 1 150 kPa；中砂、粗砂、砾砂 1 450 kPa；碎石土 2 750 kPa；

$[f_{a0}]$——桩端处土的承载力基本容许值/kPa，参照第 2 章；

h——桩端的埋置深度/m。对于有冲刷的桩基，埋深由一般冲刷线起算；对无冲刷的桩基，埋深由天然地面线或实际开挖后的地面线起算；h 的计算值不大于 40 m，当大于 40 m 时，按 40 m 计算；

k_2——地基承载力随深度的修正系数。根据桩端处持力层土类按表 2-24 选用；

γ_2——桩端以上各土层的加权平均重度/(kN/m³)。若持力层在水位以下且不透水时，不论桩端以上土层的透水性如何，一律取饱和重度；当持力层透水时则水中部分土层取浮重度；

λ——修正系数，按表 3-4 选用；

m_0——清底系数，按表 3-5 选用。

表 3-4　修正系数 λ 值

桩端土情况	h/d		
	4～20	20～25	>25
透水性土	0.70	0.70～0.85	0.85
不透水性土	0.65	0.65～0.72	0.72

注：h 为桩的埋置深度，取值同式 (3-4)；d 为桩的设计直径。

表 3-5　清底系数 m_0 值

t/d	0.3～0.1
m_0	0.7～1.0

注：1. t、d 为桩端沉渣厚度和桩的直径；
　　2. $d \leqslant 1.5$ m 时，$t \leqslant 300$ mm；$d > 1.5$ m 时，$t \leqslant 500$ mm，且 $0.1 < t/d < 0.3$。

（2）沉桩的轴向受压承载力容许值按下式计算：

$$[R_a] = \frac{1}{2}(u\sum_{i=1}^{n} a_i l_i q_{ik} + \alpha_r A_p q_{rk}) \tag{3-5}$$

式中：$[R_a]$——单桩轴向受压承载力容许值/kN。桩身自重与置换土重（当自重计入浮力时，置换土重也计入浮力）的差值作为荷载考虑；

u——桩身周长/m；

n——土的层数；

l_i——承台底面或局部冲刷线以下各土层的厚度/m；

q_{ik}——与 l_i 对应的各土层与桩侧摩阻力标准值/kPa。宜采用单桩摩阻力试验确定或通过静力触探试验测定，当无试验条件时按表 3-6 选用；

表 3-6 沉桩桩侧土的摩阻力标准值 q_{ik}

土 类	状 态	摩阻力标准值 q_{ik}/kPa
黏性土	$1.5 \geq I_L \geq 1$	15～30
	$1 > I_L \geq 0.75$	30～45
	$0.75 > I_L \geq 0.5$	45～60
	$0.5 > I_L \geq 0.25$	60～75
	$0.25 > I_L \geq 0$	75～85
	$0 > I_L$	85～95
粉 土	稍密	20～35
	中密	35～65
	密实	65～80
粉、细砂	稍密	20～35
	中密	35～65
	密实	65～80
中 砂	中密	55～75
	密实	75～90
粗 砂	中密	70～90
	密实	90～105

注：表中土的液性指数 I_L 系按 76 g 平衡锥测定的数值。

表 3-7 沉桩桩端处土的承载力标准值 q_{rk}

土 类	状 态	桩端承载力标准值 q_{rk}/kPa		
黏性土	$I_L \geq 1$	1 000		
	$1 > I_L \geq 0.65$	1 600		
	$0.65 > I_L \geq 0.35$	2 200		
	$0.35 > I_L$	3 000		
		桩尖进入持力层的相对深度		
		$1 > \dfrac{h_c}{d}$	$4 > \dfrac{h_c}{d} \geq 1$	$\dfrac{h_c}{d} \geq 4$
粉 土	中密	1 700	2 000	2 300
	密实	2 500	3 000	3 500
粉 砂	中密	2 500	3 000	3 500
	密实	5 000	6 000	7 000
细 砂	中密	3 000	3 500	4 000
	密实	5 500	6 500	7 500

续表

土 类	状 态	桩端承载力标准值 q_{rk}/kPa		
中、粗砂	中密	3 500	4 000	4 500
	密实	6 000	7 000	8 000
圆砾石	中密	4 000	4 500	5 000
	密实	7 000	8 000	9 000

注：表中 h_c 为桩端进入持力层的深度（不包括桩靴）；d 为桩的直径或边长。

q_{rk}——桩端处土的承载力标准值/kPa。采用单桩试验确定或通过静力触探试验测定，当无试验条件时按表3-7选用；

α_i、α_r——振动沉桩对各土层桩侧摩阻力和桩端承载力的影响系数。按表3-8采用；对于锤击、静压沉桩其值均取为 1.0。

表 3-8 影响系数 α_i、α_r 值

系数 α_i、α_r \ 土类 \ 桩径或边长 d/m	黏 土	粉质黏土	粉 土	砂 土
$0.8 \geqslant d$	0.6	0.7	0.9	1.1
$2.0 \geqslant d > 0.8$	0.6	0.7	0.9	1.0
$d > 2.0$	0.5	0.6	0.7	0.9

当采用静力触探试验测定时，沉桩承载力容许值计算中的 q_{ik} 和 q_{rk} 取为：

$$q_{ik} = \beta_i \bar{q}_i$$
$$q_{rk} = \beta_r \bar{q}_r \tag{3-6}$$

式中：$\bar{q}_i$——桩侧第 i 层土的静力触探测得的局部侧摩阻力的平均值/kPa。当 $\bar{q}_i$ 小于 5 kPa 时，采用 5 kPa；

$\bar{q}_r$——桩端（不包括桩靴）高程以上和以下各 $4d$（d 为桩的直径或边长）范围内静力触探端阻的平均值/kPa。若桩端高程以上 $4d$ 范围内端阻的平均值大于桩端高程以下 $4d$ 的端阻平均值时，则取桩端以下 $4d$ 范围内端阻的平均值；

β_i、β_r——侧摩阻和端阻的综合修正系数。其值按下列判别标准选用相应的计算公式。当土层的 $\bar{q}_r$ 大于 2 000 kPa，且 $\bar{q}_i/\bar{q}_r \leqslant 0.014$ 时：

$$\beta_i = 5.067(\bar{q}_i)^{-0.45}$$
$$\beta_r = 3.975(\bar{q}_r)^{-0.25}$$

如不满足上述 $\bar{q}_r$ 和 $\bar{q}_i/\bar{q}_r$ 条件时：

$$\beta_i = 10.045(\bar{q}_i)^{-0.55}$$
$$\beta_r = 12.064(\bar{q}_r)^{-0.35}$$

上述综合修正系数计算公式不适用城市杂填土条件下的短桩；综合修正系数用于黄土地区时，应做试桩校核。

由于土的类别和性状以及桩土共同作用过程都较复杂，有些土的试桩资料也较少，因此对重要工程的桩基础在使用规范法确定单桩轴向承载力容许值的同时，应以静载试验或其他方法验证其承载力；经验公式中有些问题也有待进一步探讨研究，如式（3-5）是根据桩侧

土极限摩阻力和桩底土极限阻力的经验值计算出单桩轴向极限承载力,然后除以安全系数 K(我国一般取 $K=2$)来确定单桩轴向承载力容许值的,即对桩侧摩阻力和桩底阻力引用了单一的安全系数。而实际上由于桩侧摩阻力和桩底阻力不是同步发挥,且其发生极限状态的时效也不同,因此各自的安全度是不同的,因此单桩轴向承载力容许值宜用分项安全系数表示为:

$$[R_a] = \frac{P_{su}}{K_s} + \frac{P_{pu}}{K_p} \tag{3-7}$$

式中:$[R_a]$——单桩轴向承载力容许值/kN;
P_{su}——桩侧极限摩阻力/kN;
P_{pu}——桩底极限阻力/kN;
K_s——桩侧阻力安全系数;
K_p——桩端阻力安全系数。

一般情况下,$K_s < K_p$,但对于短粗的柱桩,$K_s > K_p$。

采用分项安全系数确定单桩承载力容许值要比单一安全系数更符合桩的实际工作状态。但要付诸应用,还有待积累更多的资料。

钢管桩因需考虑桩底端闭塞效应及其挤土效应特点,钢管桩单桩轴向极限承载力 P_j,可按下式计算:

$$P_j = \lambda_s u \sum q_{ik} l_i + \lambda_p A_p q_{rk} \tag{3-8}$$

当 $h_b/d_s < 5$ 时:

$$\lambda_p = 0.16 \frac{h_b}{d_s} \cdot \lambda_s \tag{3-9}$$

当 $h_b/d_s \geqslant 5$ 时:

$$\lambda_p = 0.8\lambda_s \tag{3-10}$$

式中:λ_p——桩底端闭塞效应系数。对于闭口钢管桩 $\lambda_p = 1$;对于敞口钢管桩宜按式(3-9)、(3-10)取值;
λ_s——侧阻挤土效应系数。对于闭口钢管桩 $\lambda_s = 1$;敞口钢管桩 λ_s 宜按表3-9确定;
h_b——桩底端进入持力层深度/m;
d_s——钢管桩内直径/m;

其余符号意义同式(3-5)。

表3-9 敞口钢管柱桩侧阻挤土效应系数 λ_s

钢管桩内径/mm	<600	700	800	900	1000
λ_s	1.00	0.93	0.87	0.82	0.77

(3)桩端后压浆灌注桩单桩轴向受压承载力容许值确定。

桩端后压浆灌注桩单桩轴向受压承载力容许值,应通过静载试验确定。在符合《公路桥涵地基与基础设计规范》(JTG D63—2007)附录 N 后压浆技术规定的条件下,后压浆单桩轴向受压承载力容许值可按下式计算:

$$[R_a] = \frac{1}{2} u \sum_{i=1}^{n} \beta_{si} q_{ik} l_i + \beta_p A_p q_r \tag{3-11}$$

式中：$[R_a]$——桩端后压浆灌注桩的单桩轴向受压承载力容许值/kN。桩身自重与置换土重（当自重计入浮力时，置换土重也计入浮力）的差值作为荷载考虑；

β_{si}——第 i 层土的侧阻力增强系数，可按表3-10取值。当在饱和土层中压浆时，仅对桩端以上8.0～12.0 m范围的桩侧阻力进行增强修正；当在非饱和土层中压浆时，仅对桩端以上4.0～5.0 m的桩侧阻力进行增强修正；对于非增强影响范围，$\beta_{si}=1$；

β_p——端阻力增强系数，可按表3-10取值。

表3-10 桩端后压浆侧阻力增强系数 β_s、端阻力增强系数 β_p

土层名称	黏性土粉土	粉砂	细砂	中砂	粗砂	砾砂	碎石土
β_s	1.3～1.4	1.5～1.6	1.5～1.7	1.6～1.8	1.5～1.8	1.6～2.0	1.5～1.6
β_p	1.5～1.8	1.8～2.0	1.8～2.1	2.0～2.3	2.2～2.4	2.2～2.4	2.2～2.5

(4) 管柱轴向受压承载力容许值计算。

管柱轴向受压承载力容许值可按沉桩式（3-5）计算，也可由专门试验确定。

(5) 单桩轴向受拉承载力容许值计算。

由于对桩的受拉机理的研究尚不够充分，所以对于重要的建筑物和在没有经验的情况下，最有效的单桩受拉承载力容许值的确定方法是进行现场拔桩静载试验。对于非重要的建筑物，无当地经验时按《公路桥涵地基与基础设计规范》（JTG D63—2007）规定，当桩的轴向力由结构自重、预加力、土重、土侧压力、汽车荷载和人群荷载短期效应组合所引起，桩不允许受拉；当桩的轴向力由上述荷载并与其他作用组成的短期效应组合或荷载效应的偶然组合（地震作用除外）所引起，则桩允许受拉。摩擦桩单桩轴向受拉承载力容许值按下式计算：

$$[R_t] = 0.3u \sum_{i=1}^{n} \alpha_i l_i q_{ik} \qquad (3-12)$$

式中：$[R_t]$——单桩轴向受拉承载力容许值/kN；

u——桩身周长/m。对于等直径桩，$u=\pi d$；对于扩底桩，自桩端起算的长度 $\sum l_i \leq 5d$ 时，取 $u=\pi D$；其余长度均取 $u=\pi d$（其中 D 为桩的扩底直径，d 为桩身直径）；

α_i——振动沉桩对各土层桩侧摩擦阻力的影响系数，按表3-8采用。对于锤击、静压沉桩和钻孔桩，$\alpha_i=1$。

计算作用于承台底面由外荷载引起的轴向力时，应扣除桩身自重值。

2) 端承桩单桩轴向受压承载力容许值计算

支承在基岩上或嵌入基岩内的钻（挖）孔桩、沉桩的单桩轴向受压承载力容许值 $[R_a]$，可按下式计算：

$$[R_a] = c_1 A_p f_{rk} + u \sum_{i=1}^{m} c_{2i} h_i f_{rki} + \frac{1}{2}\zeta_s u \sum_{i=1}^{m} l_i q_{ik} \qquad (3-13)$$

式中：$[R_a]$——单桩轴向受压承载力容许值/kN。桩身自重与置换土重（当自重计入浮力时，置换土重也计入浮力）的差值作为荷载考虑；

c_1——根据清孔情况、岩石破碎程度等因素而定的端阻发挥系数，按表3-11采用；

A_p——桩端截面面积/m²。对于扩底桩，取扩底截面面积；

f_{rk}——桩端岩石饱和单轴抗压强度标准值/kPa。黏土质岩取天然湿度单轴抗压强度标准值，当f_{rk}小于2 MPa时按摩擦桩计算；f_{rki}为第i层的f_{rk}值；

c_{2i}——根据清孔情况、岩石破碎程度等因素而定的第i层岩层的侧阻发挥系数，按表3-11采用；

u——各土层或各岩层部分的桩身周长/m；

h_i——桩嵌入各岩层部分的厚度/m，不包括强风化层和全风化层；

m——岩层的层数，不包括强风化层和全风化层；

ζ_s——覆盖层土的侧阻力发挥系数，根据桩端f_{rk}确定。当2 MPa≤f_{rk}<15 MPa时，$\zeta_s = 0.8$；当15 MPa≤f_{rk}<30 MPa时，$\zeta_s = 0.5$；当f_{rk}>30 MPa时，$\zeta_s = 0.2$；

l_i——各土层的厚度/m；

q_{ik}——桩侧第i层土的侧阻力标准值/kPa，宜采用单桩摩阻力试验值。当无试验条件时，对于钻（挖）孔桩按表3-3选用，对于沉桩按表3-6选用；

n——土层的层数，强风化和全风化岩层按土层考虑。

表3-11 系数c_1、c_2值

岩石层情况	c_1	c_2
完整、较完整	0.6	0.05
较破碎	0.5	0.04
破碎、极破碎	0.4	0.03

注：1. 当入岩深度小于或等于0.5 m时，c_1乘以0.75的折减系数，$c_2 = 0$；
2. 对于钻孔桩，系数c_1、c_2值应降低20%采用；桩端沉渣厚度t应满足以下要求：d≤1.5 m时，t≤50 mm；d>1.5 m时，t≤100 mm；
3. 对于中风化层作为持力层的情况，c_1、c_2应分别乘以0.75的折减系数。

3. 动测试桩法

动测试桩法是指给桩顶施加一动荷载（如用冲击、振动等方式施加），量测桩土系统的响应信号，然后分析计算桩的性能和承载力，可分为高应变动测法与低应变动测法两种。低应变动测法由于施加桩顶的荷载远小于桩的使用荷载，不足使桩土间发生相对位移，而只通过应力波沿桩身的传播和反射的原理进行分析，可用来检验桩身质量，不宜做桩承载力测定，但可估算和校核基桩的承载力。高应变动测法一般是以重锤敲击桩顶，使桩贯入土中，桩土间产生相对位移，从而可以分析土体对桩的外来抗力和测定桩的承载力，也可检验桩体质量。

高应变动测单桩承载力的方法主要有锤击贯入法和波动方程法。

1）锤击贯入法（简称锤贯法）

桩在锤击下入土的难易，在一定程度上反映对桩的抵抗力。因此，桩的贯入度（桩在

一次锤击下的入土深度)与土对桩的支承能力间存在有一定的关系,即贯入度大表现为承载力低,贯入度小表现为承载力高;且当桩周土达到极限状态后而破坏,则贯入度将有较大增加。锤贯法根据这一原理,通过不同落距的锤击试验来分析确定单桩的承载力。

试验时,桩锤落距由低到高(动荷载由小到大,相当于静载试验中的分级荷载),锤击 8~12 击,量测每锤的动荷载(可通过动态电阻应变仪和光线示波器测定)和相应的贯入度(可采用大量程百分表或位移传感器或位移遥测仪量测),然后绘制动荷载 P_d 和累计贯入度 $\sum e_d$ 曲线,即 $P_d — \sum e_d$ 曲线或 $\lg P_d — \sum e_d$ 曲线,便可用类似静载试验的分析方法(如明显拐点法)确定单桩轴向受压极限承载力或承载力容许值。

《建筑基桩检测技术规范》(JGJ 106—2003)要求:重锤应材质均匀、形状对称、锤底平整。高径(宽)比不得小于 1,并采用铸铁或铸钢制作。当采取自由落锤安装加速度传感器的方式实测锤击力时,重锤应整体铸造,且高径(宽)比应在 1.0~1.5 范围内。进行承载力检测时,锤的重量应大于预估单桩极限承载力的 1.0%~1.5%,混凝土桩的桩径大于 600 mm 或桩长大于 30 mm 时取高值。

2) 波动方程法

波动方程法是将打桩锤击看成是杆件的撞击波传递问题来研究,运用波动方程的方法分析打桩时的整个力学过程,可预测打桩应力及单桩承载力。

波动方程法的研究和应用,在国内外均有很大发展,已有多种分析方法和计算程序,同时也出现了多种应用波动方程理论和实用计算程序的动测设备。普遍认为波动方程理论为基础的高应变动力试桩法(尤为其中采用的实测波形拟合法),是较先进的确定桩承载力的动测方法,但在分析计算中还有不少桩土参数仍靠经验决定,尚待进一步深入研究来完善。

4. 静力分析法

静力分析法是根据土的极限平衡理论和土的强度理论,计算桩底极限阻力和桩侧极限摩阻力,也即利用土的强度指标计算桩的极限承载力,然后将其除以安全系数从而确定单桩承载力容许值。

1) 桩底极限阻力的确定

把桩作为深埋基础,并假定地基的破坏滑动面模式(如图 3-18 是假定地基为刚—塑性体的几种破坏滑动面形式,除此,还有多种其他有关地基破坏滑动面的假定),运用塑性力学中的极限平衡理论,导出地基极限荷载(桩底极限阻力)的理论公式。各种假定所导的桩底地基的极限荷载公式均可归纳为式(3-14)所列一般形式,只是所求得有关系数不同。关于各理论公式的推导和有关系数的表达式可参考有关《土力学》书籍。

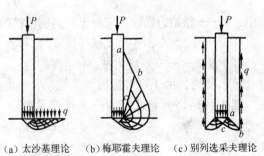

(a) 太沙基理论　(b) 梅耶霍夫理论　(c) 别列选采夫理论

图 3-18　桩底地基破坏滑动面图形

$$q_R = a_c N_c c + a_q N_q \gamma h \quad (3-14)$$

式中：q_R——桩底地基单位面积的极限荷载/kPa；

a_c、a_q——与桩底形状有关的系数；

N_c、N_q——承载力系数，均与土的内摩擦角 φ 有关；

c——地基土的黏聚力/kPa；

γ——桩底平面以上土的平均重度/（kN/m³）；

h——桩的入土深度/m。

在确定计算参数土的抗剪强度指标 c、φ 时，应区分总应力法及有效应力法两种情况。

若桩底土层为饱和黏土时，排水条件较差，常采用总应力法分析。这时用 $\varphi = 0$，c 采用土的不排水抗剪强度 c_u，$N_q = 1$，代入相关公式计算。

对于砂性土有较好的排水条件，可采用有效应力法分析。此时，$c = 0$，$q = \gamma h$，取桩底处有效竖向应力 $\bar{p}_{v0}$，代入相关公式计算。

2）桩侧极限摩阻力的确定

桩侧单位面积的极限摩阻力取决于桩侧土间的剪切强度。按库仑强度理论得知：

$$q = p_h \tan\delta + c_a = K p_v \tan\delta + c_a \quad (3-15)$$

式中：q——桩侧单位面积的极限摩阻力（桩土间剪切面上的抗剪强度）/kPa；

p_h、p_v——土的水平应力及竖向应力/kPa；

c_a、δ——桩、土间的黏结力/kPa 及摩擦角；

K——土的侧压力系数。

式（3-15）的计算仍有总应力法和有效应力法两类。在具体确定桩侧极限摩阻力时，根据各家计算表达式所用系数不同，人们将其归纳为 α 法、β 法和 λ 法，下面简要介绍前两种方法。

（1）α 法。

对于黏性土，根据桩的试验结果，认为桩侧极限摩阻力与土的不排水抗剪强度有关，可寻求其相关关系，即

$$q = \alpha c_u \quad (3-16)$$

式中：α——黏结力系数，它与土的类别、桩的类别、设置方法及时间效应等因素有关。α 值的大小，各个文献提供资料不同，一般为 0.3～1.0，软土取低值、硬土取高值。

（2）β 法——有效应力法。

该法认为，由于打桩后桩周土扰动，土的黏聚力很小，故 c_a 与 $\bar{p}_h \tan\delta$ 相比也很小可以略去，则式（3-15）可改写为：

$$q = \bar{p}_h \tan\delta = K \bar{p}_v \tan\delta \text{ 或 } q = \beta \bar{p}_v \quad (3-17)$$

式中：$\bar{p}_h$、$\bar{p}_v$——土的水平向有效应力及竖向有效应力/kPa；

β——系数。

对正常固结黏性土的钻孔桩及打入桩，由于桩侧土的径向位移较小，可认为，侧压力系数 $K = K_0$ 及 $\delta \approx \varphi'$。即：

$$K_0 = 1 - \sin\varphi' \quad (3-18)$$

式中：K_0——静止土压力系数；

φ'——桩侧土的有效内摩角。

对正常固结黏性土,若取 $\varphi' = 15° \sim 30°$,得 $\beta = 0.2 \sim 0.3$,其平均值为 0.25;软黏土的桩试验得到 $\beta = 0.25 \sim 0.4$,平均取 $\beta = 0.32$。

3) 单桩轴向承载力容许值的确定

桩的极限阻力等于桩底极限阻力与桩侧极限摩阻力之和,单桩轴向承载力容许值计算表达式为:

单桩轴向承载力容许值 $[R_a]$ = (桩侧极限摩阻力 P_{su} + 桩底极限阻力 P_{pu}) ÷ 安全系数 K

3.3.3 按桩身材料强度确定单桩轴向承载力

一般来说,桩的竖向承载力往往由土对桩的支承能力控制。但当桩穿过极软弱土层,支承(或嵌固)于岩层或坚硬的土层上时,单桩竖向承载力往往由桩身材料强度控制。此时,基桩将像一根受压杆件,在竖向荷载作用下,将发生纵向挠曲破坏而丧失稳定性,而且这种破坏往往发生于截面承压强度破坏以前,因此验算时尚需考虑纵向挠曲影响,即截面强度应乘以稳定系数 φ。根据《公路钢筋混凝土及预应力混凝土桥涵设计规范》(JTG D62—2004),对于钢筋混凝土桩,当配有普通箍筋时,可按下式确定基桩的竖向承载力:

$$\gamma_0 P = 0.90 \varphi (f_{cd} A + f'_{sd} A'_s) \tag{3-19}$$

式中:P——计算的单桩轴向承载力;

φ——桩的纵向挠曲系数。对低承台桩基可取 $\varphi = 1$;高承台桩基可由表 3-12 查取;

f_{cd}——混凝土轴心抗压强度设计值;

A——验算截面处桩的毛截面面积。当纵向钢筋配筋率大于 3% 时,应采用桩身截面混凝土面积 A_h,即扣除纵向钢筋面积 A'_s,故 $A_h = A - A'_s$;

f'_{sd}——纵向钢筋抗压强度设计值;

A'_s——纵向钢筋截面面积;

γ_0——桥梁结构的重要性系数。

表 3-12 钢筋混凝土桩的纵向挠曲系数 φ

l_p/b	≤8	10	12	14	16	18	20	22	24	26	28
l_p/d	≤7	8.5	10.5	12	14	15.5	17	19	21	22.5	24
l_p/r	≤28	35	42	48	55	62	69	76	83	90	97
φ	1.00	0.98	0.95	0.92	0.87	0.81	0.75	0.70	0.65	0.60	0.56
l_p/b	30	32	34	36	38	40	42	44	46	48	50
l_p/d	26	28	29.5	31	33	34.5	36.5	38	40	41.5	43
l_p/r	104	111	118	125	132	139	146	153	160	167	174
φ	0.52	0.48	0.44	0.40	0.36	0.32	0.29	0.26	0.23	0.21	0.19

注:l_p——考虑纵向挠曲时桩的稳定计算长度,应结合桩在土中支承情况;根据两端支承条件确定,近似计算可参照表 3-13;

r——截面的回转半径,$r = \sqrt{I/A}$,I 为截面的惯性矩,A 为截面积;

d——桩的直径;

b——矩形截面桩的短边长。

表 3-13 桩受弯时的计算长度 l_p

单桩或单排桩桩顶铰接				多排桩桩顶固定			
桩底支承于非岩石土中		桩底嵌固于岩石内		桩底支承于非岩石土中		桩底嵌固于岩石内	
$h < \dfrac{4.0}{\alpha}$	$h \geqslant \dfrac{4.0}{\alpha}$	$h < \dfrac{4.0}{\alpha}$	$h \geqslant \dfrac{4.0}{\alpha}$	$h < \dfrac{4.0}{\alpha}$	$h \geqslant \dfrac{4.0}{\alpha}$	$h < \dfrac{4.0}{\alpha}$	$h \geqslant \dfrac{4.0}{\alpha}$
$l_p = l_0 + h$	$l_p = 0.7 \times \left(l_0 + \dfrac{4.0}{\alpha}\right)$	$l_p = 0.7 \times (l_0 + h)$	$l_p = 0.7 \times \left(l_0 + \dfrac{4.0}{\alpha}\right)$	$l_p = 0.7 \times (l_0 + h)$	$l_p = 0.5 \times \left(l_0 + \dfrac{4.0}{\alpha}\right)$	$l_p = 0.5 \times (l_0 + h)$	$l_p = 0.5 \times \left(l_0 + \dfrac{4.0}{\alpha}\right)$

注：α——桩的变形系数。

3.3.4 单桩横轴向承载力容许值的确定

桩的横轴向承载力，是指桩在与桩轴线垂直方向受力时的承载力。桩在横向力（包括弯矩）作用下的工作情况比轴向受力时复杂，但仍然是从保证桩身材料和地基强度与稳定性以及桩顶水平位移满足使用要求来分析和确定桩的横轴向承载力。

1. 桩的横向破坏机理及特点

桩在横向荷载作用下，桩身产生横向位移或挠曲，并与桩侧土协调变形。桩身对土产生侧向压应力，同时桩侧土反作用于桩，产生侧向土抗力。桩土共同作用，互相影响。

为了确定桩的横轴向承载力，应对桩在横向荷载作用下的工作性状和破坏机理作一分析。通常有下列两种情况。

第一种情况：当桩径较大，入土深度较小或周围土层较松软，即桩的刚度远大于土层刚度，桩的相对刚度较大时，受横向力作用时桩身挠曲变形不明显，如同刚体一样围绕桩轴某一点转动，如图 3-19（a）所示。如果不断增大横向荷载，则可能由于桩侧土强度不够而失稳，使桩丧失承载的能力或破坏。因此，基桩的横轴向承载力容许值可能由桩侧土的强度及稳定性决定。

第二种情况：当桩径较小，入土深度较大或周围土层较坚实，即桩的相对刚度较小时，由于桩侧土有足够大的抗力，桩身发生挠曲变形，其侧向位移随着入土深度增大而逐渐减小，以至达到一定深度后，几乎不受荷载影响。形成一端嵌固的地基梁，桩的变形呈图 3-19（b）所示的波状曲线。如果不断增大横向荷载，可使桩身在较大弯矩处发生断裂或使桩发生过大的侧向位移超过了桩或结构物的容许变形值。因此，基桩的横轴向承载力容许值将由桩身材料的抗剪强度或侧向变形条件决定。

以上是桩顶自由的情况，当桩顶受约束而呈嵌固条件时，桩的内力和位移情况以及桩的横轴向承载力仍可由上述两种条件确定。

2. 单桩横轴向承载力容许值的确定方法

确定单桩横轴向承载力容许值有水平静载试验和分析计算法两种途径。

1）单桩水平静载试验

桩的水平静载试验是确定桩的横轴向承载力的较可靠的方法，也是常用的研究分析试验方法。试验是在现场进行，所确定的单桩横轴向承载力和地基土的水平抗力系数最符合实际情况。如果预先已在桩身埋有量测元件，则可测定出桩身应力变化，并由此求得桩身弯矩分布。

（1）试验装置。试验装置如图 3-20 所示。

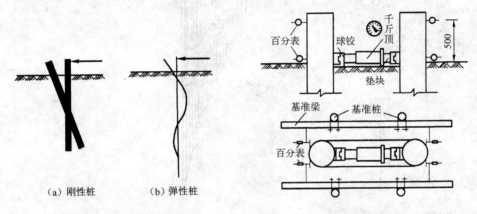

图 3-19　桩在横向力作用下变形示意图　　图 3-20　桩水平静载试验装置（尺寸单位：mm）

采用千斤顶施加水平荷载，其施力点位置宜放在实际受力点位置。在千斤顶与试桩接触处宜安置一球形铰支座，以保证千斤顶作用力能水平通过桩身轴线。桩的水平位移宜采用大量程百分表测量。固定百分表的基准桩宜打设在试桩侧面靠位移的反方向，与试桩的净距不小于 1 倍试桩直径。

（2）试验方法。

试验方法主要有单向多循环加卸载法和慢速连续法两种。一般采用前者，对于个别受长期横向荷载的桩也可采用后者。

① 单向多循环加卸载法。

这种方法可模拟基础承受反复水平荷载（如风载、地震荷载、制动力和波浪冲击力等循环性荷载）。

试验加载分级，一般取预估横向极限荷载的 1/10～1/15 作为每级荷载的加载增量。根据桩径大小并适当考虑土层软硬，对于直径 300～1 000 mm 的桩，每级荷载增量可取 2.5～20 kN。每级荷载施加后，恒载 4 min 测读横向位移，然后卸载至零，待 2 min 后测读残余横向位移，至此完成一个加卸循环。5 次循环后，开始加下一级荷载。当桩身折断或水平位移超过 30～40 mm（软土取 40 mm）时，终止试验。

根据试验数据可绘制荷载—时间—位移（H_0—T—U_0）曲线（图 3-21）和荷载—位移梯度 $\left(H_0 - \dfrac{\Delta U_0}{\Delta H_0}\right)$ 曲线（图 3-22）。据此可综合确定单桩横向临界荷载 H_{cr} 与极限荷载 H_U。

横向临界荷载 H_{cr} 系指桩身受拉区混凝土开裂退出工作前的荷载，会使桩的横向位移增大。相应地可取 H_0—T—U_0 曲线出现突变点的前一级荷载为横向临界荷载（图 3-21），或取 H_0—$\dfrac{\Delta U_0}{\Delta H_0}$ 曲线第一直线段终点相对应的荷载为横向临界荷载，综合考虑。

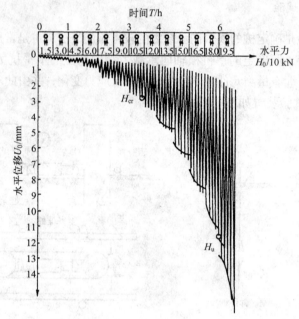

图 3-21　荷载—时间—位移（H_0—T—U_0）曲线

横向极限荷载可取 H_0—T—U_0 曲线明显陡降（图中位移包络线下凹）的前一级荷载作为极限荷载，或取 H_0—$\dfrac{\Delta U_0}{\Delta H_0}$ 曲线的第二直线段终点相对应的荷载作为极限荷载综合考虑。

② 慢速连续加载法。

此法类似于垂直静载试验。

试验荷载分级同上种方法。每级荷载施加后维持其恒定值，并按 5 min、10 min、15 min、30 min……测读位移值，直至每小时位移小于 0.1 mm，开始加下一级荷载。当加载至桩身折断或位移超过 30～40 mm 便终止加载。卸载时按加载量的 2 倍逐渐进行，每 30 min 卸载一级，并于每次卸载前测读一次位移。

根据试验数据绘制 H_0—U_0 及 H_0—$\dfrac{\Delta U_0}{\Delta H_0}$ 曲线，如图 3-22 和图 3-23 所示。

可取曲线 H_0—U_0 及 H_0—$\dfrac{\Delta U_0}{\Delta H_0}$ 上第一拐点的前一级荷载为临界荷载，取 H_0—U_0 曲线陡降点的前一级荷载和 H_0—$\dfrac{\Delta U_0}{\Delta H_0}$ 曲线的第二拐点相对应的荷载为极限荷载。

此外，国内还采用一种称为单向单循环恒速水平加载法。此法加载方法是加载每级维持 20 min，间隔 0 min、5 min、10 min、15 min、20 min 测读位移。卸载每级维持 10 min，第 0 min、5 min、10 min 测读。零荷载维持 30 min，第 0 min、10 min、20 min、30 min 测读。

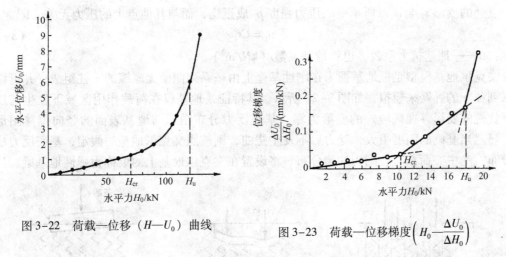

图 3-22 荷载—位移（$H—U_0$）曲线

图 3-23 荷载—位移梯度$\left(H_0—\dfrac{\Delta U_0}{\Delta H_0}\right)$

在恒定荷载下，横变急剧增加、变位速率逐渐加快；或已达到试验要求的最大荷载或最大变位时即可终止加载。

此法确定临界荷载及极限荷载的方法同慢速加载法。

用上述方法求得的极限荷载除以安全系数，即得桩的横轴向承载力容许值，安全系数一般取 2。

用水平静载试验确定单桩横轴向承载力容许值时，还应注意到按上述强度条件确定的极限荷载时的位移，是否超过结构使用要求的水平位移，否则应按变形条件来控制。水平位移容许值可根据桩身材料强度、土发生横向抗力的要求以及墩台顶水平位移和使用要求来确定，目前在水平静载试验中根据《公路桥涵地基与基础设计规范》（JTG D63—2007）有关的规定可取试桩在地面处水平位移不超过 6 mm，定为确定单桩横轴向承载力判断标准，以满足结构物和桩、土变形安全度要求，这是一种较概略的标准。

2）分析计算法

此法是根据某些假定而建立的理论（如弹性地基梁理论），计算桩在横向荷载作用下，桩身内力与位移及桩对土的作用力，验算桩身材料和桩侧土的强度与稳定以及桩顶或墩台顶位移等，从而可评定桩的横轴向承载力容许值。

3.4 单排桩基桩内力及位移计算

前面已经介绍了单桩的轴向和横轴向承载力容许值的计算方法，本节主要介绍考虑桩与桩侧土体共同承受轴向及横轴向力和弯矩时，桩身内力的计算，从而解决桩的强度问题，并包括桩底端在不同支撑条件下桩顶的位移计算，着重介绍桩在横轴向力作用下内力计算问题。

3.4.1 基本概念

1. 文克尔地基模型与弹性地基梁

文克尔地基模型是由文克尔（E. Winkler）于 1867 年提出的。该模型假定地基土表面上

任一点处的变形 s_i 与该点所承受的压力强度 p_i 成正比，而与其他点上的压力无关，即

$$p_i = Cs_i \tag{3-20}$$

式中：C——地基抗力系数，也称地基系数/(kN/m^3)。

文克尔地基模型是把地基视为在刚性基座上由一系列侧面无摩擦的土柱组成，并可以用一系列独立的弹簧来模拟，如图3-24所示。其特征是地基仅在荷载作用区域下发生与压力成正比例的变形，在区域外的变形为零。基底反力分布图形与地基表面的竖向位移图形相似。显然当基础的刚度很大，受力后不发生挠曲，则按照文克尔地基的假定，基底反力成直线分布。受中心荷载时，则为均匀分布。将设置在文克尔地基上的梁称为弹性地基梁。

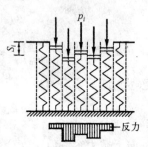 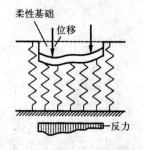 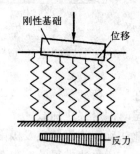

（a）侧面无摩阻力的土桩弹簧体系　　（b）柔性基础下的弹簧地基模型　　（c）刚性基础下的弹簧地基模型

图3-24　文克尔地基模型

2. 桩的弹性地基梁解法

关于桩在横轴向荷载作用下，桩身内力和位移的计算，国内外学者曾提出了许多方法，现在较普遍采用的是将桩视为弹性地基上的梁。这是因为在桩顶受到轴向力、横轴向力和弯矩作用时，如果略去轴向力的影响，桩就可以看作一个设置在弹性地基中的竖梁（若作用于杆的力或弯矩均与杆的轴线相垂直，并使该杆发生弯曲，这杆就称为梁）。求解其内力的方法有三种：一是直接用数学方法解桩在受荷后的弹性挠曲微分方程，再从力的平衡条件求出桩各部分的内力和位移（这是当前广泛采用的一种）；二是将桩分成有限段，用差分式近似代替桩的弹性挠曲微分方程中的各阶导数式而求解的有限差分法；三是将桩划分为有限单元的离散体，然后根据力的平衡和位移协调条件，解得桩的各部分内力和位移的有限元法。本节主要介绍当前较普遍采用的第一种方法。以文克尔假定为基础的弹性地基梁解法从土力学的观点认为是不严密的，但由于其概念明确，方法较简单，所得的结果一般较安全，故国内外使用得较为普遍，我国铁路、水利、公路在桩的设计中常用"m"法以及"K"法、"C值"法、"常数"法等都属于此种方法。

3. 土的弹性抗力及地基系数分布规律

1）土的弹性抗力

在桩基础计算中，首先应确定桥梁上部荷载通过承台传递给每根基桩桩顶（或地面处，或局部冲刷线处）的外力（包括轴向力、横轴向力和力矩），如图3-25所示，然后再计算各桩的内力及其分布规律。由于桩基础在荷载作用下要产生位移（包括竖向位移、水平位

移及转角），桩的竖向位移已如前述，引起桩侧土的摩阻力和桩底土的抵抗力；桩身的水平位移及转动挤压桩身侧向土体，侧向土体必然对桩产生一横向土抗力 p_{zx}（图3-26），它起抵抗外力和稳定桩基础的作用，土的这种作用力称为土的弹性抗力。p_{zx}即指深度为 z 处的横向（x 轴向）土抗力，其大小取决于：土体的性质、桩身的刚度大小、桩的截面形状、桩与桩的间距、桩的入土深度及荷载大小等因素。因此它的分布规律也是较为复杂的。为了便于分析，将地基土视作弹性变形介质，而把桩视为置于这种弹性变形介质中的梁，并认为土的横向抗力 p_{zx} 与土的横向变形成正比，如图3-26所示。桩基中第 i 根桩在荷载 P_i、Q_i、M_i 作用下产生弹性挠曲，若已知深度 z 处桩的横向位移为 x_z（也等于该点土的横向变形值），按上述假定该点土的弹性抗力 p_{zx} 为：

$$p_{zx} = Cx_z \tag{3-21}$$

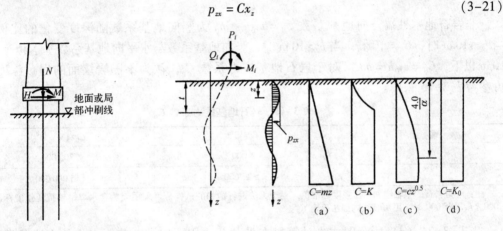

图 3-25 基桩桩顶所受外力   图 3-26 地基系数变化规律

式中：p_{zx}——土的横轴向弹性抗力/(kN/m²)；

C——水平向地基系数。它表示单位面积土在弹性限度内产生单位变形时所需施加的力，单位为 kN/m³，其大小与地基土的类别、物理力学性质有关，因此如能测得 x_z 并知道 C 值，p_{zx} 值即可解得；

x_z——深度 z 处桩的横向位移/m。

2）地基系数的分布规律

水平向地基系数 C 值可通过各种试验方法取得，如可以对试桩在不同类别土质及不同深度进行实测 x_z 及 p_{zx} 后反算得到。大量试验表明，地基系数 C 值的大小不仅与土的类别及其性质有关，而且也随深度而变化。由于实测的客观条件和分析方法不尽相同等原因，所采用的 C 值随深度的分布规律也各有不同。目前国内采用的地基系数分布规律的几种不同图式如图 3-26 所示。它们对地基系数 C 分别作如下分析。

（1）认为地基系数 C 随深度呈正比例增加。

如图 3-26（a）所示，即

$$C = mz \tag{3-22}$$

式中：m——非岩石地基水平向地基系数随深度变化的比例系数/(kN/m⁴)。其值可根据试验实测决定，无实测数据时，可参考表 3-14 中的数值选用。

表 3-14 非岩石类土的 m 和 m_0 值

土的名称	m 和 m_0/(kN/m⁴)
流塑性黏土 $I_L>1.0$，软塑黏性土 $1.0 \geq I_L>0.75$，淤泥	3 000～5 000
可塑黏性土 $0.75 \geq I_L>0.25$，粉砂，稍密粉土	5 000～10 000
硬塑黏性土 $0.25 \geq I_L \geq 0$，细砂，中砂，中密粉土	10 000～20 000
坚硬，半坚硬黏性土 $I_L \leq 0$，粗砂，密实粉土	20 000～30 000
砾砂，角砾，圆砾，碎石，卵石	30 000～80 000
密实卵石夹粗砂，密实漂、卵石	80 000～120 000

注：1. 本表用于基础在地面处位移最大值不应超过 6 mm 的情况，当位移较大时，应适当降低；
2. 当基础侧面设有斜坡或台阶，且其坡度（横：竖）或台阶总宽与深度之比大于 1：20 时，表中 m 值应减小 50% 取用。

非岩石地基桩端竖向地基系数 $C_0 = m_0 h$，m_0 为竖向地基系数随深度变化的比例系数。当 $h \leq 10$ m 时，$C_0 = 10 m_0$；当 $h>10$ m 时，竖向地基系数与水平向地基系数基本相等，所以 10 m 以下，$C_0 = m_0 h = mh$。对于岩石地基抗力系数 C_0，认为不随岩层面的埋藏深度而变，可参考表 3-15 采用。

表 3-15 岩石地基抗力系数 C_0

编 号	f_{rk}/kPa	C_0/(kN/m⁴)
1	1 000	300 000
2	≥25 000	15 000 000

注：f_{rk} 为岩石的单轴饱和抗压强度标准值。对于无法进行饱和的试样，可采用天然含水率单轴抗压强度标准值。当 $1 000 < f_{rk} < 25 000$ 时，可用直线内插法确定 C_0。

按图 3-26（a）所示图式来计算桩在外荷载作用下，桩各截面内力的方法通常简称为"m"法。

（2）认为地基系数 C 自地面沿深度成曲线增加。

当深度达到桩挠曲曲线第一个零点 [图 3-26（b）] 后，地基系数不再增加而为常数。在深度 t 以下时：

$$C = K \tag{3-23}$$

式中：K——可按实测确定/(kN/m³)。

按此假定计算桩在外荷载作用下各截面内力的方法，通常简称为"K"法。

（3）认为地基系数 C 随深度呈抛物线规律增加。

当入土深度达 $4/\alpha$ 为常数，如图 3-26（c）所示，即

$$C = cz^{0.5} \tag{3-24}$$

式中：c——地基系数的比例系数/(kN/m^{3.5})，其值可根据试验实测确定。

按此假定计算桩在外荷载作用下各截面内力的方法，通常简称为"C"法。

（4）认为地基系数 C 随深度为均匀分布，不随深度变化。

如图 3-26（d）所示，即

$$C = K_0 \tag{3-25}$$

式中：K_0——常数/(kN/m³)。

按此假定计算桩在外荷载作用下各截面内力的方法，通常简称为"常数"法。

上述 4 种方法各自假定的地基系数随深度分布规律不同，其计算结果有所差异。实测资

料分析表明，对桩的变位和内力主要影响的为上部土层，故宜根据土质特性来选择恰当的计算方法。对于超固结黏土和地面为硬壳层的情况，可考虑选用"常数"法；对于其他土质一般可选用"m"法或"C"法；当桩径大、容许位移小时宜选用"C"法。由于"K"法误差较大，现较少采用。

本节着重介绍的是当前我国用得较广的并列入《公路桥涵地基与基础设计规范》（JTG D63—2007）中的考虑土的弹性抗力在地面或最大冲刷线处为零，随深度成直线比例增长的计算法，即通常所称的"m"法。

3）关于"m"值

（1）由于桩的水平荷载与位移关系是非线性的，即 m 值随荷载与位移增大而有所减少，因此，m 值的确定要与桩的实际荷载相适应。一般结构在地面处最大位移不超过 10 mm，对位移敏感的结构及桥梁结构为 6 mm。位移较大时，应适当降低表列 m 值。

（2）当基础侧面为数种不同土层时，将地面或局部冲刷线以下 h_m 深度内各土层的 m_i，换算为一个当量 m 值，作为整个深度的 m 值。

事实上，桩周土对抵抗水平力所起的作用与其本身的变形有关：土体压缩得越厉害，其抗力发挥的程度就越大，而自桩顶向下，桩的水平方向变形是越来越小的，土体埋深越大，土体对抵抗水平荷载的贡献应该是越低，其 m 值的大小也越不重要。在换算中，埋深越大的土体在换算中所应分配的权重应越低。

当 h_m 深度内存在两层不同土时（图3-27），《公路桥涵地基与基础设计规范》（JTG D63—2007）根据桩身位移挠曲线的形状［图3-28（a）］，并考虑深度影响建立综合权函数进行换算。尽管该方法大大提高了计算精度，但是采用该换算方法需要进行迭代计算，其过程复杂，不适用于手工计算。因此将权函数简化为一个三角形，如图3-28（b）所示，换算深度为：

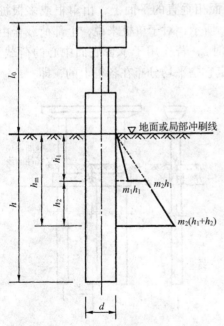

图 3-27 两层土 m 值换算示意图

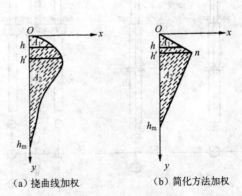

图 3-28 权函数比较

$$h_m = 2(d+1), \text{且 } h_m \leq h \tag{3-26}$$

权值最大点深度为:

$$h' = 0.2h_m \tag{3-27}$$

故双层地基当量 m 值为:

$$m = \frac{m_1 A_1 + m_2 A_2}{A_1 + A_2} \tag{3-28}$$

进一步简化可得 m 值的计算式为:

$$m = \gamma m_1 + (1-\gamma) m_2 \tag{3-29}$$

$$\gamma = \begin{cases} 5(h_1/h_m)^2 & (h_1/h_m \leq 0.2) \\ 1 - 1.25(1 - h_1/h_m)^2 & (h_1/h_m > 0.2) \end{cases} \tag{3-30}$$

式中: γ——深度影响系数。

(3) 桩端地基竖向抗力系数 C_0 为:

$$C_0 = m_0 h \tag{3-31}$$

式中: m_0——桩端处的地基竖向抗力系数的比例系数, 近似取 $m_0 = m$;
  h——桩的入土深度/m。当 $h \leq 10$ m 时, 按 10 m 计算。

3.4.2 单桩、单排桩与多排桩

计算基桩内力先应根据作用在承台底面的外力 N、H、M, 计算出作用在每根桩顶的荷载 P_i、Q_i、M_i 值, 然后才能计算各桩在荷载作用下各截面的内力与位移。桩基础按其作用力 H 与基桩的布置方式之间的关系可归纳为单桩、单排桩与多排桩两类来计算各桩顶的受力, 如图 3-29 所示。

所谓单桩、单排桩是指在与水平外力 H 作用面相垂直的平面上, 由单根或多根桩组成的单根(排)桩的桩基础, 如图 3-29 (a)、(b) 所示, 对于单桩来说, 上部荷载全由它承担。对于单排桩(图 3-30 所示桥墩作纵向验算时), 若作用于承台底面中心的荷载为 N、H、M_y, 当 N 在承台横桥向无偏心时, 则可以假定它是平均分布在各桩上的, 即

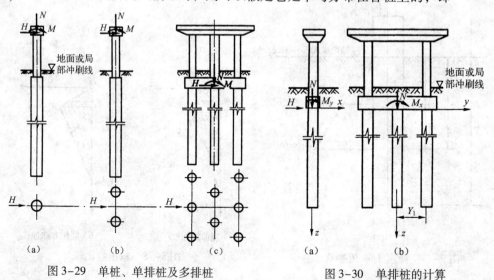

图 3-29 单桩、单排桩及多排桩 图 3-30 单排桩的计算

$$P_i = \frac{N}{n}; \quad Q_i = \frac{H}{n}; \quad M_i = \frac{M_y}{n} \tag{3-32}$$

式中：n——桩的根数。

当竖向力 N 在承台横桥向有偏心距 e 时，如图 3-30（b）所示即 $M_x = Ne$，因此每根桩上的竖向作用力可按偏心受压计算，即

$$p_i = \frac{N}{n} \pm \frac{M_x \cdot y_i}{\sum y_i^2} \tag{3-33}$$

当按上述公式求得单排桩中每根桩桩顶作用力后，即可以单桩形式计算桩的内力。

多排桩如图 3-29（c）所示，指在水平外力作用平面内有一根以上的桩的桩基础（对单排桩作横桥向验算时也属此情况），不能直接应用上述公式计算各桩顶作用力，须应用结构力学方法另行计算。

3.4.3 桩的计算宽度

试验研究分析，桩在水平外力作用下，除了桩身宽度范围内桩侧土受挤压外，在桩身宽度以外的一定范围内的土体都受到一定程度的影响（空间受力），且对不同截面形状的桩，土受到的影响范围大小也不同。为了将空间受力简化为平面受力，并综合考虑桩的截面形状及多排桩桩间的相互遮蔽作用，将桩的设计宽度（直径）换算成相当实际工作条件下，矩形截面桩的宽度 b_1，称为桩的计算宽度。根据已有的试验资料分析，现行规范认为计算宽度的换算方法可用下式表示：

当 $d \geqslant 1.0\mathrm{m}$ 时

$$b_1 = kk_f(d+1) \tag{3-34}$$

当 $d < 1.0\mathrm{m}$ 时

$$b_1 = kk_f(1.5d + 0.5) \tag{3-35}$$

对于单排桩或 $L_1 \geqslant 0.6h_1$ 的多排桩：

$$k = 1.0 \tag{3-36}$$

对于 $L_1 < 0.6h_1$ 的多排桩：

$$k = b_2 + \frac{1-b_2}{0.6} \cdot \frac{L_1}{h_1} \tag{3-37}$$

式中：b_1——桩的计算宽度/m，通常 $b_1 \leqslant 2d$；

d——桩径或垂直于水平外力方向桩的宽度/m；

k_f——桩形状换算系数，视水平力作用面（垂直于水平力作用方向）而定。圆形或圆端截面 $k_f = 0.9$；矩形截面 $k_f = 1.0$；对圆端形与矩形组合截面 $k_f = \left(1 - 0.1\dfrac{a}{d}\right)$，如图 3-31 所示；

k——平行于水平力作用方向的桩间相互影响系数；

L_1——平行于水平力作用方向的桩间净距（图 3-32）。梅花形布桩时，若相邻两排桩中心距 c 小于 $(d+1)\mathrm{m}$ 时，可按水平力作用面各桩间的投影距离计算（图 3-33）；

h_1——地面或局部冲刷线以下桩的计算埋入深度。可取 $h_1 = 3(d+1)$,但不得大于地面或局部冲刷线以下桩入土深度 h,如图 3-32 所示;

b_2——与平行于水平力作用方向的一排桩的桩数 n 有关的系数。当 $n=1$ 时,$b_2 = 1.0$;$n=2$ 时,$b_2 = 0.6$;$n=3$ 时,$b_2 = 0.5$;$n \geq 4$ 时,$b_2 = 0.45$。

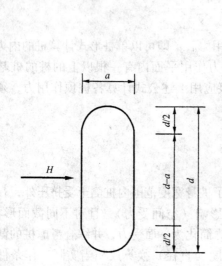

图 3-31 计算圆端形与矩形组合截面 k_f 值示意图

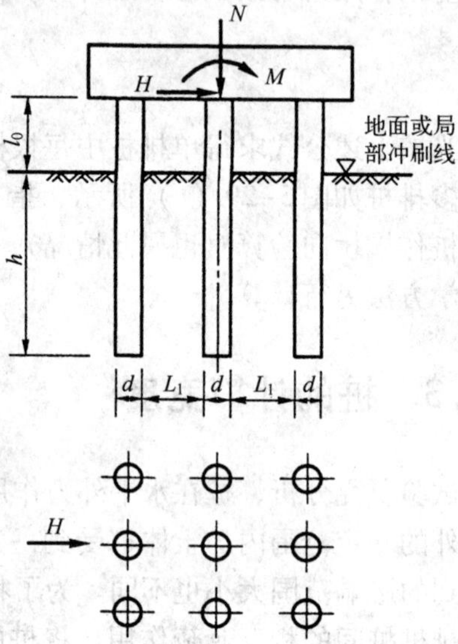

图 3-32 计算 k 值时桩基示意图

在桩平面布置中,若平行于水平力作用方向的各排桩数量不等,且相邻(任何方向)桩间中心距等于或大于 $d+1$,则所验算各桩可取同一个桩间影响系数 k,其值按桩数量最多的一排选取。此外,若垂直于水平力作用方向上有 n 根桩时,计算宽度取 nb_1,但须满足 $nb_1 \leq B+1$(B 为 n 根桩垂直于水平力作用方向的外边缘距离,以米计,如图 3-34 所示。

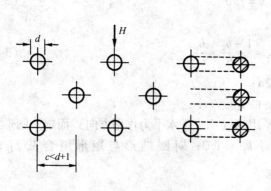
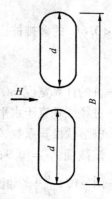

图 3-33 梅花形示意图

图 3-34 单桩宽度计算示意图

为了不致使计算宽度发生重叠现象,要求以上综合计算得出的 $b_1 \leq 2d$。

3.4.4 刚性桩与弹性桩

为了计算方便，可根据桩与土的相对刚度将桩划分为刚性桩和弹性桩。当桩的入土深度 $h > \dfrac{2.5}{\alpha}$ 时，桩的相对刚度小，必须考虑桩的实际刚度，按弹性桩来计算。其中 α 称为桩的变形系数，$\alpha = \sqrt[5]{\dfrac{mb_1}{EI}}$。一般情况下，桥梁桩基础的桩多属弹性桩。当桩的入土深度 $h \leqslant \dfrac{2.5}{\alpha}$ 时，则桩的相对刚度较大，可按刚性桩计算。

3.4.5 "m"法弹性单排桩基桩内力和位移计算

考虑到桩与土共同承受外荷载的作用，为便于计算，在基本理论中做了如下必要的假定。
（1）将土视作弹性变形介质，它具有随深度成比例增长的地基系数（$C = mz$）。
（2）土的应力应变关系符合文克尔假定。
（3）计算公式推导时，不考虑桩与土之间的摩擦力和黏结力。
（4）桩与桩侧土在受力前后始终密贴。
（5）桩作为一弹性构件。

具体桩的挠曲微分方程的建立及其解、桩身内力及位移的无量纲法计算、桩身最大弯矩位置 $z_{M\max}$ 和最大弯矩 $M_{\max}$ 的确定、桩顶位移的计算、单桩及单排桩桩顶按弹性嵌固的计算，详见有关规范及书籍。

3.4.6 单排桩基础计算示例

对于单排桩基础的设计计算，首先应根据上部结构的类型、荷载性质与大小、地质与水文资料、施工条件等情况，初步拟定桩的直径、承台位置、桩的根数及排列等，然后进行如下计算。
（1）计算各桩桩顶所承受的荷载 P_i、Q_i、M_i。
（2）确定桩在局部冲刷线下的入土深度（桩长的确定）。一般情况可根据持力层位置、荷载大小、施工条件等初步确定，通过验算再予以修改；在地基土较单一，桩底端位置不易根据土质判断时，也可根据已知条件用单桩轴向受压承载力容许值计算公式初步反算桩长。
（3）验算单桩轴向受压承载力容许值。
（4）确定桩的计算宽度 b_1。
（5）计算桩的变形系数 α 值。
（6）计算地面处桩截面的作用力 Q_0、M_0，并验算桩在地面或最大冲刷线处的横向位移 x_0（不大于 6 mm），然后求算桩身各截面的内力，进行桩身配筋及桩身截面强度和稳定性验算。

（7）计算桩顶位移和墩台顶位移。

（8）弹性桩桩侧最大土抗力 $p_{zx_{\max}}$ 是否验算，目前无一致意见，现行《公路桥涵地基与基础设计规范》（JTG D63—2007）对此也未作要求。

1. 设计资料（图3-35）

1）地质与水文资料

地基土为密实细砂夹砾石，地基土水平向抗力系数的比例系数 $m=10\,000\,\text{kN/m}^4$；地基土的桩侧摩阻力标准值 $q_k=70\,\text{kPa}$（本示例中土层单一，故桩侧摩阻力标准值用 q_k 表示）；地基土内摩擦角 $\varphi=40°$，黏聚力 $c=0$；地基土承载力基本容许值 $[f_{a0}]=400\,\text{kPa}$；土重度 $\gamma'=11.80\,\text{kN/m}^3$（已考虑浮力）；一般冲刷线高程为335.34 m，常水位高程为339.00 m，局部冲刷线高程为330.66 m。

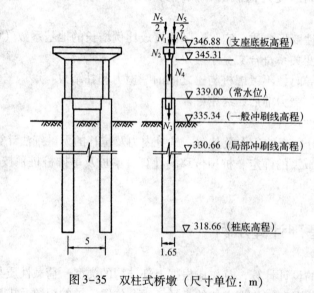

图3-35 双柱式桥墩（尺寸单位：m）

2）桩、墩尺寸与材料

墩帽顶高程为346.88 m，桩顶高程为339.00 m，墩柱顶高程为345.31 m；墩柱直径1.50 m，桩直径1.70 m；桩身混凝土用C20，其受压弹性模量 $E_c=2.55\times10^4\,\text{MPa}$。

3）荷载情况

桥墩为单排双柱式，桥面宽7 m，设计荷载为公路—Ⅱ级，人群荷载 $3\,\text{kN/m}^2$，两侧人行道各宽1.5 m。

上部为30 m预应力钢筋混凝土梁，每一根柱承受的荷载为：

两跨恒载反力 $N_1=1\,376.00\,\text{kN}$；盖梁自重反力 $N_2=256.50\,\text{kN}$；系梁自重反力 $N_3=76.40\,\text{kN}$；一根墩柱（直径1.5 m）自重 $N_4=279.00\,\text{kN}$。

局部冲刷线以上桩（直径1.7 m）自重每延米 $q = \dfrac{\pi \times 1.7^2}{4} \times 15 = 34.05$ kN（已扣除浮力）。

局部冲刷线以下桩重（直径1.7 m）等于桩身自重与置换土重每延米的差值 $q' = \dfrac{\pi \times 1.7^2}{4} \times 3.2 = 7.26$ kN（已扣除浮力）。

两跨汽车荷载反力 $N_5 = 800.60$ kN（已计入冲击系数的影响）；一跨汽车荷载反力 $N_6 = 400.30$ kN（已计入冲击系数的影响）；车辆荷载反力已按偏心受压原理考虑横向分布的分配影响。

两跨人群荷载反力 $N_7 = 270.00$ kN；一跨人群荷载反力 $N_8 = 135.00$ kN。

N_6 在顺桥向引起的弯矩 $M = 120.09$ kN；N_8 在顺桥向引起的弯矩 $M = 40.50$ kN。

制动力 $H = 30.00$ kN（已按墩台及支座刚度进行分配）。

纵向风力：

盖梁部分 $W_1 = 3.00$ kN，对桩顶力臂 7.06 m；墩身部分 $W_2 = 2.70$ kN，对桩顶力臂 3.15 m；桩基础采用冲抓锥钻孔灌注桩基础，为摩擦桩。

2. 计算过程

1) 桩长的计算

由于地基土层单一，按照《公路桥涵地基与基础设计规范》（JTG D63—2007）确定单桩轴向受压承载力容许值经验公式初步反算桩长，该桩埋入局部冲刷线以下深度为 h，一般冲刷线以下深度为 h_3，则

$$N_h = [R_a] = \frac{1}{2} u \sum_{i=1}^n q_{ik} l_i + A_p m_0 \lambda \{[f_{a0}] + k_2 \gamma_2 (h_3 - 3)\}$$

式中：N_h——单桩受到的全部竖直荷载/kN；

其余符号意义同前（局部冲刷线以下的桩重按桩身自重与置换土重的差值计算）。

根据《公路桥涵地基与基础设计规范》（JTG D63—2007）第1.0.8条，地基进行竖向承载力验算时，传至基底的作用效应应按正常使用极限状态的短期效应组合采用，且可变作用的频遇值系数均取1.0。当两跨活载时，桩底所承受的竖向荷载最大，则有：

$$N_h = 1.0 \times (N_1 + N_2 + N_3 + N_4 + l_0 q + h q') + 1.0 \times N_5 + 1.0 \times N_7$$
$$= 1.0 \times [1\,376.00 + 256.50 + 76.40 + 279.00 + (339.00 - 330.66) \times 34.05 +$$
$$h \times 7.26] + 1.0 \times 800.6 + 1.0 \times 270 = 3\,342.48 + 7.26 h$$

计算 $[R_a]$ 时取以下数据：桩的设计桩径 1.70 m，桩周长 $u = \pi \times 1.7 = 5.34$ m，$A_p = \dfrac{\pi \times 1.7^2}{4} = 2.27$ m²，$\lambda = 0.7$，$m_0 = 0.8$，$k_2 = 4$，$[f_{a0}] = 400.00$ kPa，$\gamma_2 = 11.80$ kN/m³（已扣除浮力），$q_k = 70$ kPa，所以有：

$$[R_a] = \frac{1}{2} \times (5.34 \times 70 \times h) + 2.27 \times 0.8 \times 0.7 \times [400.00 + 4.0 \times 11.8 \times (h + 4.68 - 3)]$$
$$= N_h = 3\,342.48 + 7.26 h$$

$h = 11.48 \text{ m}$

现取 $h = 12.00 \text{ m}$，桩底高程为 318.66 m，桩总长为 20.34 m；上式计算中 4.68 m 为一般冲刷线到局部冲刷线的距离。

由上式计算可知，$h = 12.00 \text{ m}$ 时，$[R_a] = 3554.29 \text{ kN} > N_h = 3429.6 \text{ kN}$，桩的轴向受压承载力符合要求。

2) 桩的内力计算

(1) 确定桩的计算宽度 b_1：
$$b_1 = kk_f(d+1) = 1.0 \times 0.9 \times (1.7+1) = 2.43 \text{ m}$$

(2) 计算桩的变形系数 α：
$$\alpha = \sqrt[5]{\frac{mb_1}{EI}} = \sqrt[5]{\frac{10\,000 \times 2.43}{0.8 \times 2.55 \times 10^7 \times 0.41}} = 0.311 \text{ m}^{-1}$$

其中：$I = 0.049\,087 \times 1.7^4 = 0.41 \text{ m}^4$；$EI = 0.8 E_c I$

桩的换算深度 $\bar{h} = \alpha h = 0.311 \times 12 = 3.732 \text{ m} > 2.5 \text{ m}$，所以按弹性桩计算。

(3) 计算墩柱顶外力 P_i、Q_i、M_i 及局部冲刷线处桩上外力 P_0、Q_0、M_0。

墩柱顶的外力计算按一跨活载计算。

根据《公路桥涵地基与基础设计规范》（JTG D63—2007）第 1.0.5 条，按承载能力极限状态要求，结构构件自身承载力应采用作用效应基本组合验算。

根据《公路桥涵设计通用规范》（JTG D60—2004）第 4.1.6 条，恒载分项系数取 1.2，汽车荷载、人群荷载及制动力作用的分项系数均取 1.4，风荷载分项系数取 1.1；当除汽车荷载（含汽车冲击力）外尚有一种可变作用参与组合时，其组合系数取 0.8，当除汽车荷载（含汽车冲击力）外尚有两种可变作用参与组合时，其组合系数取 0.7，当除汽车荷载（含汽车冲击力）外尚有三种可变作用参与组合时，其组合系数取 0.6。

$P_i = 1.2 \times (1376.00 + 256.50) + 1.4 \times 400.30 + 0.8 \times 1.4 \times 135.00 = 2670.62 \text{ kN}$

$Q_i = 0.7 \times (1.4 \times 30.00 + 1.1 \times 3.00) = 31.71 \text{ kN}$

$M_i = 1.4 \times 120.09 + 0.6 \times \{1.4 \times 30.00 \times (346.88 - 345.31) + 1.4 \times 40.50 + 1.1 \times [3.00 \times (7.06 - 6.31) - 2.70 \times (6.31 - 3.15)]\} = 237.56 \text{ kN} \cdot \text{m}$

换算到局部冲刷线处：

$P_0 = 2670.62 + 1.2 \times [76.40 + 279.00 + (34.05 \times 8.34)] = 3437.87 \text{ kN}$

$Q_0 = 0.7 \times [1.4 \times 30.00 + 1.1 \times (3.00 + 2.70)] = 33.79 \text{ kN}$

$M_0 = 1.4 \times 120.09 + 0.6 \times [1.4 \times 30.00 \times (346.88 - 330.66) + 1.4 \times 40.50 + 1.1 \times (3.00 \times 15.4 + 2.70 \times 11.49)] = 661.86 \text{ kN} \cdot \text{m}$

(4) 局部冲刷线以下深度 z 处桩截面的弯矩 M_z 及桩身最大弯矩 $M_{\max}$ 计算。

① 局部冲刷线以下深度 z 处桩截面的弯矩 M_z 计算：
$$M_z = \frac{Q_0}{\alpha} A_M + M_0 B_M = \frac{33.79}{0.311} A_M + 661.86 B_M = 108.65 A_M + 661.86 B_M$$

系数 A_M、B_M 由有关附表分别查得，M_z 计算如表 3-16，其结果如图 3-36（a）表示。

表3-16 M_z 计算

$\bar{Z}=\alpha z$	z	A_M	B_M	$\dfrac{Q_0}{\alpha}A_M$	$M_0 B_M$	M_z
0.0	0.00	0.000 00	1.000 00	0.00	661.86	661.86
0.2	0.64	0.196 92	0.998 05	21.40	660.57	681.96
0.4	1.29	0.377 06	0.986 07	40.97	652.64	693.61
0.6	1.93	0.528 32	0.958 27	57.40	634.24	691.64
0.8	2.57	0.643 18	0.912 46	69.88	603.92	673.80
1.0	3.22	0.718 48	0.849 42	78.06	562.20	640.26
1.2	3.86	0.754 25	0.771 73	81.95	510.78	592.72
1.4	4.50	0.753 46	0.683 27	81.86	452.23	534.09
1.8	5.79	0.662 78	0.491 88	72.01	325.56	397.57
2.2	7.07	0.496 35	0.309 16	53.93	204.62	258.55
2.6	8.36	0.306 89	0.160 62	33.34	106.31	139.65
3.0	9.65	0.140 68	0.060 00	15.29	39.71	55.00
3.5	11.25	0.023 58	0.006 30	2.56	4.17	6.73

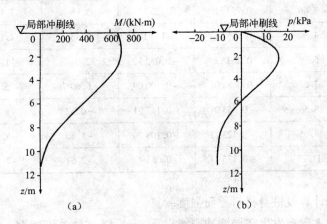

图3-36 弯矩计算

② 桩身最大弯矩 $M_{\max}$ 及最大弯矩位置计算:

由 $Q_z=0$ 得:

$$C_Q = \frac{\alpha M_0}{Q_0} = \frac{0.311 \times 661.86}{33.79} = 6.092$$

由 $C_Q = 6.092$ 及 $\bar{h}=3.732$,查有关附表得: $\bar{z}_{M_{\max}}=0.481$,故有

$$z_{M_{\max}} = \frac{0.481}{0.311} = 1.55 \text{ m}$$

由 $\bar{z}_{M_{\max}}=0.481$ 及 $\bar{h}=3.732$,查有关附表得: $K_M = 1.053$。

$$M_{\max} = K_M M_0 = 1.053 \times 661.86 = 696.94 \text{ kN·m}$$

(5) 局部冲刷线以下深度 z 处横向土抗力 p_{zx} 计算。

$$p_{zx} = \frac{\alpha Q_0}{b_1}\overline{Z}A_x + \frac{\alpha^2 M_0}{b_1}\overline{Z}B_x = \frac{0.311 \times 33.79}{2.43}\overline{Z}A_x + \frac{0.311^2 \times 661.86}{2.43}\overline{Z}B_x$$

$$= 4.323\overline{Z}A_x + 26.344\overline{Z}B_x$$

无量纲系数 A_x、B_x 由有关附表分别查得，p_{zx} 计算如表 3-17，其结果以图 3-36（b）表示。

表 3-17 p_{zx} 计算

$\overline{Z}=\alpha z$	z	A_x	B_x	$\frac{\alpha Q_0}{b_1}\overline{Z}A_x$	$\frac{\alpha^2 M_0}{b_1}\overline{Z}B_x$	p_{zx} (kPa)
0.0	0.00	2.469 00	1.631 59	0.00	0.00	0.00
0.2	0.64	2.144 30	1.300 75	1.85	6.85	8.71
0.4	1.29	1.827 40	1.009 79	3.16	10.64	13.80
0.6	1.93	1.525 50	0.758 24	3.96	11.98	15.94
0.8	2.57	1.244 64	0.544 96	4.30	11.49	15.79
1.0	3.22	0.989 37	0.368 12	4.28	9.70	13.97
1.2	3.86	0.762 71	0.225 17	3.96	7.12	11.08
1.4	4.50	0.566 18	0.113 10	3.43	4.17	7.60
1.8	5.79	0.262 12	-0.032 92	2.04	-1.56	0.48
2.2	7.07	0.063 60	-0.100 09	0.60	-5.80	-5.20
2.6	8.36	-0.055 01	-0.117 31	-0.62	-8.04	-8.65
3.0	9.65	-0.123 22	-0.108 26	-1.60	-8.56	-10.15
3.5	11.25	-0.176 27	-0.083 43	-2.67	-7.69	-10.36

（6）桩身配筋计算及桩身材料截面强度验算。

由上可知，最大弯矩发生在局部冲刷线以下 $z=1.55$ m 处，该处 $M_j=696.94$ kN·m。

计算轴向力 N_j 时，根据《公路桥涵设计通用规范》（JTG D60—2004）第 4.1.6 条，恒载分项系数取 1.2，汽车荷载分项系数取 1.4，人群荷载分项系数取 1.4，人群荷载组合系数取 0.8，则有：

$$N_j = 1.2 \times [1\,376.00 + 256.50 + 76.40 + 279.00 + 34.05 \times (339.00 - 330.66) + 7.26 \times$$

$$1.55 - \frac{1}{2}uq_kz] + 1.4 \times 400.30 + 0.8 \times 1.4 \times 135.00$$

$$= 1.2 \times (2\,283.13 - \frac{1}{2} \times 5.34 \times 70 \times 1.55) + 711.62 = 3\,103.74 \text{ kN}$$

注意：$\frac{1}{2}uq_kz$ 为局部冲刷线以下 1.55 m 段范围内的桩侧摩阻力。

① 纵向钢筋面积。

桩内竖向钢筋按含筋率 0.2% 配置，则有：

$$A_g = \frac{\pi}{4} \times 1.7^2 \times 0.2\% = 45.4 \times 10^{-4} \text{ m}^2$$

现选用 12 根 φ22 的 HRB335 级钢筋：

$$A_g = 45.62 \times 10^{-4} \text{ m}^2 \quad f'_{sd} = 280 \text{ MPa}$$

桩柱采用 C20 混凝土，$f_{cd} = 9.2$ MPa。

② 计算偏心距增大系数 η。

因为长细比：
$$\frac{l_p}{i} = \frac{l_0 + h}{\sqrt{I/A}} = \frac{8.34 + 12}{0.425} = 47.86 > 17.5$$

所以偏心距增大系数：
$$\eta = 1 + \frac{1}{1400 e_0/h_0} \left(\frac{l_p}{h}\right)^2 \zeta_1 \zeta_2$$

其中：$e_0 = \frac{M_{\max}}{N_{\max}} = \frac{696.94}{3103.74} = 0.225$ m；$h_0 = r + r_s = 0.85 + 0.765 = 1.615$ m；$h = 2r = 1.7$ m；

$\zeta_1 = 0.2 + 2.7 \frac{e_0}{h_0} = 0.576$；$\zeta_2 = 1.15 - 0.01 \frac{l_p}{h} = 1.030 > 1$，故取 $\zeta_2 = 1$。

所以
$$\eta = 1 + \frac{1}{1400 \times 0.225 \div 1.615} \times \left(\frac{20.34}{1.7}\right)^2 \times 1 \times 0.576 = 1.423$$

③ 计算截面实际偏心距 ηe_0。

$$\eta e_0 = \frac{\eta M_{\max}}{N_{\max}} = \frac{1.423 \times 696.94}{3103.74} = 0.320 \text{ m}$$

④ 根据《公路钢筋混凝土及预应力混凝土桥涵设计规范》（JTG D62—2004），轴向力偏心距 e_0 为：

$$e_0 = \frac{B f_{cd} + D \rho g f'_{sd}}{A f_{cd} + C \rho f'_{sd}} \cdot r$$

其中：$r = 0.85$ m，$\rho = 0.002$，并设 $g = 0.9$，则有：

$$e_0 = \frac{9.2B + 0.002 \times 0.9 \times 280 D}{9.2A + 0.002 \times 280 C} \times 0.85 = \frac{9.2B + 0.504D}{9.2A + 0.56C} \times 0.85$$

以下采用试算法列表（表 3-18）计算。

由表 3-18 可见，当 $\xi = 0.71$ 时，$e_0 = 0.322$ mm，与实际的 $e_0 = 0.320$ mm 很接近，故取 0.71 为计算值。

表 3-18 试算法列表

ξ	A	B	C	D	(e_0)	e_0	$(e_0)/e_0$
0.70	1.8102	0.6523	1.1294	1.4402	0.331	0.320	1.03
0.71	1.8420	0.6483	1.1876	1.4045	0.322	0.320	1.01
0.72	1.8736	0.6437	1.2440	1.3697	0.313	0.320	0.98

⑤ 截面承载力复核。

$$N_u = A r^2 f_{cd} + C \rho r^2 f'_{sd} = 1.8420 \times 850^2 \times 9.2 + 1.1876 \times 0.002 \times 850^2 \times 280$$
$$= 12724.28 \text{ kN} > N_j = 3103.74 \text{ kN}$$

$$M_u = B r^3 f_{cd} + D \rho g r^3 f'_{sd} = 0.6483 \times 850^3 \times 9.2 + 1.4045 \times 0.002 \times 0.9 \times 850^3 \times 280$$

$$= 4\,097.58 \text{ kN} \cdot \text{m} > M_j = 696.94 \text{ kN} \cdot \text{m}$$

满足要求。

根据弯矩分布,桩基的钢筋骨架宜至桩底,如考虑分段配筋,在 $z = 7.07$ m 截面处为界:

$$M = 258.55 \text{ kN} \cdot \text{m}$$

$$N = 1.2 \times \left(2\,271.88 + 7.26 \times 7.07 - \frac{1}{2} \times 5.34 \times 70 \times 7.07\right) + 1.4 \times 400.30 +$$
$$0.8 \times 1.4 \times 135.00 = 1\,913.81 \text{ kN}$$

按均质材料验算该截面应力为:

截面面积: $$A = \frac{\pi}{4} \times 1.7^2 = 2.270 \text{ m}^2$$

截面弹性抵抗矩: $$W = \frac{\pi d^3}{32} = 0.482 \text{ m}^3$$

$$\sigma = \frac{1\,913.81}{2.270} \pm \frac{258.55}{0.482} = \begin{cases} 1.38 \text{ (MPa)} \\ 0.30 \text{ (MPa)} \end{cases}$$

截面未出现拉应力,且小于 f_{cd},可在此处 ($z = 7.07$ m) 截面切除一半主钢筋。

⑥ 裂缝宽度验算。

根据《公路钢筋混凝土及预应力混凝土桥涵设计规范》(JTG D62—2004) 第 6.4.5 条,圆形截面钢筋混凝土偏心受压构件,当按作用短期效应组合计算的截面受拉区最外缘钢筋应力 $\sigma_{ss} \leq 24$ MPa 时,可不必验算裂缝宽度。

$$\sigma_{ss} = \left[59.42 \frac{N_s}{\pi r^2 f_{cu,k}} \left(2.80 \frac{\eta_s e_0}{r} - 1.0\right) - 1.65\right] \cdot \rho^{-\frac{2}{3}}$$

式中:N_s——按作用(或荷载)短期效应组合计算的轴向力/N;

ρ——截面配筋率,$\rho = A_s/(\pi r^2)$;

r——构件截面半径/mm;

η_s——使用阶段的偏心距增大系数,$\eta_s = 1 + \frac{1}{1\,400 e_0/h_0}\left(\frac{l_p}{h}\right)^2 \zeta_1 \zeta$,式中 h 以 $2r$ 代替;

h_0 以 $(r + r_s)$ 代替;当 $l_p/(2r) \leq 14$ 时,可取 $\eta_s = 1.0$;

e_0——轴向力 N_s 的偏心距/mm;

$f_{cu,k}$——边长为 150 mm 的混凝土立方体抗压强度标准值,设计时取混凝土抗压强度等级/MPa。

其中:$r = 850$ mm;$f_{cu,k} = 20$ MPa;$\eta_s = 1.0$ [由于 $l_p/(2r) = 11.96 < 14$];$\rho = 0.002$。

在作用短期效应组合下桩身最大弯矩 $M_s = 704.55$ kN·m 及最大弯矩位置位于局部冲刷线以下 $z = 1.55$ m 处(计算方法同前所示),此位置所对应的 $N_s = 2\,408.65$ kN;$e_0 = \frac{M_s}{N_s} = \frac{704.54}{2\,408.65} = 293$ mm。则有:

$$\sigma_{ss} = \left[59.42 \times \frac{2\,408\,650}{\pi \times 850^2 \times 20} \times \left(2.80 \times \frac{1.0 \times 293}{850} - 1.0\right) - 1.65\right] \times (0.002)^{-\frac{2}{3}}$$
$$= -110.86 \text{ MPa} < 24 \text{ MPa}$$

说明在作用短期效应组合下桩身弯矩最大截面最外缘钢筋处于受压状态,可不必验算裂缝宽度。

(7)桩顶纵向水平位移计算。

桩在局部冲刷线处水平位移 x_0 和转角 φ_0 为:

$$x_0 = \frac{Q_0}{\alpha^3 EI} A_x + \frac{M_0}{\alpha^2 EI} B_x$$

$$\varphi_0 = \frac{Q_0}{\alpha^2 EI} A_\varphi + \frac{M_0}{\alpha EI} B_\varphi$$

因为 $z = 0$ m,查附表得:$A_x = 2.46900$,$B_x = 1.63159$,$A_\varphi = -1.63159$,$B_\varphi = -1.75417$,所以

$$x_0 = \frac{33.79}{0.311^3 \times 8.364 \times 10^6} \times 2.469 + \frac{661.86}{0.311^2 \times 8.364 \times 10^6} \times 1.63159 = 0.0017 \text{ m}$$

$$\varphi_0 = \frac{33.79}{0.311^2 \times 8.364 \times 10^6} \times (-1.63159) + \frac{661.86}{0.311 \times 8.364 \times 10^6} \times (-1.75417)$$

$$= -0.00051 \text{ rad}$$

由 $I_1 = \pi \times \frac{1.5^4}{64} = 0.249 \text{ m}^4$,$E_1 = E$,$I = \frac{\pi \times 1.7^2}{64} = 0.410 \text{ m}^4$,得:$n = \frac{E_1 I_1}{EI} = \frac{1.5^4}{1.7^4} = 0.683$

墩顶纵桥向水平位移的计算:

$l'_0 = 345.31 - 330.66 = 14.65$ m,$\alpha l'_0 = 4.556$,$h_2 = 339.00 - 330.66 = 8.34$ m,$\alpha h_2 = 2.594$,查有关附表得:$A_{x_1} = 95.39591$,$A_{\varphi_1} = 21.63616$

计算得: $A'_{x_1} = 98.0963$,$B'_{x_1} = 23.1977$

故由 $x_1 = \frac{1}{\alpha^2 EI} \left(\frac{Q}{\alpha} A'_{x_1} + M B'_{x_1} \right)$,得:$x_1 = 0.0192$ m $= 19.2$ mm

3.5 承台的设计计算

承台是桩基础的一个重要组成部分。承台应有足够的强度和刚度,以便把上部结构的荷载传递给各桩,并将各单桩联结成整体。

承台设计包括承台材料、形状、高度、底面高程和平面尺寸的确定以及强度验算,并要符合构造要求。除强度验算外,上述各项均可根据本章前述有关内容初步拟定,经验算后若不能满足有关要求,仍须修改设计,直至满足为止。

承台按极限状态设计,一般应进行局部受压、抗冲切、抗弯和抗剪验算。

3.5.1 桩顶处的局部受压验算

桩顶作用于承台混凝土的压力,如不考虑桩身与承台混凝土间的黏结力,局部承压时按下式计算:

$$\gamma_0 N_d \leqslant 0.9 \beta A_1 f_{cd} \tag{3-38}$$

$$\beta = \sqrt{\frac{A_b}{A_1}} \tag{3-39}$$

式中：γ_0——结构重要性系数；
N_d——承台内一根基桩承受的最大轴向力计算值/kN；
β——局部承压强度提高系数；
A_l——承台内基桩桩顶横截面面积/m²；
A_b——承台内计算底面积/m²。具体计算方法参见《公路圬工桥涵设计规范》(JTG D61—2005)；
f_{cd}——混凝土轴心抗压强度设计值/(kN/m²)。

如验算结果不符合上式要求，应在承台内桩的顶面以上设置 1～2 层钢筋网，钢筋网的边长应大于桩径的 2.5 倍，钢筋直径不宜小于 12 mm，网孔为 100 mm × 100 mm，如图 3-37 所示。

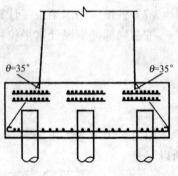

图 3-37 承台桩顶处钢筋网

3.5.2 承台的冲切承载力验算

1. 柱或墩台向下冲切承台

柱或墩台向下冲切的破坏锥体应采用自柱或墩台边缘至相应桩顶边缘连线构成的锥体；桩顶位于承台顶面以下一倍有效高度 h_0 处。锥体斜面与水平面的夹角，不应小于 45°。当小于 45° 时，取用 45°。

柱或墩台向下冲切承台的冲切承载力按下列规定计算：

$$\gamma_0 F_{ld} \leq 0.6 f_{td} h_0 [2\alpha_{px}(b_y + a_y) + 2\alpha_{py}(b_x + a_x)] \tag{3-40}$$

$$\alpha_{px} = \frac{1.2}{\lambda_x + 0.2}$$

$$\alpha_{py} = \frac{1.2}{\lambda_y + 0.2}$$

式中：F_{ld}——作用于冲切破坏棱体上的冲切力设计值，可取柱或墩台的竖向力设计值减去锥体范围内桩的反力设计值；
γ_0——桥梁结构的重要性系数；
b_x、b_y——柱或墩台作用面积的边长，如图 3-38（a）所示；
a_x、a_y——冲跨，冲切破坏锥体侧面顶边与底边间的水平距离，即柱或墩台边缘到桩边缘的水平距离，其值不应大于 h_0，如图 3-38（a）所示；
λ_x、λ_y——冲跨比，$\lambda_x = a_x/h_0$，$\lambda_y = a_y/h_0$，当 $a_x < 0.2h_0$ 或 $a_y < 0.2h_0$ 时，取 $a_x = 0.2h_0$ 或 $a_y = 0.2h_0$；
α_{px}、α_{py}——分别与冲跨比 λ_x、λ_y 对应的冲切承载力系数；
f_{td}——混凝土轴心抗拉强度设计值。

2. 柱或墩台向下冲切破坏锥体以外的角桩和边桩向上冲切承台

对于柱或墩台向下的冲切破坏锥体以外的角桩和边桩，其向上冲切承台的冲切承载力按下列规定计算：

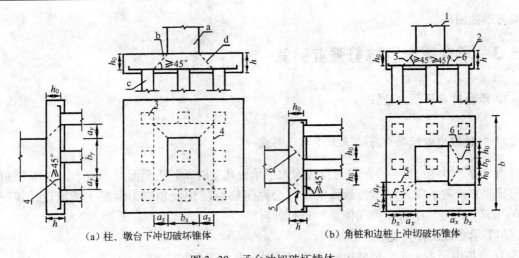

图 3-38 承台冲切破坏棱体
a—柱、墩台；b—承台；c—桩；d—破坏锥体；1—柱、墩台；2—承台；3—角桩；
4—边桩；5—角桩上破坏棱体；6—边桩上破坏棱体

1) 角桩

$$\gamma_0 F_{ld} \leq 0.6 f_{td} h_0 \left[2\alpha'_{py}\left(b_y + \frac{a_y}{2}\right) + 2\alpha'_{py} + \left(b_x + \frac{a_x}{2}\right) \right] \tag{3-41}$$

$$\alpha_{px} = \frac{0.8}{\lambda_x + 0.2}$$

$$\alpha_{py} = \frac{0.8}{\lambda_y + 0.2}$$

式中：F_{ld}——角桩竖向力设计值；

b_x、b_y——承台边缘至桩内边缘的水平距离，如图 3-38（b）所示；

a_x、a_y——冲跨，为桩边缘至相应柱或墩台边缘的水平距离，其值不应大于 h_0，如图 3-38（b）所示；

λ_x、λ_y——冲跨比，$\lambda_x = a_x/h_0$，$\lambda_y = a_y/h_0$，当 $a_x < 0.2h_0$ 或 $a_y < 0.2h_0$ 时，取 $a_x = 0.2h_0$ 或 $a_y = 0.2h_0$；

α'_{px}、α'_{py}——分别与冲跨比 λ_x、λ_y 对应的冲切承载力系数。

2) 边桩

当 $b_p + 2h_0 \leq b$ 时 [b 见图 3-38（b）]：

$$\gamma_0 F_{ld} \leq 0.6 f_{td} h_0 [2\alpha'_{py}(b_p + h_0) + 0.667 \times (2b_x + a_x)] \tag{3-42}$$

式中：F_{ld}——边桩竖向力设计值；

b_x——承台边缘至桩内边缘的水平距离；

b_p——方桩的边长；

a_x——冲跨，为桩边缘至相应柱或墩台边缘的水平距离，其值不应大于 h_0，如图 3-38（b）所示。

按上述式（3-40）～式（3-42）计算时，圆形截面桩可换算为边长等于 0.8 倍圆桩直径的方形截面桩。

3.5.3 承台抗弯及抗剪强度验算

1. 承台抗弯承载力验算

1) 外排桩中心距墩台身边缘大于承台高度

当承台下面外排桩中心距墩台身边缘大于承台高度时，其正截面（垂直于 x 轴和 y 轴的竖向截面）抗弯承载力可作为悬臂梁按《公路钢筋混凝土及预应力混凝土桥涵设计规范》（JTG D62—2004）中的"梁式体系"进行计算。

（1）承台截面计算宽度。

① 当桩中距不大于 3 倍桩边长或桩直径时，取承台全宽；

② 当桩中距大于 3 倍桩边长或桩直径时：

$$b_s = 2a + 3D(n-1) \tag{3-43}$$

式中：b_s——承台截面计算宽度；

a——平行于计算宽度的边桩中心距承台边缘距离；

D——桩边长或桩直径；

n——平行于计算截面的桩的根数。

（2）承台计算截面弯矩设计值计算（图 3-39）。

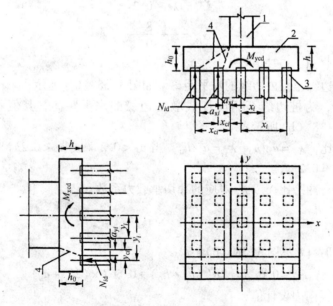

图 3-39 桩基承台计算
1-墩身；2-承台；3-桩；4-剪切破坏斜截面

$$M_{xcd} = \sum N_{id} y_{ci} \tag{3-44a}$$

$$M_{xcd} = \sum N_{id} x_{ci} \tag{3-44b}$$

式中：M_{xcd}、M_{ycd}——计算截面外侧各排桩竖向力产生的绕 x 轴和 y 轴在计算截面处的弯矩组合设计值；

$\quad\quad N_{id}$——计算截面外侧第 i 排桩的竖向力设计值，取该排桩根数乘以该排桩中最大单桩竖向力设计值；

$\quad\quad x_{ci}$、y_{ci}——垂直于 y 轴和 x 轴方向，自第 i 排桩中心线至计算截面的距离。

在确定承台的计算截面弯矩后，可根据钢筋混凝土矩形截面受弯构件按极限状态设计法进行承台纵桥向及横桥向配筋计算或验算截面抗弯强度。

2) 外排桩中心距墩台身边缘等于或小于承台高度

当外排桩中心距墩台身边缘等于或小于承台高度时，承台短悬臂可按"撑杆—系杆体系"计算撑杆的抗压承载力和系杆的抗拉承载力，如图 3-40 所示。

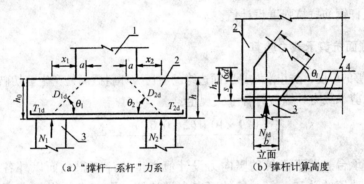

(a) "撑杆—系杆"力系　　(b) 撑杆计算高度

图 3-40　承台按"撑杆—系杆体系"计算
1-墩台身；2-承台；3-桩；4-系杆钢筋

(1) 撑杆抗压承载力可按下式计算：

$$\gamma_0 D_{id} \leqslant t b_s f_{cd,s} \tag{3-45a}$$

$$f_{cd,s} = \frac{f_{cu,k}}{1.43 + 304\varepsilon_1} \leqslant 0.48 f_{cu,k} \tag{3-45b}$$

$$\varepsilon_1 = \left(\frac{T_{id}}{A_s E_s} + 0.002\right) \cot^2 \theta_i \tag{3-45c}$$

$$t = b \sin\theta_i + h_a \cos\theta_i \tag{3-45d}$$

$$h_a = s + 6d \tag{3-45e}$$

式中：D_{id}——撑杆压力设计值，包括 $D_{1d} = N_{1d}/\sin\theta_1$，$D_{2d} = N_{2d}/\sin\theta_2$，其中 N_{1d} 和 N_{2d} 分别为承台悬臂下面"1"排桩和"2"排桩内该排桩的根数乘以该排桩中最大单桩竖向力设计值，按式 (3-45a) 计算撑杆抗压承载力时，式中 D_{id} 取 D_{1d} 和 D_{2d} 两者较大值；

$\quad\quad f_{cd,s}$——撑杆混凝土轴心抗压强度设计值；

$\quad\quad t$——撑杆计算高度；

$\quad\quad b_s$——撑杆计算宽度。按式 (3-43) 有关正截面抗弯承载力计算时对计算宽度的规定；

$\quad\quad b$——桩的支撑宽度。方形截面桩取截面边长，圆形截面桩取直径的 0.8 倍；

$f_{cu,k}$——边长为 150 mm 的混凝土立方体抗压强度标准值;

T_{id}——与撑杆相应的系杆拉力设计值,包括 $T_{1d} = N_{1d}/\tan\theta_1$,$T_{2d} = N_{2d}/\tan\theta_2$;

s——系杆钢筋的顶层钢筋中心至承台底的距离;

d——系杆钢筋直径。当采用不同直径的钢筋时,d 取加权平均值;

θ_i——撑杆压力线与系杆拉力线的夹角,包括 $\theta_1 = \arctan\dfrac{h_0}{a+x_1}$,$\theta_2 = \arctan\dfrac{h_0}{a+x_2}$,其中 h_0 为承台有效高度;a 为撑杆压力线在承台顶面的作用点至墩台边缘的距离,取 $a = 0.15h_0$;x_1 和 x_2 为桩中心至墩台边缘的距离。

(2) 系杆抗拉承载力按下式计算:

$$\gamma_0 T_{id} \leqslant f_{sd} A_s \tag{3-46}$$

式中:T_{id}——系杆拉力设计值,取 T_{1d} 与 T_{2d} 两者较大者;

f_{sd}——系杆钢筋抗拉强度设计值。

2. 承台斜截面抗剪承载力验算

承台应有足够的厚度,防止沿墩身底面边缘的剪切破坏斜截面处产生剪切破坏(图 3-38)。承台的斜截面抗剪承载力计算应符合下式规定:

$$\gamma_d V_d \leqslant \dfrac{0.9 \times 10^{-4}(2+0.6P)\sqrt{f_{cu,k}}}{m} b_s h_0$$

式中:V_d——由承台悬臂下面桩的竖向力设计值产生的计算斜截面以外各排桩最大剪力设计值的总和。每排桩的竖向力设计值,取其中一根最大值乘以该排桩的根数;

$f_{cu,k}$——边长为 150 mm 的混凝土立方体抗压强度标准值/MPa;

P——斜截面内纵向受拉钢筋的配筋百分率,$P = 100\rho$,$\rho = A_s/(bh_0)$。当 $P > 2.5$ 时,取 $P = 2.5$,其中 A_s 为承台截面计算宽度内纵向受拉钢筋截面面积;

m——剪跨比,$m = a_{xi}/h_0$ 或 $m = a_{yi}/h_0$。当 $m < 0.5$ 时,取 $m = 0.5$,其中 a_{xi} 和 a_{yi} 分别为沿 x 轴和 y 轴墩台边缘至计算斜截面外侧第 i 排桩边缘的距离;当为圆形截面桩时,可换算为边长等于 0.8 倍圆桩直径的方形截面桩;

b_s——承台计算宽度/mm;

h_0——承台有效高度/mm。

当承台的同方向可作出多个斜截面破坏面时,应分别对每个斜截面进行抗剪承载力计算。

3.6 桩基础设计

设计桩基础时,首先应该收集必要的资料,包括上部结构形式与使用要求、荷载的性质与大小、地质和水文资料,以及材料供应和施工条件等。据此拟订出设计方案(包括选择桩基类型、桩长、桩径、桩数、桩的布置、承台位置与尺寸等),然后进行基桩和承台以及桩基础整体的强度、稳定、变形检验,经过计算、比较、修改,以保证承台、基桩和地基在强度、变形及稳定性方面满足安全和使用上的要求,并同时考虑技术和经济上的可能性与合理性,最后确定较理想的设计方案。

3.6.1 桩基础类型的选择

选择桩基础类型时,应根据设计要求和现场的条件,并考虑各种类型桩基础具有的不同特点,综合分析选择。

1. 承台底面高程的考虑

承台底面的高程应根据桩的受力情况,桩的刚度和地形、地质、水流、施工等条件确定。承台低稳定性较好,但在水中施工难度较大,因此可用于季节性河流、冲刷小的河流或旱地上其他结构物的基础。当承台埋设于冻胀土层中时,为了避免由于土的冻胀引起桩基础损坏,承台底面应位于冻结线以下不少于0.25 m,对于常年有流水、冲刷较深,或水位较高、施工排水困难、在受力条件允许时,应尽可能采用高桩承台。承台如在水中或有流冰的河道,承台底面也应适当放低,以保证基桩不会直接受到撞击,否则应设置防撞装置。当作用在桩基础上的水平力和弯矩较大,或桩侧土质较差时,为减少桩身所受的内力,可适当降低承台底面高程。有时为节省墩台身圬工数量,则可适当提高承台底面高程。

2. 柱桩桩基和摩擦桩桩基的考虑

柱桩和摩擦桩的选择主要根据地质和受力情况确定。柱桩桩基础承载力大,沉降量小,较为安全可靠,因此当基岩埋深较浅时,应考虑采用柱桩桩基。若岩层埋置较深或受施工条件的限制不宜采用柱桩,则可采用摩擦桩,但在同一桩基础中不宜同时采用柱桩和摩擦桩,同时也不宜采用不同材料、不同直径和长度相差过大的桩,以避免桩基产生不均匀沉降或丧失稳定性。

当采用柱桩时,除桩底支承在基岩上(端承桩)外,如覆盖层较薄,或水平荷载较大,还需将桩底端嵌入基岩中一定深度成为嵌岩桩,以增加桩基的稳定性和承载能力。为保证嵌岩桩在横向荷载作用下的稳定性,需嵌入基岩的深度与桩嵌固处的内力及桩周岩石强度有关,应分别考虑弯矩和轴力要求,由要求较高的来控制设计深度。考虑弯矩时,可用以下近似方法进行确定。

1) 圆形桩

(1) 桩在嵌固深度 h 范围内的应力图形,假定按两个相等三角形变化 [图3-41 (b)]。

(2) 桩侧压力的分布,假定最大压力 p_{max} 等于平均压应力 p 的1.27倍 [图3-41 (c)]。

(3) 水平力 H 和桩端摩阻力对桩的影响略而不计。

$$p_{max} = c\beta f_{rk} \qquad (3-47)$$

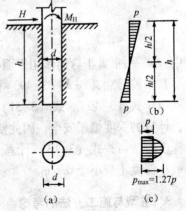

图3-41 嵌入岩层最小深度计算图式

式中：c——安全系数，采用 0.5；
β——岩石的竖直抗压强度换算为水平抗压强度的折减系数；
f_{rk}——岩石饱和单轴抗压强度标准值/kPa。黏土质岩取天然湿度单轴抗压强度标准值 ($f_{rk} \geq 2$ MPa)。

由以上假设，根据静力平衡条件（$\sum M_H = 0$），便可列出下式：

$$M_H = \left(\frac{1}{2}p \times \frac{h}{2} \times d\right) \times \left(2 \times \frac{2}{3} \times \frac{h}{2}\right) = \frac{1}{6}ph^2d = \frac{1}{6} \times \frac{p_{max}}{1.27} \times h^2 d$$

$$= \frac{1}{7.62}c\beta f_{rk}h^2d = 0.131 \times 0.5\beta f_{rk}h^2d = 0.0655\beta f_{rk}h^2d \tag{3-48}$$

则有：

$$h = \sqrt{\frac{M_H}{0.0655\beta f_{rk}d}} \tag{3-49}$$

式中：h——桩嵌入基岩中（不计强风化层和全风化层）的有效深度/m，不应小于 0.5 m；
M_H——在基岩顶面处的弯矩/(kN·m)；
f_{rk}——岩石饱和单轴抗压强度标准值/kPa。黏土质岩取天然湿度单轴抗压强度标准值；
β——系数，$\beta = 0.5 \sim 1.0$。根据岩层侧面构造而定，节理发育的取小值，节理不发育的取大值；
d——桩身直径/m。

2）矩形桩

除 $p_{max} = p$ 以外，其他假定均与圆形桩相同。即：

$$M_H = \left(\frac{1}{2}p \times \frac{h}{2} \times b\right) \times \left(2 \times \frac{2}{3} \times \frac{h}{2}\right)$$

$$= \frac{1}{6}ph^2b = \frac{1}{6} \times 0.5\beta f_{rk}h^2b = 0.0833\beta f_{rk}h^2b \tag{3-50}$$

$$h = \sqrt{\frac{M_H}{0.0833\beta f_{rk}b}} \tag{3-51}$$

式中：b——垂直于弯矩作用平面桩的边长/m；
其余符号意义与式（3-49）相同。

由于式（3-49）、式（3-51）中作了一些假设，且未考虑钻孔底面承受挠曲力矩的影响，计算的深度偏于安全，因此使用此式时，可结合具体情况考虑。考虑桩底轴向力计算嵌岩深度时，可按式（3-13）计算。为保证嵌固牢靠，在任何情况下均不计风化层，嵌入岩层最小深度不应小于 0.5 m。

3. 桩型与施工方法的考虑

桩型与施工方法的选择应按照基础工程的方案，根据地质情况、上部结构要求、桩的使用功能和施工技术设备等条件来确定。

3.6.2 桩径、桩长的拟定

桩径与桩长的设计，应综合考虑荷载的大小、土层性质与桩周土阻力状况、桩基类型与结构特点、桩的长径比以及施工设备与技术条件等因素后确定，力争做到既满足使用要求，又造价经济，最有效地利用和发挥地基土和桩身材料的承载性能。

设计时，首先拟定尺寸，然后通过基桩计算，验算所拟定的尺寸是否经济合理，再作最后确定。

1. 桩径拟定

桩的类型选定后，桩的横截面（桩径）可根据各类桩的特点与常用尺寸选择确定。

2. 桩长拟定

确定桩长的关键在于选择桩端持力层，因为桩端持力层对于桩的承载力和沉降有着重要影响。设计时，可先根据地质条件选择适宜的桩端持力层初步确定桩长，并应考虑施工的可行性（如钻孔灌注桩钻机钻进的最大深度等）。

一般应将桩底置于岩层或坚硬的土层上，以得到较大的承载力和较小的沉降量。如在施工条件容许的深度内没有坚硬土层存在，应尽可能选择压缩性较低、强度较高的土层作为持力层。要避免使桩底坐落在软土层上或离软弱下卧层的距离太近，以免桩基础发生过大的沉降。

对于摩擦桩，有时桩底持力层可能有多种选择，此时确定桩长与桩数两者相互牵连，遇此情况，可通过试算比较，选择较合理的桩长。摩擦桩的桩长不应拟定太短，一般不应小于 4 m。因为桩长过短达不到设置桩基把荷载传递到深层或减小基础下沉量的目的，且必然增加桩数很多，扩大了承台尺寸，也影响施工的进度。此外，为保证发挥摩擦桩桩底土层支承力，桩底端部应尽可能达到该土层的桩端阻力的临界深度，一般不宜小于 1 m。

3.6.3 确定基桩根数及其平面布置

1. 桩的根数估算

一个基础所需桩的根数可根据承台底面上的竖向荷载和单桩承载力容许值按下式估算：

$$n \geqslant \mu \frac{N}{[R_a]} \tag{3-52}$$

式中：n——桩的根数；

N——作用在承台底面上的竖向荷载/kN；

$[R_a]$——单桩承载力容许值/kN；

μ——考虑偏心荷载时各桩受力不均而适当增加桩数的经验系数，可取 $\mu=1.1 \sim 1.2$。

估算的桩数是否合适，在验算各桩的受力状况后即可确定。

桩数的确定还须考虑满足桩基础水平承载力的要求。若有水平静载试验资料，可用各单桩水平承载力之和作为桩基础的水平承载力（为偏安全考虑），来校核按式（3-52）估算的桩数。但一般情况下，桩基水平承载力是由基桩的材料强度所控制，可通过对基桩的结构强度设计（如钢筋混凝土桩的配筋设计与截面强度验算）来满足，所以桩数仍按式（3-52）来估算。

此外，桩数的确定与承台尺寸、桩长及桩的间距的确定相关联，确定时应综合考虑。

2. 桩间距的确定

为了避免桩基础施工可能引起土的松弛效应和挤土效应对相邻基桩的不利影响，以及桩群效应对基桩承载力的不利影响，布设桩时，应根据桩的类型及施工工艺和排列方式确定桩的最小中心距。

1）摩擦桩

锤击、静压沉桩，在桩端处的中心距不应小于桩径（或边长）的 3 倍，对于软土地基宜适当增大；振动沉入砂土内的桩，在桩端处的中心距不应小于桩径（或边长）的 4 倍。桩在承台底面处的中心距不应小于桩径（或边长）的 1.5 倍。

钻孔桩中心距不应小于桩径的 2.5 倍。

挖孔桩中心距可参照钻孔桩采用。

2）端承桩

支承或嵌固在基岩中的钻（挖）孔桩中心距，不应小于桩径的 2.0 倍。

3）扩底灌注桩

钻（挖）孔扩底灌注桩中心距不应小于 1.5 倍扩底直径或扩底直径加 1.0 m，取较大者。

为了避免承台边缘距桩身过近而发生破裂，并考虑桩顶位置允许的偏差，边桩外侧到承台边缘的距离，对于桩径小于或等于 1.0 m 的桩不应小于 0.5 倍的桩径，且不小于 0.25 m；对于桩径大于 1.0 m 的桩不应小于 0.3 倍桩径并不小于 0.5 m（盖梁不受此限）。

3. 桩的平面布置

桩数确定后，可根据桩基受力情况选用单排桩或多排桩桩基。

多排桩稳定性好，抗弯刚度较大，能承受较大的水平荷载，水平位移小，但多排桩的设置将会增大承台的尺寸，增加施工困难，有时还影响航道；单排桩与此相反，能较好地与柱式墩台结构形式配用，可节省圬工，减小作用在桩基的竖向荷载。因此，当桥跨不大、桥高较矮时，或单桩承载力较大，需用桩数不多时常采用单排排架式基础。公路桥梁自采用了具有较大刚度的钻孔灌注桩后，选用盖梁式承台双柱或多柱式单排墩台桩柱基础也较广泛，对较高的桥台、拱桥桥台、制动墩和单向水平推力墩基础则常需用多排桩。

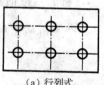

(a) 行列式

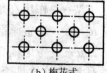

(b) 梅花式

桩的排列形式常采用行列式 [图 3-42 (a)] 和梅花式 [图 3-42 图 3-42 桩的平面布置

(b)]，在相同的承台底面积下，后者可排列较多的基桩，而前者有利于施工。

桩基础中桩的平面布置，除应满足上述的最小桩距等构造要求外，还应考虑基桩布置对桩基受力有利。为使各桩受力均匀，充分发挥每根桩的承载能力，设计布置时，应尽可能使桩群横截面的重心与荷载合力作用点重合或接近，通常桥墩桩基础中的基桩采取对称布置，而桥台多排桩桩基础视受力情况在纵桥向采用非对称布置。

当作用于桩基的弯矩较大时，宜尽量将桩布置在离承台形心较远处，采用外密内疏的布置方式，以增大基桩对承台形心或合力作用点的惯性矩，提高桩基的抗弯能力。

此外，基桩布置还应考虑使承台受力较为有利，如桩柱式墩台应尽量使墩柱轴线与基桩轴线重合，盖梁式承台的桩柱布置应使承台发生的正负弯矩接近或相等，以减小承台所承受的弯曲应力。

3.6.4 桩基础设计计算与验算内容

根据上述原则所拟订的桩基础设计方案应进行验算，即对桩基础的强度、变形和稳定性进行必要的验算，以验证所拟订的方案是否合理，能否优选成为较佳的设计方案。为此，应计算基桩与承台在与验算项目相应的最不利荷载组合下所受到的作用力及相应产生的内力与位移，作下列各项验算。

1. 单根基桩的验算

1) 单桩轴向承载力验算

（1）按地基土的支承力确定和验算单桩轴向承载力。

目前通常仍采用单一安全系数即容许应力法进行验算。首先根据地质资料确定单桩轴向承载力容许值，对于一般性桥梁和结构物，或在各种工程的初步设计阶段可按经验（规范）公式计算；而对于大型、重要桥梁或复杂地基条件还应通过静载试验或其他方法，做详细分析比较，较准确合理地确定。检算单桩承载力容许值，应以最不利作用效应组合计算出受轴向力最大的一根基桩进行验算。即：

$$P_{max} + G \leqslant [R_a] \quad (3-53)$$

式中：P_{max}——作用于桩顶上的最大轴向力/kN；

G——桩重/kN。桩身自重与置换土重（当自重计入浮力时，置换土重也计入浮力）的差值；

$[R_a]$——单桩轴向承载力容许值/kN。应取按土的阻力和材料强度算得结果中的较小值。

（2）按桩身材料强度确定和验算单桩承载力。

验算时，把桩作为一根压弯构件，按概率极限状态设计方法以承载能力极限状态验算桩身压屈稳定和截面强度，以正常使用极限状态验算桩身裂缝宽度，参见《公路钢筋混凝土及预应力混凝土桥涵设计规范》（JTG D62—2004）。

对单桩轴向力承载力的验算，如果不能满足要求，则应增加桩数 n 或调整桩的平面布置，或减少 P_{max} 值，也可加大桩的截面尺寸，重新确定桩数、桩长和布置，直到符合验算要求为止。

2) 单桩横向承载力验算

当有水平静载试验资料时，可以直接验算桩的水平承载力容许值是否满足地面处水平力的要求。无水平静载试验资料时，均应验算桩身截面强度。

对于预制桩还应验算桩起吊、运输时的桩身强度。

3) 单桩水平位移及墩台顶水平位移验算

现行规范未直接提及桩的水平位移验算，但规范规定需做墩台顶水平位移验算。在荷载作用下，墩台水平位移值的大小，除了与墩台本身材料受力变位有关外，还取决于桩柱的水平位移及转角，因此墩台顶水平位移验算包含了对单桩水平位移的检验。墩台顶的水平位移 Δ 按下式计算：

$$\Delta = a_0 + \beta_0 l + \Delta_0 \tag{3-54}$$

式中：a_0——承台底面中心处的水平位移；
  β_0——承台底面中心处的转角；
  l——墩台顶至承台底的距离；
  Δ_0——由承台底到墩台顶面间的弹性挠曲所引起的墩台顶部的水平位移。

4) 弹性桩单桩桩侧土的水平土抗力验算

此项需否验算目前尚无一致意见，考虑其验算的目的在于保证桩侧土的稳定而不发生塑性破坏，予以安全储备，并确保桩侧土处于弹性状态，符合弹性地基梁法理论上的假设要求。验算时要求桩侧土产生的最大土抗力不应超过其容许值。

2. 群桩基础承载力和沉降量的验算

当摩擦型群桩基础的基桩中心距小于 6 倍桩径时，需验算群桩基础的地基承载力，包括桩底持力层承载力验算及软弱下卧层的强度验算；必要时还须验算桩基沉降量，包括总沉降量和相邻墩台的沉降差。

3. 承台强度验算

承台作为构件，一般应进行局部受压、抗冲切、抗弯和抗剪强度验算。

3.6.5　桩基础设计计算步骤与程序

综合上述，桩基础设计是一个系统工程工作，包括方案设计与施工图设计。为取得良好的技术与经济效果，有时（尤其对大桥或特大桥）应做几种方案比较或对已拟订方案修正使施工图设计成为方案设计的实施与保证。为阐明桩基础设计与计算的整个过程，现以框图 3-43 来说明，也作为本章内容的扼要概括。

第3章 桩基础

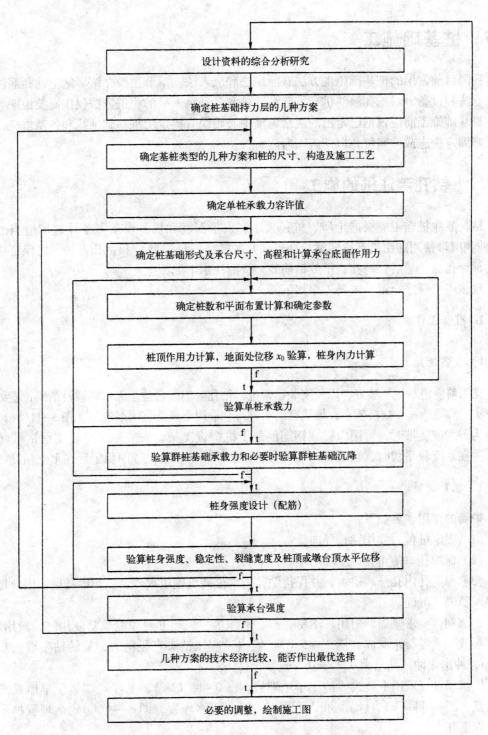

图 3-43 桩基础设计计算步骤与程序示意框图
t—肯定或满足；f—否定或不满足

注：1. 框图内"计算和确定参数"是指需参与计算的各常数及单排桩、多排桩计算需用的各种参数；
2. x_0 是指地面或最大冲刷深度处桩的横向位移。

3.7 桩基础施工

我国目前常用的桩基础施工方法有灌注法和沉入法。本节主要介绍旱地上钻孔灌注桩的施工方法和设备，对挖孔灌注桩、沉管灌注桩和各种沉入桩的施工方法仅作简要说明。

桩基础施工前应根据已定出的墩台纵横中心轴线直接定出桩基础轴线和各基桩桩位，并设置好固定桩志或控制桩，以便施工时随时校核。

3.7.1 钻孔灌注桩的施工

钻孔灌注桩施工应根据土质、桩径大小、入土深度和机具设备等条件选用适当的钻具（目前我国常使用的钻具有旋转钻、冲击钻和冲抓钻三种类型）和钻孔方法，以保证能顺利达到预计孔深，然后，清孔、吊放钢筋笼架、灌注水下混凝土。

现按施工顺序介绍其主要工序如下。

1. 准备工作

1) 准备场地

施工前应将场地平整好，以便安装钻架进行钻孔。当墩台位于无水岸滩时钻架位置处应整平夯实，清除杂物，挖换软土；场地有浅水时，宜采用土或草袋围堰筑岛［图3-44（c）］。当场地为深水或陡坡时，可用木桩或钢筋混凝土桩搭设支架，安装施工平台支承钻机（架）。深水中在水流较平稳时，也可将施工平台架设在浮船上，就位锚固稳定后在水上钻孔。

2) 埋置护筒

护筒的作用主要如下。
(1) 固定桩位，并作钻孔导向。
(2) 保护孔口防止孔口土层坍塌。
(3) 隔离孔内孔外表层水，并保持钻孔内水位高出施工水位，以稳固孔壁。因此埋置护筒要求稳固、准确。

护筒制作要求坚固、耐用、不易变形、不漏水、装卸方便和能重复使用。一般用木材、薄钢板或钢筋混凝土制成（图3-45）。护筒内径应比钻头直径稍大，旋转钻须增大0.1～0.2m，冲击或冲抓钻增大0.2～0.3m。

护筒埋设可采用下埋式［适于旱地埋置，图3-44（a）］、上埋式［适于旱地或浅水筑岛埋置，图3-44（b）、（c）］和下沉埋设［适于深水埋置，图3-44（d）］。埋置护筒时应注意以下几点。

(1) 护筒平面位置应埋设正确，偏差不宜大于50mm。
(2) 护筒顶高程应高出地下水位和施工最高水位1.5～2.0m。无水地层钻孔因护筒顶部设有溢浆口，筒顶也应高出地面0.2～0.3m。
(3) 护筒底应低于施工最低水位（一般低于0.1～0.3m即可）。深水下沉埋设的护筒应沿导向架借自重、射水、振动或锤击等方法将护筒下沉至稳定深度，入土深度黏性土应达到 0.5~1m，砂性土则为 3~4m。

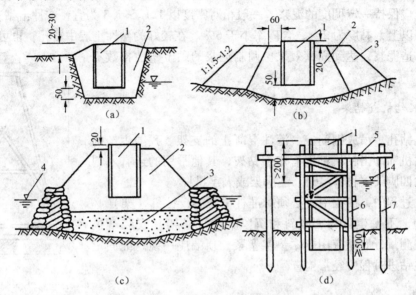

图 3-44 护筒的埋置（尺寸单位：cm）
1—护筒；2—夯实黏土；3—砂土；4—施工水位；5—工作平台；6—导向架；7—脚手架

（4）下埋式及上埋式护筒挖坑不宜太大（一般比护筒直径大 0.6~1.0m），护筒四周应夯填密实的黏土，护筒底应埋置在稳固的黏土层中，否则也应换填黏土并夯密实，其厚度一般为 0.50m。

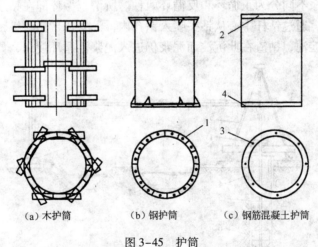

(a) 木护筒　　(b) 钢护筒　　(c) 钢筋混凝土护筒

图 3-45 护筒
1—连接螺栓孔；2—连接钢板；3—纵向钢筋；4—连接钢板或刃脚

3）制备泥浆

泥浆在钻孔中的作用是：一是在孔内产生较大的静水压力，可防止坍孔；二是泥浆向孔外土层渗漏，在钻进过程中，由于钻头的活动，孔壁表面形成一层胶泥，具有护壁作用，同时将孔内外水流切断,能稳定孔内水位;三是泥浆相对密度大,具有挟带钻渣的作用,利于钻渣的排出。此外,还有冷却机具和切土润滑作用,降低钻具磨损和发热程度。因此在钻孔过程中孔内应保持一定稠度的泥浆,一般相对密度以 1.1～1.3 为宜,在冲击钻进大卵石层时可用 1.4 以上,黏度为 20 s,含砂率小于 6%。在较好的黏性土层中钻孔,也可灌入清水,使钻孔内自造泥浆,达到固壁效果。调制泥浆的黏土塑性指数不宜小于 15。

4) 安装钻机或钻架

钻架是钻孔、吊放钢筋笼、灌注混凝土的支架。我国生产的定型旋转钻机和冲击钻机都附有定型钻架,其他常用的还有木制的和钢制的四脚架(图 3-46)、三脚架或人字扒杆。

在钻孔过程中,成孔中心必须对准桩位中心,钻机(架)必须保持平稳,不发生位移、倾斜和沉陷。钻机(架)安装就位时,应详细测量,底座应用枕木垫实塞紧,顶端应用缆风绳固定平稳,并在钻进过程中经常检查。

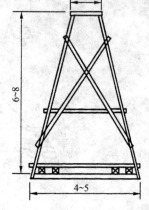

图 3-46 四脚钻架
(尺寸单位:m)

2. 钻孔

1) 钻孔方法和钻具

(1) 旋转钻进成孔。

利用钻具的旋转切削土体钻进,并同时采用循环泥浆的方法护壁排渣。我国现用旋转钻机按泥浆循环的程序不同分为正循环和反循环两种。所谓正循环即在钻进的同时,泥浆泵将泥浆压进泥浆笼头,通过钻杆中心从钻头喷入钻孔内,泥浆挟带钻渣沿钻孔上升,从护筒顶部排浆孔排出至沉淀池,钻渣在此沉淀而泥浆仍进入泥浆池循环使用,如图 3-47 所示。

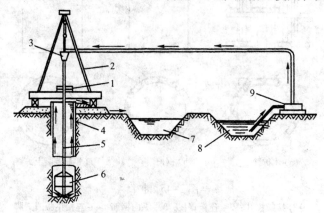

图 3-47 正循环旋转钻孔
1-钻机;2-钻架;3-泥浆笼头;4-护筒;5-钻杆;
6-钻头;7-沉淀池;8-泥浆池;9-泥浆泵

正循环成孔设备简单,操作方便,工艺成熟,当孔深不太深,孔径小于 800 mm 时钻进效率高。当桩径较大时,钻杆与孔壁间的环形断面较大,泥浆循环时返流速度低,排渣能力弱。如使泥浆返流速度增大到 0.20～0.35 m/s，则泥浆泵的排出量需很大，有时难以达到，此时不得不提高泥浆的相对密度和黏度。但如果泥浆密度过大，稠度大，则难以排出钻渣，孔壁泥皮厚度大，影响成桩和清孔。

反循环成孔是泥浆从钻杆与孔壁间的环状间隙流入孔内，来冷却钻头并携带沉渣由钻杆内腔返回地面的一种钻进工艺。由于钻杆内腔断面积比钻杆与孔壁间的环状断面积小得多，因此，泥浆的上返速度大，一般可达 2～3 m/s，是正循环工艺泥浆上返速度的数十倍，因而可以提高排渣能力，减少钻渣在孔底重复破碎的机会，能大大提高成孔效率。但在接长钻杆时装卸较麻烦，如钻渣粒径超过钻杆内径（一般为 120 mm）易堵塞管路，则不宜采用。

我国定型生产的旋转钻机在转盘、钻架、动力设备等均配套定型，钻头的构造根据土质采用各种形式，正循环旋转钻机所用钻头主要如下。

① 鱼尾钻头。鱼尾钻头是用厚 50 mm 钢板制成，钢板中部切割成宽度同圆杆相等的缺口，将钻杆接头嵌进缺口并连接在一起。鱼尾两道侧棱镶焊合金钢刀齿，如图 3-48（a）所示。此种钻头在砂卵石或风化岩石有较高钻进效果，但在黏土层中容易包钻，不宜使用，且导向性能差。

② 笼式钻头。笼式钻头是由导向框、刀架、中心管及小鱼尾式超前钻头等部分组成，如图 3-48（b）所示。上下部各有一道导向圈，钻进平稳，导向性能良好，扩孔率小。适用于黏土、砂土和砂黏土土层钻进。

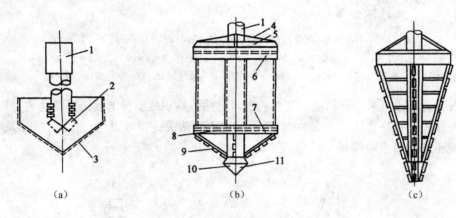

图 3-48 正循环旋转钻头
1—钻杆；2—出浆口；3—刀刃；4—斜撑；5—斜挡板；6—上腰围；7—下腰围；
8—耐磨合金钢；9—刮；10—超前钻；11—出浆口

③ 刺猬钻头。钻头外形为圆锥体，周围如刺猬，用钢管、钢板焊成，如图 3-48（c）所示。锥顶直径等于设计所要求的钻孔直径，锥尖夹角约 40°。锥头高度为直径的 1.2 倍。该钻头阻力较大，只适用于孔深 50 m 以内黏性土、砂类土和夹有粒径在 25 mm 以下砾石的土层。

常用的反循环钻头有如下几种。

① 三翼空心单尖钻锥。该钻锥简称三翼钻锥，适用于较松黏土、砂土及中粗砂地层。采用钢管和 30 mm 厚的钢板焊制，上端有法兰同钻杆连接，下端成剑尖形的中心角约 110°，并有若干齿刀，中间挖空作为吸渣口，带齿的三个翼板是回转切土的主要部分，刀片与水平线夹角以 30°为宜。齿片上均镶焊合金钢，提高耐磨性，如图 3-49（a）所示。

② 牙轮钻头。牙轮钻头适用于砂卵石和风化页岩地层。在直径为 127 mm 的无缝钢管上焊设牙轮架，然后把直径为 160 mm 的 9 个锥形牙轮分三层安装于牙轮架上，每层三个牙轮的平面方位均相隔 120°，如图 3-49（b）所示。

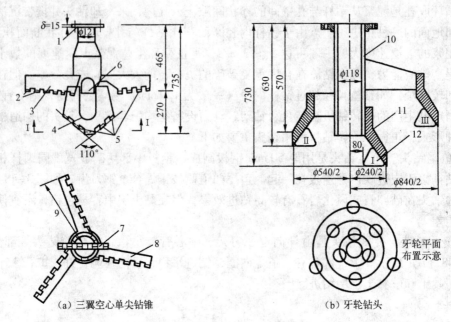

图 3-49　反循环旋转钻头（尺寸单位：mm）

1-法兰接头；2-合金钢刀头；3-翼板（$\delta=30$）；4-剑尖（$\delta=30$）；5-合金钢刀头尖；
6-排渣孔；7-剑尖；8-翼板；9-孔径；10-无缝钢管；11-牙轮架；12-牙轮

旋转钻孔现也可采用更轻便、高效的潜水电钻，钻头的旋转电动机及变速装置均经密封后安装在钻头与钻杆之间，如图 3-50 所示。钻孔时钻头旋转刀刃切土，并在端部喷出高速水流冲刷土体，以水力排渣。

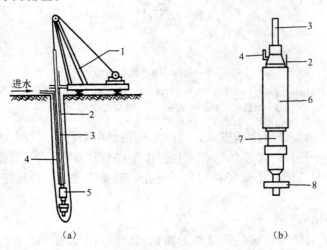

图 3-50　潜水电钻

1-钻机架；2-电缆；3-钻杆；4-进水高压水管；5-潜水电钻砂；
6-密封电动机；7-密封变速箱；8-钻头母体

由于旋转钻进成孔的施工方法受到机具和动力的限制，适用于较细、软的土层，如各种塑性状态的黏性土、砂土、夹少量粒径小于 100～200 mm 的砂卵石土层，在软岩中也曾使用。我国采用这种钻孔方法深度曾达 100 m 以上。

(2) 冲击钻进成孔。

利用钻锥（重为 10～35 kN）不断地提锥、落锥反复冲击孔底土层，把土层中泥沙、石块挤向四壁或打成碎渣，钻渣悬浮于泥浆中，利用掏渣筒取出，重复上述过程冲击钻进成孔。

主要采用的机具有定型的冲击式钻机（包括钻架、动力、起重装置等）、冲击钻头、转向装置和掏渣筒等，也可用 30～50 kN 带离合器的卷扬机配合钢、木钻架及动力组成简易冲击机。

钻头一般是整体铸钢做成的实体钻锥，钻刃为十字架形采用高强度耐磨钢材做成，底刃最好不完全平直以加大单位长度上的压重，如图 3-51 所示。冲击时钻头应有足够的质量，适当的冲程和冲击频率，以使它有足够的能量将岩块打碎。

冲锥每冲击一次旋转一个角度，才能得到圆形的钻孔，因此在锥头和提升钢丝绳连接处应有转向装置，常用的有合金套或转向环，以保证冲锥的转动，也避免了钢丝绳打结扭断。

掏渣筒是用以掏取孔内钻渣的工具，如图 3-52 所示。用 30 mm 左右厚的钢板制作，下面碗形阀门应与渣筒密合，以防止漏水漏浆。

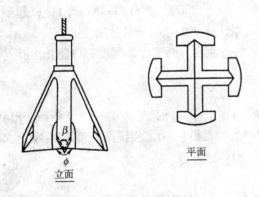

图 3-51 冲击钻锥

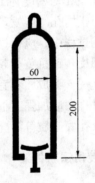

图 3-52 掏渣筒（尺寸单位：cm）

冲击钻孔适用于含有漂卵石、大块石的土层及岩层，也能用于其他土层。成孔深度一般不宜大于 50 m。

(3) 冲抓钻进成孔。

用兼有冲击和抓土作用的抓土瓣，通过钻架，由带离合器的卷扬机操纵，靠冲锥自重（重为 10～20 kN）冲下使土瓣锥尖张开插入土层，然后由卷扬机提升锥头收拢抓土瓣将土抓出，弃土后继续冲抓钻进而成孔。

钻锥常采用四瓣或六瓣冲抓锥，其构造如图 3-53 所示。当收紧外套钢丝绳松内套钢丝绳时，内套在自重作用下相对外套下坠，便使锥瓣张开插入土中。

冲抓成孔适用于黏性土、砂性土及夹有碎卵石的砂砾土层，成孔深度宜小于 30 m。

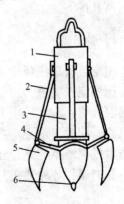

图 3-53 冲抓锥

1—外套；2—连杆；3—内套；
4—支撑杆；5—叶瓣；6—锥头

2) 钻孔过程中容易发生的质量问题及处理方法

在钻孔过程中应防止塌孔、孔形扭歪或孔偏斜，甚至把钻头埋住或掉进孔内等事故。

(1) 塌孔。在成孔过程或成孔后，有时在排出的泥浆中不断出现气泡，有时护筒内的水位突然下降，这是塌孔的迹象。其形成原因主要是土质松散、泥浆护壁不好、护筒水位不高等所致。如发生塌孔，应探明塌孔位置，将砂和黏土的混合物回填到塌孔位置 1～2 m，如塌孔严重，应全部回填，等回填物沉积密实再重新钻孔。

(2) 缩孔。缩孔是指孔径小于设计孔径的现象，是由于塑性土膨胀造成的，处理时可反复扫孔，以扩大孔径。

(3) 斜孔。桩孔成孔后发现较大垂直偏差，是由于护筒倾斜和位移、钻杆不垂直、钻头导向部分太短、导向性差、土质软硬不一或遇上孤石等原因造成。斜孔会影响桩基质量，并会造成施工上的困难。处理时可在偏斜处吊放钻头，上下反复扫孔，直至把孔位校直；或在偏斜处回填砂黏土，待沉积密实后再钻。

3) 钻孔注意事项

(1) 在钻孔过程中，始终要保持钻孔护筒内水位要高出筒外 1～1.5 m 的水位差和护壁泥浆的要求（泥浆相对密度为 1.1～1.3、黏度为 10～250 s、含砂率≤6% 等），以起到护壁固壁作用，防止坍孔。若发现漏水（漏浆）现象，应找出原因及时处理。

(2) 在钻孔过程中，应根据土质等情况控制钻进速度、调整泥浆稠度，以防止坍孔及钻孔偏斜、卡钻和旋转钻机负荷超载等情况发生。

(3) 钻孔宜一气呵成，不宜中途停钻以避免塌孔。

(4) 钻孔过程中应加强对桩位、成孔情况的检查工作。终孔时应对桩位、孔径、形状、深度、倾斜度及孔底土质等情况进行检验，合格后立即清孔、吊放钢筋笼，灌注混凝土。

3. 清孔及装吊钢筋骨架

清孔目的是除去孔底沉淀的钻渣和泥浆，以保证灌注的钢筋混凝土质量，确保桩的承载力。清孔的方法主要有：

1) 抽浆清孔

用空气吸泥机吸出含钻渣的泥浆而达到清孔。由风管将压缩空气输进排泥管，使泥浆形成密度较小的泥浆空气混合物，在水柱压力下沿排泥管向外排出泥浆和孔底沉渣，同时用水泵向孔内注水，保持水位不变直至喷出清水或沉渣厚度达设计要求为止，这种方法适用于孔壁不易坍塌，各种钻孔方法的柱桩和摩擦桩，如图 3-54 所示。

2) 掏渣清孔

用掏渣筒掏清孔内粗粒钻渣，适用于冲抓、冲击成

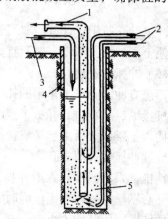

图 3-54 抽浆清孔
1—泥浆砂石渣喷出；2—通入压缩空气；
3—注入清水；4—护筒；5—孔底沉积物

孔的摩擦桩。

3) 换浆清孔

正、反循环旋转机可在钻孔完成后不停钻、不进尺，继续循环换浆清渣，直至达到清理泥浆的要求。它适用于各类土层的摩擦桩。

清孔应满足《公路桥涵地基与基础设计规范》（JTG D63—2007）对沉渣厚度的要求：摩擦桩，d（桩的直径）$\leqslant 1.5\,\mathrm{m}$ 时，t（桩端沉渣厚度）$\leqslant 300\,\mathrm{mm}$；$d>1.5\,\mathrm{m}$ 时，$t\leqslant 500\,\mathrm{mm}$，且 $0.1<t/d<0.3$；端承桩 $d\leqslant 1.5\,\mathrm{m}$ 时，$t\leqslant 50\,\mathrm{mm}$；$d>1.5\,\mathrm{m}$ 时，$t\leqslant 100\,\mathrm{mm}$。

钢筋笼骨架吊放前应检查孔底深度是否符合要求；孔壁有无妨碍骨架吊放和正确就位的情况。钢筋骨架吊装可利用钻架或另立扒杆进行。吊放时应避免骨架碰撞孔壁，并保证骨架外混凝土保护层厚度，应随时校正骨架位置。钢筋骨架达到设计高程后，牢固定位于孔口。钢筋骨架安装完毕后，须再次进行孔底检查，有时须进行二次清孔，达到要求后即可灌注水下混凝土。

4. 灌注水下混凝土

目前我国多采用直升导管法灌注水下混凝土。

1) 灌注方法及有关设备

导管法的施工过程如图 3-55 所示。将导管居中插入到离孔底 $0.30\sim 0.40\,\mathrm{m}$（不能插入孔底沉积的泥浆中），导管上口接漏斗，在接口处设隔水栓，以隔绝混凝土与导管内水的接触。在漏斗中存备足够数量的混凝土后，放开隔水栓使漏斗中存备的混凝土连同隔水栓向孔底猛落，将导管内水挤出，混凝土沿导管下落至孔底堆积，并使导管埋在混凝土内，此后向导管连续灌注混凝土。导管下口埋入孔内混凝土内 $1\sim 1.5\,\mathrm{m}$ 深，以保证钻孔内的水不可能重新流入导管。随着混凝土不断由漏斗、导管灌入孔内，钻孔内初期灌注的混凝土及其上面的水或泥浆不断被顶托升高，相应地不断提升导管和拆除导管，直至灌注混凝土完毕。

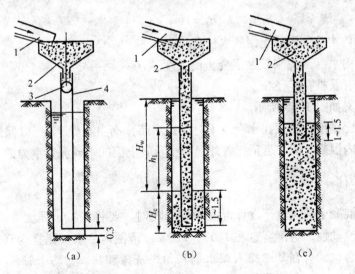

图 3-55　灌注水下混凝土（尺寸单位：m）

1—通混凝土储料槽；2—漏斗；3—隔水栓；4—导管

导管是内径 0.20～0.40 m 的钢管，壁厚 3～4 mm，每节长度 1～2 m，最下面一节导管应较长，一般为 3～4 m。导管两端用法兰盘及螺栓连接，并垫橡皮圈以保证接头不漏水，如图 3-56 所示，导管内壁应光滑，内径大小一致，连接牢固在压力下不漏水。

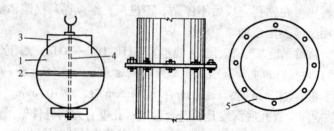

图 3-56　导管接头及木球
1—木球；2—橡皮垫；3—导向架；4—螺栓；5—法兰盘

隔水栓常用直径较导管内径小 20～30 mm 的木球，或混凝土球、砂袋等，以粗铁丝悬挂在导管上口或近导管内水面处，要求隔水球能在导管内滑动自如不致卡管。木球隔水栓构造如图 3-55 所示。目前也有采用在漏斗与导管接斗处设置活门来代替隔水球，它是利用混凝土下落排出导管内的水，施工较简单但需有丰富操作经验。

首批灌注的混凝土数量，要保证将导管内水全部压出，并能将导管初次埋入 1～1.5 m 深。按照这个要求计算第一斗连续浇灌混凝土的最小用量，从而确定漏斗的尺寸大小及储料槽的大小。漏斗和储料槽的最小容量（m³）[参见图 3-55（b）]为：

$$V = h_1 \times \frac{\pi d^2}{4} + H_c \times \frac{\pi D^2}{4} \tag{3-55}$$

式中：H_c——导管初次埋深加开始时导管离孔底的间/m；

h_1——孔内混凝土高度为 H_c 时导管内混凝土柱与导管外水压平衡所需高度/m，其值为：

$$h_1 = H_w \gamma_w / \gamma_c$$

其中：H_w——孔内水面到混凝土面的水柱高/m；

γ_w、γ_c——孔内水（或泥浆）及混凝土的重度；

d、D——导管及桩孔直径/m；

其余符号意义如图 3-55 所示。

漏斗顶端应比桩顶（桩顶在水面以下时应比水面）高出至少 3 m，以保证在灌注最后部分混凝土时，管内混凝土能满足顶托管外混凝土及其上面的水或泥浆重力的需要。

2）对混凝土材料的要求

为保证水下混凝土的质量，设计混凝土配合比时，要将混凝土强度等级提高 20%；混凝土应有必要的流动性，坍落度宜在 180～220 mm 范围内，水灰比宜为 0.5～0.6。为了改善混凝土的和易性，可在其中掺入减水剂和粉煤灰掺和物。为防卡管，石料尽可能用卵石，适宜直径为 5～30 mm，最大粒径不应超过 40 mm。所用水泥强度等级不宜低于 42.5 级，每立方米混凝土的水泥用量不小于 350 kg。

3) 灌注水下混凝土注意事项

灌注水下混凝土是钻孔灌注桩施工最后一道关键性的工序，其施工质量将严重影响到成桩质量，施工中应注意以下几点。

（1）混凝土拌和必须均匀，尽可能缩短运输距离和减小颠簸，防止混凝土离析而发生卡管事故。

（2）灌注混凝土必须连续作业，一气呵成，避免任何原因的中断，因此混凝土的搅拌和运输设备应满足连续作业的要求，孔内混凝土上升到接近钢筋笼架底处时应防止钢筋笼架被混凝土顶起。

（3）在灌注过程中，要随时测量和记录孔内混凝土灌注高程和导管入孔长度，提管时控制和保证导管埋入混凝土面内有 $3\sim 5\,m$ 深度。防止导管提升过猛，管底提离混凝土面或埋入过浅，而使导管内进水造成断桩夹泥。但也要防止导管埋入过深，而造成导管内混凝土压不出或导管为混凝土埋住凝结，不能提升，导致中止浇灌而成断桩。

（4）灌注的桩顶高程应比设计值预加一定高度，此范围的浮浆和混凝土应凿除，以确保桩顶混凝土的质量。预加高度一般为 $0.5\,m$，深桩应酌量增加。

待桩身混凝土达到设计强度，按规定检验后方可灌注系梁、盖梁或承台。

3.7.2 挖孔灌注桩和沉管灌注桩的施工

1. 挖孔灌注桩的施工

挖孔灌注桩适用于无水或少水的较密实的各类土层中，或缺乏钻孔设备，或不用钻机以节省造价。桩的直径（或边长）不宜小于 $1.2\,m$，孔深一般不宜超过 $20\,m$。

在适合挖孔桩施工的条件下，挖孔桩比钻孔桩有更多的优点。

（1）施工工艺和设备比较简单。只有护筒、套筒或简单模板，简单起吊设备如绞车，必要时设潜水泵等备用，自上而下，人工或机械开挖。

（2）质量好。不卡钻，不断桩，不塌孔，绝大多数情况下无须浇注水下混凝土，桩底无沉淀浮泥；易于扩大桩尖，提高桩身支承力。

（3）速度快。由于护筒内挖土方量甚小，进尺比钻孔为快，而且无须重大设备如钻机等，容易多孔平行施工，加快全桥进度。

（4）成本低。成本比钻孔桩可降低 $30\%\sim 40\%$。

挖孔桩施工，必须在保证安全的基础上不间断地快速进行。每一桩孔开挖、提升出土、排水、支撑、立模板、吊装钢筋骨架、灌注混凝土等作业都应事先准备好，紧密配合。

1) 施工准备

平整场地，清除坡面危石浮土；坡面有裂缝或坍塌迹象者应加设必要的保护，铲除松软的土层并夯实。孔口四周挖排水沟，做好排水系统；及时排除地表水，搭好孔口雨篷。安装提升设备，布置好出渣道路，合理堆放材料和机具，以免增加孔壁压力，影响施工。

孔口周围须用木料、型钢或混凝土制成框架或围圈予以围护，其高度应高出地面 20～30 cm，防止土、石、杂物流入孔内伤人。若孔口地层松软，为防止孔口坍塌，应在孔口用混凝土护壁，高约 2 m。

2）开挖桩孔

一般采用人工开挖。挖掘时，不必将孔壁修成光面，要使孔壁稍有凸凹不平，以增加桩的摩阻力。挖土过程中要随时检查桩孔尺寸和平面位置，防止误差。

（1）安全技术措施。

① 人工挖孔，对孔壁的稳定及吊具设备等应经常检查。孔顶出土机具应有专人管理，并设置高出地面的围栏；孔口不得堆积土渣及沉重机具；作业人员的出入，应设常备的梯子；夜间作业应悬挂示警红灯；挖孔暂停时，孔口应设置罩盖及标志。

② 孔内挖土人员的头顶部位应设置护盖，取土吊斗升降时，挖土人员应在护盖下面工作。相邻两孔中，一孔进行浇注混凝土时，另一孔的挖孔人员应停止作业，并挖除井孔。

③ 人工挖孔，除应经常检查孔内的气体情况外，并应遵守下列规定：

a. 挖孔人员下孔作业前，应先用鼓风机将孔内空气排出更换。

b. 二氧化碳含量超过 0.3% 时，应采取通风措施，对含量不超过规定，但作业人员有呼吸不适感觉时，亦应采取通风或换班作业等措施。

c. 空气污染超过现行的《大气环境质量标准》规定空气污染三级标准浓度值时，如没有安全可靠的措施不得采取人工挖孔作业。

④ 人工挖孔深度超过 10 m 时，应采用机械通风。当使用风镐凿岩时，应加大送风量，吹排凿岩产生的石粉。

⑤ 挖孔桩孔内岩石需要爆破时，应采取浅眼爆石法，严格控制炸药用量，并按国家现行的《爆破安全规程》中的有关规定办理。

（2）排水措施。

除在地表墩台位置四周挖截水沟外，应对从孔内排出孔外的水妥善引流远离桩孔。

应根据孔内渗水情况，做好孔内排水工作。若土层密实、地下水不大，一个墩台基础的所有桩孔可同时开挖，但渗水量大的孔应超前开挖，集中排水（如用井点法排水或小水泵排），以降低其他孔水位。若土层松软、地下水较大者，宜对角开挖，避免孔间内隔层太薄造成坍孔。若为梅花式布置，则先挖中心孔，待混凝土灌注后再对角开挖其他孔。

挖孔如遇到涌水量较大的潜水层承压水时，可采用水泥砂浆压灌卵石环圈将潜水层进行封闭处理。

（3）终孔检查。

挖孔达到设计高程后，应进行孔底处理。必须做到平整、无松渣、污泥及沉淀等软层。嵌入岩层深度应符合设计要求。

孔径、孔深必须符合设计要求。直桩倾斜度不超过 1%，斜桩倾度不超过 ±2.5%。

开挖过程中应经常检查了解地质情况，倘与设计资料不符，应提出设计变更。

若孔底地质复杂或升挖中发现不良地质现象（如溶洞、薄层泥岩、不规则的淤泥分布等）时，应钎探查明孔底以下地质情况。

3）护壁和支撑

挖孔桩开挖过程中，开挖和护壁两个工序，必须连续作业，以确保孔壁不坍。应根据地质、水文条件、材料来源等情况因地制宜选择支撑和护壁方法。

常用的孔壁支护方法有以下几种：

(1) 现浇混凝土支护。当桩孔较深，土质相对较差，出水量较大或遇流砂等情况时，宜采用就地灌注混凝土围圈护壁，每下挖 1～2 m 灌注一次，随挖随支。护圈的结构形式为斜阶型（也可以等厚度），每阶高为 1 m，上端口护圈厚约 170 mm，下端口厚约 100 mm，必要时可配置少量钢筋，混凝土为 C15～C20，采用拼装式弧形模板，如图 3-57 所示。有时也可在架立钢筋网后直接锚喷砂浆形成护圈来代替现浇混凝土护圈，这样可以节省模板。

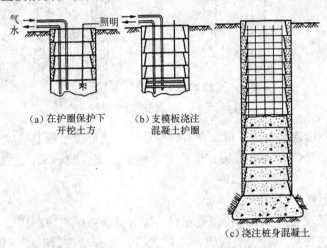

图 3-57 混凝土护圈

(2) 沉井护圈。先在桩位上制作钢筋混凝土井筒，然后在井筒内挖土，井筒靠自重或附加荷载克服井壁与土之间的摩阻力，下沉至设计高程，再在井内吊装钢筋骨架及灌注桩身混凝土。

(3) 钢套管支护。在桩位处采用打入式、振动式或压入式方法将钢套管沉入土层中，再在钢套管的保护下，将管内土挖出，吊放钢筋笼，浇注桩基混凝土。待浇注混凝土完毕，用振动锤和人字拔杆将钢管立即强行拔出移至下一桩位使用。这种方法适用于地下水丰富的强透水地层或承压水地层，可避免产生流砂和管涌现象，能确保施工安全。

孔壁的支护方式多种多样，除了以上常用方法外，在土质较松散而渗水量不大时，可考虑用木料作框架式支撑或在木框后面铺木板作支撑。木框架或木框架与木板间应用扒钉钉牢，木板后面也应与土面塞紧。如土质尚好，渗水不大时也可用荆条、竹笆作护壁，随挖随护。对透水土层，还可采用高压注浆的方式形成止水或弱透水层后再开挖。

4）吊装钢筋骨架及灌注桩身混凝土

挖孔到达设计深度后，应检查和处理孔底和孔壁情况，清除孔壁、孔底浮土，孔底必须平整，土质及桩孔尺寸应符合设计要求，以保证基桩质量。吊装钢筋笼架及需要时灌注水下混凝土有关事项可参阅钻孔灌注桩有关部分。

2. 沉管灌注桩的施工

沉管灌注桩又称为打拔管灌注桩，是采用锤击或振动的方法将一根与桩的设计尺寸相适应的钢管（下端带有桩尖）沉入土中，然后将钢筋笼放入钢管内，再灌注混凝土，并边灌边将钢管拔出，利用拔管时的振动力将混凝土捣实。其施工过程如图3-58所示。

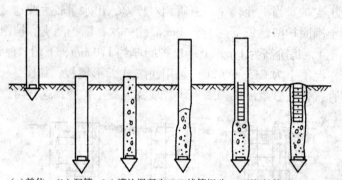

(a)就位　(b)沉管　(c)灌注混凝土　(d)拔管振动　(e)下钢筋笼　(f)灌注成形

图3-58　沉管灌注桩施工过程

钢管下端有两种构造：一是开口，在沉管时套以钢筋混凝土预制桩尖，拔管时，桩尖留在桩底土中；二是管端带有活瓣桩尖，沉管时，桩尖活瓣合拢，灌注混凝土后拔管时活瓣打开。

施工中应注意下列事项。

（1）套管开始沉入土中，应保持位置正确，如有偏斜或倾斜应即纠正。

（2）拔管时应先振后拔，满灌慢拔，边振边拔。在开始拔管时应测得桩靴活瓣确已张开，或钢筋混凝土确已脱离，灌入混凝土已从套管中流出，方可继续拔管。拔管速度宜控制在1.5 m/min之内，在软土中不宜大于0.8 m/min。边振边拔以防管内混凝土被吸住上拉而缩颈，每拔起0.5 m，宜停拔，再振动片刻，如此反复进行，直至将套管全部拔出。

（3）在软土中沉管时，由于排土挤压作用会使周围土体侧移及隆起，有可能挤断邻近已完成但混凝土强度还不高的灌注桩，因此桩距不宜小于3～3.5倍桩径，宜采用间断跳打的施工方法，避免对邻桩挤压过大。

（4）由于沉管的挤压作用，在软黏土中或软、硬土层交界处所产生的孔隙水压力较大或侧压力大小不一而易产生混凝土桩缩径。为了弥补这种现象可采取扩大桩径的"复打"措施，即在灌注混凝土并拔出套管后，立即在原位重新沉管再灌注混凝土。复打后的桩，其横截面增大，承载力提高，但其造价也相应增加，对邻近桩的挤压也大。

3.7.3　沉桩（预制桩）的施工

沉桩施工包括桩的制作、桩的吊装及运输和桩的沉入。常用的沉桩方法有打入（锤击）法、振动法和静力压入法。沉桩的类型有实心的钢筋混凝土桩、空心的钢筋混凝土管桩或预应力钢筋混凝土管桩及钢桩。

正式施工前，应进行试验，以便检验沉桩设备和工艺是否符合要求。按照规范的规定，试桩不得少于2根。

现就沉桩施工的主要设备和施工中应注意的主要问题进行介绍，并对在水中大直径钢管桩的施工做简要说明。

1. 打桩机桩锤

打入法沉桩常用的桩锤有坠锤、单动汽锤、双动汽锤及柴油锤等几种。

坠锤是最简单的桩锤，它是由铸铁或其他材料做成的锥形或柱形重块，锤重2～20kN，用绳索或钢丝绳通过吊钩由人力或卷扬机沿桩架杆提升，然后使锤自由落下锤击桩顶，如图3-59所示。坠锤打桩效率低，每分钟仅能打数次，但设备简单，且能调整落距，冲击力可大可小，适用于小型工程中打木桩或小直径的钢筋混凝土桩。

单动汽锤是利用蒸汽或压缩空气将桩锤沿桩架顶起提升，而下落则靠锤自由落下锤击桩顶，如图3-60（a）所示。单动汽锤的重力为10～100kN，每分钟冲击20～40次，冲程为1.5m左右。单动汽锤是一种常用的桩锤，适用于打钢筋混凝土桩等各种桩。

双动汽锤也是利用蒸汽或压缩空气的作用使桩锤（冲击部分）在双动汽锤的外壳即汽缸（固定在桩头上）内上下运动，锤击桩顶。锤重3～10kN，冲击频率高，每分钟可冲击百次以上，冲程数百毫米，打桩频率高，但一次冲击动能较小。它适用于打较轻的钢筋混凝土桩、钢板桩等各类桩，还可用于拔桩，在生产中得到广泛使用。

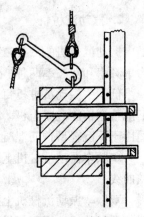

图3-59 坠锤

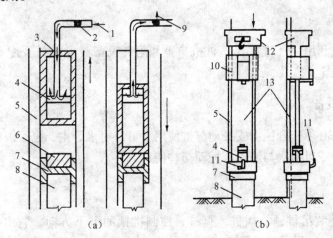

（a） （b）

图3-60 单动汽锤及柴油锤

1-输入高压蒸汽；2-汽阀；3-外壳；4-活塞；5-导向杆；6-垫木；7-桩帽；8-桩；9-排气；10-汽缸体；11-油泵；12-顶帽；13-导杆

柴油锤实际上是一个柴油汽缸，工作原理同柴油机，利用柴油在汽缸内压缩发热点燃而爆炸后将汽缸沿导向杆顶起，下落时锤击桩顶，如图3-60（b）所示。柴油锤除杆式柴油除外，还有筒式柴油锤，其机架设备较轻，移动方便，燃料消耗少，效率也较高。

打入桩施工时，应适当选择桩锤质量，桩锤过轻，桩难以打下，频率较低，还可能将桩头打坏。但桩锤过重，则各种机具、动力设备都需加大，不经济。锤重与桩重的比值一般不宜小于表3-19的参考数值。

表3-19 锤重与桩重比值

桩类别	单动汽锤		双动汽锤		柴油锤		坠锤	
	硬土	软土	硬土	软土	硬土	软土	硬土	软土
钢筋混凝土桩	1.4	0.4	1.8	0.6	1.5	1.0	1.5	0.35
木桩	3.0	2.0	2.5	1.5	3.5	2.5	4.0	2.0
钢桩	2.0	0.7	2.5	1.5	2.5	2.0	2.0	1.0

2. 振动沉桩机

振动沉桩机的分类较多，按其振动次数分为低频率和高频率两种。按其振动力变化，分为单频率和双频率两种。

低频率振动沉桩机每分钟振动次数在400～1000次，振动力为200～2000 kN，适用于下沉重型钢筋混凝土桩。高频率振动沉桩机每分钟振动次数在1000次以上，振动力较小，适用于下沉轻型钢筋混凝土桩、木桩及钢板桩。

单频率振动沉桩机上下负荷轴偏心轴重力、回转半径及转速均相等，振动力的变化为正弦曲线。

双频率振动沉桩机上下负荷轴偏心轴重力、回转半径及转速均不相等，振动力的变化形成复杂的曲线，因而沉桩较快。振动力的方向还可改变，故可拔桩。

3. 静力压桩机

静力压桩机是利用油（液）压、桩机自重和附属设备（卷扬机及配重等）将预制钢筋混凝土桩分段压入土中。

4. 射水沉桩设备

射水沉桩设备必须配合锤击或振动沉桩使用。可以射水为主，也可以射水和锤击或射水和振动同时进行，或以射水与锤击、振动交替使用。

5. 桩架

桩架的作用是装吊桩锤、插桩、打桩、控制桩锤的上下方向。它由导杆（又称龙门，控制桩和锤的插打方向）、起吊设备（如滑轮组、绞车、动力设备等）、撑架（支撑导杆）及底盘（承托以上设备）、移位行走部件等组成。桩架在结构上必须有足够的强度、刚度和稳定性，保证在打桩过程中桩架不会发生移位和变位。桩架的高度应保证桩吊立就位的需要和锤击的必要冲程。

桩架的类型很多，根据其采用材料的不同，有木桩架和钢桩架，常用的是钢桩架。

根据作业性的差异，桩架有简易桩架和多功能桩架（或称万能桩架）。简易桩架仅具有桩锤或钻具提升设备,一般只能打直桩,有些经调整可打斜度不大的桩;钢制万能打桩架(图3-61)的底盘带有转台和车轮(下面铺设钢轨),撑架可以调整导向杆的斜度,因此它能沿轨道移动,能在水平面作360°旋转,能打斜桩,施工方便,但桩架本身笨重,拆装运输较困难。

6. 桩的吊运

预制的钢筋混凝土桩由预制场地吊运到桩架内,在起吊、运输、堆放时,都应该按照设计计算的吊点位置起吊(一般吊点在桩内预埋直径为20~25 mm的钢筋吊环,或以油漆在桩身标明),否则桩身受力情况与计算不符,可能引起桩身混凝土开裂。

预制的钢筋混凝土桩主筋一般是沿桩长按设计内力均匀配置的。桩吊运(或堆放)时的吊点(或支点)位置,是根据吊运或堆放时桩身产生的正负弯矩相等的原则确定的,这样较为经济。

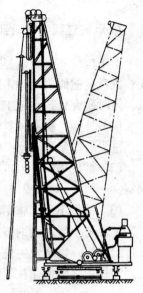

图3-61 万能打桩架

一般长度的桩,水平起吊采用两个吊点,按上述原则吊点的位置应位于0.207l处,如图3-62(a)所示。这时有:

$$M_A = M_B = M_{AB} = 0.021\,4ql^2 \tag{3-56}$$

式中:l——桩长/m;
$\quad\quad q$——桩身单位长自重/(kN/m)。

插桩吊立时,常为单点起点,根据同样原则,单吊点位置应位于0.293l,如图3-62(b)所示,这时有:

$$M_C = M_{CD} = 0.042\,9ql^2 \tag{3-57}$$

式中符号同式(3-56)。

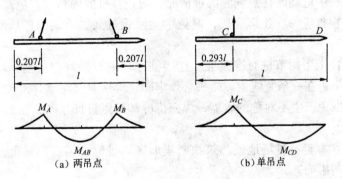

图3-62 吊点位置及桩身弯矩图

对于较长的桩,为了减小内力、节省钢材,有时采用多点起吊。此时应根据施工的实际情况,考虑桩受力的全过程,合理布置吊点位置,并确定吊点上作用力的大小与方向,然后计算桩身内力与配筋,或验算其吊运时的强度。

7. 沉桩过程中常遇到的问题

由于桩要穿过构造复杂的土层，所以在沉桩过程中要随时注意观察，凡发生贯入度突变、桩身突然倾斜、锤击时桩锤产生严重回弹、桩顶或桩身出现严重裂缝或破碎等应暂停施工，及时研究处理。施工中常遇到的问题是：

（1）桩顶、桩身被打坏。当桩头钢筋设置不合理、桩顶与桩轴线不垂直、混凝土强度不足、桩尖通过坚硬土层、锤的落距过大、桩锤过轻时容易出现此类问题。

（2）桩位偏斜。当桩顶不平、桩尖偏心、接桩不正、土中有障碍物时都容易发生桩位偏斜。

（3）桩打不下。施工时，桩锤严重回弹，贯入度突然变小，则可能与土层中夹有较厚砂层或其他硬土层以及钢渣、孤石等障碍物有关。当桩顶或桩身已被打坏，锤的冲击能不能有效传给桩时，也会发生桩打不下的现象。有时因特殊原因，停歇一段时间后再打，则由于土的固结作用，桩也往往不能顺利地被打入土中。

8. 沉桩施工注意事项

（1）为了避免或减轻打桩时由于土体挤压，使后打入的桩打入困难或先打入的桩被推挤移动，打桩顺序应视桩数、土质情况及周围环境而定，可由基础的一端向另一端进，或由中央向两端施打。

（2）在沉桩前，应检查锤与桩的中心线是否一致，桩位是否正确，桩的垂直度或倾斜度是否符合设计要求，桩架是否安置牢固平稳。桩顶应采用桩帽、桩垫保护，以免打裂桩头。

（3）桩开始打入时，应轻击慢打，每次的冲击能不宜过大，随着桩的打入，逐渐增大锤击的冲击能量。

（4）沉桩时应记录好桩的贯入度，作为桩承载力是否达到设计要求的一个参考数据。

（5）沉桩过程中应随时注意观测沉桩情况，防止基桩的偏移，并填写好沉桩记录。

（6）每打一根桩应一次连续完成，避免中途停顿过久，否则因桩周摩阻力的恢复而增加沉桩的困难。

（7）接桩要使上下两节桩对准接准。在接桩过程中及接好打桩前，均须注意检查上下两节桩的纵轴线是否在一条直线上。接头必须牢固，焊接时要注意焊接质量，宜用两人双向对称同时电焊，以免产生不对称的收缩，焊完待冷却后再打桩，以免热的焊缝遇到地下水而开裂。

（8）在建筑物靠近打桩场地或建筑物密集地区打桩时，需观测地面变化情况，注意打桩对周围建筑物的影响。

沉桩完毕基坑开挖后，应对桩位、桩顶高程进行检查，方得浇筑承台。

3.7.4 大直径空心桩的施工

当前世界桥梁桩基础工程的发展趋势是大直径和预拼工艺。显然在大直径中唯有采用空心结构才有实际经济价值。

目前空心桩的施工有以下两种方法。

(1) 埋设普通内模。在内模与孔壁之间沉放钢筋笼，灌注水下混凝土，这种做法在性质上相当于将一般的灌注桩中心挖空。由于水下混凝土导管直径最少需要 25 cm（过细易卡管），又要下钢筋笼，因此桩壁厚度最少要 60 cm 以上，上段护筒加粗部分壁厚度最少 75 cm 以上，如图 3-63（a）所示，因此桩身直径较大，例如 ϕ300 cm 以上时采用为适宜。

(2) 埋设预应力桩壳。同时即充当内模，在桩壳与孔壁之间不放钢筋笼，只埋压浆管，填石压浆。桩尖也压浆。由于压浆管直径一般只有 5～7 cm，故填石压浆层壁厚 15～20 cm 即可，这是一种全新的工艺。由这种方法形成的桩也称钻埋空心桩，如图 3-63（b）所示。

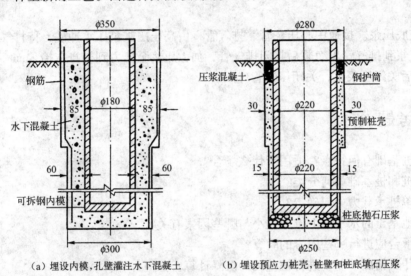

(a) 埋设内模，孔壁灌注水下混凝土　　(b) 埋设预应力桩壳，桩壁和桩底填石压浆

图 3-63　大直径空心桩成桩的两种基本方法（尺寸单位：cm）

钻埋空心桩的施工工序简介如下：

1) 桩节的制作

一般在工厂离心式浇筑或立式振捣式浇筑制作，也可在桥梁工地现场预制（一般以振捣式浇筑为宜），桩壁内均匀预留预应力钢筋孔道，桩节的上端预留张拉螺母及套筒的位置，桩节内外设置双层构造筋及螺旋筋。桩节直径可取为 1.5, 2.0, 2.5, …, 7.0 m，桩节长度可根据桩径的大小及吊装能力分别取：1.5 m, 2.0, …, 6.0 m 等长度，壁厚取 14～20 cm。在现场振捣浇筑时，应注意内外模的部位情况、垂直度及钢筋保护层误差是否在容许范围内。

2) 成孔技术

钻孔时可根据设计直径的大小选用一次成孔工艺或分级扩孔工艺。成孔后需清孔，再注入新鲜含碱性的泥浆，防止施工过程中桩底沉淀太多。

3）空心桩吊、拼装及沉埋

一般预制空心桩节壁厚为 14～20 cm，每节重 5～20 t，在已成孔的孔内逐节拼装。沉放预制桩节是空心桩技术的关键。由于桩底封闭，水的浮力大大减轻吊放桩节的质量，这样即使桩节直径很大，往往须内部注水才能使其下沉。

4）压浆

（1）桩周压浆。在桩周分层均匀设置四根压浆管（每层高度 8～10 m），人工或机械在桩周投放直径大于 4 cm 的碎石到地面，准备压浆机具设备、调机、拌浆；用水泵直接向压浆管注水洗孔，待翻出泥浆水变清停止；用压浆泵压浆，边压边提压浆管，净浆完全翻出后停止。

（2）桩底压浆。接通中心压浆管、排气管，由高压压浆泵压水冲洗，待排气管出水变清后，换压灰浆到排气管出净浆后封闭排气管，加大压浆泵压力到桩身上抬 2 mm 后停止加压，稳定 5 min 后关闭压浆泵，关闭压浆管球阀。

复习思考题

3-1　桩基础有何特点？适用于什么场合？
3-2　桩和桩基础如何分类？
3-3　单桩承载力如何确定？
3-4　地基土的水平向上抗力大小与哪些因素有关？
3-5　承台应进行哪些内容的验算？
3-6　什么情况下需要进行桩基础的沉降计算？如何计算？
3-7　桩基础的设计主要包括哪些内容？通常应验算哪些内容？怎样进行这些验算？

第4章 沉井基础

> **内容提要和学习要求**
>
> 在深基础中广泛应用于桥梁与市政工程的另一种型式是沉井基础。本章重点讨论沉井基础的工作原理,沉井基础的设计方法及施工要点。最后通过工程计算实例加强对知识的掌握。
>
> 通过本章的学习,要求掌握沉井的施工方法、适用范围与构造要求,并了解沉井的结构计算。

4.1 概述

沉井的应用已有很长的历史,它是由古老的掘井作业发展而成的一种施工方法,用沉井法修筑的基础称为沉井基础,如图4-1所示。沉井是一种井筒状空腔结构物,是在预制好的井筒内挖土,依靠井筒自重或借助外力克服井壁与地层的摩擦阻力逐步沉入地下至设计高程,最终形成桥梁墩台或其他建筑物基础的一种深基础形式。

沉井基础的特点是:埋置深度可以很大,整体性强,稳定性好,有较大的承载面积,能承受较大的垂直荷载和水平荷载。沉井是基础的组成部分,在下沉的过程中起着挡土和防水的临时围堰作用,不需要另设坑壁支撑或板桩围堰,既节约了材料,又简化了施工。在各类地下构筑物中,沉井结构又可作为地下构筑物的围护结构,沉井内部空间亦可得到充分利用;

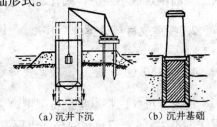

图4-1 沉井基础

此外,沉井在深基础施工中,具有占地面积小,挖土量少(与放坡大开挖相比),对邻近建筑物等环境影响比较小的优点,同时,不需特殊专业设备,且操作简便、技术可靠、节省投资。因此,随着先进施工机械设备的使用、施工技术和施工工艺的不断创新,沉井在国内外都得到了更加广泛的应用和发展。在诸如桥梁墩(台)基础,地下泵房、水池、油库、矿用竖井、大型设备基础,高层和超高层建筑物等深基础或地下结构中应用较为广泛,如江阴长江公路大桥北锚墩沉井,总下沉深度58 m,承受悬索桥主缆640 000 kN拉力,上部30 m采用排水下沉,下部28 m采用不排水下沉,总排土量20.41万 m^3,采用空气幕助沉技术,堪称当时世界最大沉井。

沉井基础的缺点是:施工工期较长;对粉、细砂类土在井内抽水易发生流砂现象,造成沉井倾斜;沉井下沉过程中遇到大的孤石、树干或井底岩层表面倾斜过大,均会给施工带来一定的困难。

根据"经济合理,施工上可能"的原则,一般在下列情况下,可以考虑采用沉井基础:

(1) 上部荷载较大，表层地基土承载力不足，扩大基础开挖工作量大，以及支撑困难，而在一定深度下有较好的持力层，且与其他基础方案相比较为经济合理。

(2) 在山区河流中，虽土质较好，但冲刷大，或河中有较大卵石不便桩基础施工。

(3) 岩层表面较平坦且覆盖层薄，但河水较深，采用扩大基础施工围堰有困难。

4.2 沉井类型和构造

4.2.1 沉井的分类

1. 按施工方法分类

1) 一般沉井

它是指直接在基础设计位置上制造，然后挖土，依靠沉井自重下沉。若基础位于水中，则先在水中筑岛，再在岛上筑井下沉。

2) 浮运沉井

它是指先在岸边制造，再浮运就位下沉的沉井。通常在深水地区（如水深大于 10 m）人工筑岛困难或不经济，或有通航要求，当水流流速不大时，可采用浮运沉井。

2. 按建筑材料分类

1) 混凝土沉井

混凝土沉井的特点是抗压强度高，抗拉强度低，因此这种沉井宜做成圆形，并适用于下沉深度不大（4～7 m）的松软土层。

2) 钢筋混凝土沉井

这种沉井的抗压、抗拉强度较高，下沉深度大（可达数十米以上），可做成重型或薄壁就地制造下沉的沉井，也可做成薄壁浮运沉井及钢丝网水泥沉井等，在工程中应用最广。

3) 竹筋混凝土沉井

沉井承受拉力主要在下沉阶段，我国南方盛产竹材，可就地取材，采用耐久性差但抗拉力好的竹筋代替部分钢筋，做成竹筋混凝土沉井，如南昌赣江大桥、白沙沱长江大桥等。

4) 钢沉井

它是由钢材制作，其强度高，质量轻，易于拼装，适于制造空心浮运沉井，但用钢量大，国内较少采用。此外，根据工程条件也可选用木沉井和砌石圬工沉井等。

3. 按形状分类

1) 按平面形状分类

按沉井的平面形状可分为圆形、矩形和圆端形三种基本类型，根据井孔的布置方式，又可分为单孔、双孔、多孔沉井和多排孔（有纵横隔墙的多仓结构）沉井（图4-2）。

(1) 圆形沉井。沉井在下沉过程中易于控制方向；当采用抓泥斗挖土时，比其他沉井更能保证其刃脚均匀地支承在土层上，在侧压力作用下，井壁仅受轴向应力作用，即使侧压力分布不均匀，弯曲应力也不大，能充分利用混凝土抗压强度大的特点，多用于斜交桥或水流方向不定的桥墩基础。

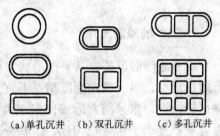

图4-2 沉井平面形状

(2) 矩形沉井。制造方便，受力有利，能充分利用地基承载力，与上部矩形墩台协配良好。沉井四角一般做成圆角，以减少井壁摩阻力和除土清孔的困难。矩形沉井在侧压力作用下，井壁受较大的挠曲力矩；在流水中阻水系数较大，冲刷较严重。

(3) 圆端形沉井。控制下沉、受力条件、阻水冲刷等均较矩形沉井有利，但施工较为复杂。

对平面尺寸较大的沉井，可在沉井中设隔墙，构成双孔、多孔或多排孔沉井，以改善井壁受力条件及均匀取土下沉。

2) 按立面形状分类

按沉井的立面形状可分为柱形、阶梯形和锥形沉井（图4-3）。柱形沉井受周围土体约束较均衡，下沉过程中不易发生倾斜，井壁接长较简单，模板可重复利用，但井壁侧阻力较大，当土体密实，下沉深度较大时，易出现下部悬空，造成井壁拉裂，故一般用于入土不深或土质较松软的情况。阶梯形沉井和锥形沉井可以减小土与井壁的摩阻力，井壁抗侧压力性能较为合理，但施工较复杂，消耗模板多，沉井下沉过程中易发生倾斜。多用于土质较密实，沉井下沉深度大，且要求沉井自重不太大的情况。通常锥形沉井井壁坡度为 1/20～1/50，阶梯形井壁的台阶宽约为 100～200 mm，最底下一层台阶高度 $h_1 = (1/3 \sim 1/4)H$。

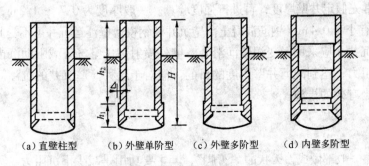

图4-3 沉井剖面图

此外，沉井还可按数量和相互影响，分为单井和群井。单个独立的沉井，或多个沉井，但沉井之间的间距较大，功能独立，互不影响可以称之为单井。沉井数量较多，沉井之间的间距较小，功能相互影响的沉井群可以称之为群井。沉井深度超过 30 m，可以称为大深度沉井。

4.2.2 沉井基础的构造

1. 沉井的轮廓尺寸

作为基础的沉井，其平面形状常取决于结构物底部的形状。对于矩形沉井，为保证下沉的稳定性，纵、横向刚度相差不宜太大，沉井的长短边之比不宜大于 3。若结构物的长宽比较接近，可采用方形或圆形沉井。沉井顶面尺寸为结构物底部尺寸加襟边宽度。襟边宽度不宜小于 0.2 m，且大于沉井全高的 1/50，浮运沉井则不应小于 0.4 m；如沉井顶面需设置围堰，其襟边宽度根据围堰构造还需加大。结构物边缘应尽可能支承于井壁上或顶板支承面上，对井孔内未采取混凝土填实的空心沉井，不允许结构物边缘全部置于井孔位置上。

沉井的入土深度须根据上部结构、水文地质条件及各土层的承载力等确定。若沉井入土深度较大，应分节制造和下沉，每节高度不宜大于 5 m；当底节沉井在松软土层中下沉时，还不应大于沉井宽度的 0.8 倍；若底节沉井高度过高，沉井过重，将给制模、筑岛时岛面处理、下沉前抽除垫木等施工带来困难。

2. 沉井一般构造

沉井一般由井壁（侧壁）、刃脚、内隔墙、井孔、凹槽、封底和顶盖板等组成，如图 4-4 所示。有时井壁中还预埋射水管等其他部分。各组成部分的作用如下。

1）井壁

井壁是沉井的主要部分，应有足够的厚度与强度，以承受在下沉过程中各种最不利荷载组合（水土压力）所产生的内力，混凝土强度等级宜大于 C20。同时，要有足够厚度，提供充足质量，使沉井能在自重作用下顺利下沉到设计高程。

设计时通常先假定井壁厚度，再进行强度验算。一般厚度为 0.7~1.2 m，有时达 1.5~2.0 m，最薄不宜小于 0.4 m（钢筋混凝土薄壁沉井及钢模薄壁浮运沉井可不受此限制）。

对于薄壁沉井，应采用触变泥浆润滑套、壁外喷射高压空气等减阻助沉措施，以降低沉井下沉时的摩阻力，达到减薄井壁厚度的目的。但对于这种薄壁沉井的抗浮问题，应谨慎核算，并采取适当有效的措施。

2）刃脚

井壁最下端一般都做成刀刃状的"刃脚"，其主要功用是减少下沉阻力。刃脚还应具有足够的强度（刃脚混凝土强度等级宜大于 C20），以免在下沉过程中损坏。刃脚底水平面称为踏面（宽度一般为 10～20 cm），刃脚斜面与水平面交角应大于 45°（一般为 45°～60°）。为防止损坏，刃脚底面应以型钢（角钢或槽钢）加强，刃脚斜面高度视井壁厚度、便于抽除踏面下的垫木以及封底状况（是干封，还是湿封）综合确定，一般不小于 1.0 m，如图 4-5 所示。刃脚的式样应根据沉井下沉时所穿越土层的软硬程度和刃脚单位长度上的反力大小决定，沉井重、土质软时，踏面要宽些。相反，沉井轻，又要穿过硬土层时，踏面要窄些，有时甚至要用角钢加固的钢刃脚。

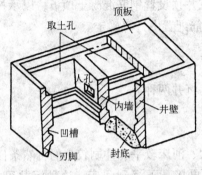

图 4-4 沉井构造示意图

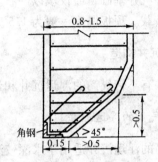

图 4-5 刃脚构造示意图（尺寸单位：m）

3）内隔墙

根据使用和结构上的需要，在沉井井筒内设置内隔墙。内隔墙的主要作用是增加沉井在下沉过程中的刚度，减小井壁受力（弯拉）的计算跨度。同时，又把整个沉井分隔成多个施工井孔（取土井），使挖土和下沉可以较均衡地进行，也便于沉井偏斜时的纠偏。内隔墙因不承受水土压力，厚度相对沉井外壁要薄一些，约 0.5～1.0 m。隔墙底面应高出刃脚踏面 0.5 m 以上，避免被土搁住而妨碍下沉。如为人工挖土，还应在隔墙下端设置过人孔（小于 1.0 m×1.0 m），以便工作人员在井孔间往来。

4）井孔

沉井内设置的内隔墙或纵横隔墙或纵横框架间形成的格子空间称为井孔，为挖土、排土的工作场所和通道。平面尺寸应满足工艺要求，最小边长（或直径）一般不小于 3.0 m，且一般不超过 5～6 m，其布置应简单、对称，以便对称挖土，保证沉井下沉均匀。

5）射水管

当沉井下沉深度大，穿过的土质又较好，估计下沉困难时，可在井壁中预埋射水管组。射水管应均匀布置，以利于控制水压和水量来调整下沉方向，一般水压不小于 600 kPa。如使用触变泥浆润滑套施工方法时，应有预先设置压射泥浆管路。

6）封底及顶盖

当沉井下沉到设计高程，经过技术检验并对井底清理整平后，即可封底，以防止地下水渗入井内。为了使封底混凝土和底板与井壁间有更好的连接，以传递基底反力，使沉井成为空间结构受力体系，常于刃脚上方井壁内侧预留凹槽，以便在该处浇筑钢筋混凝土底板和井内结构。凹槽的高度应根据底板厚度决定，主要为传递底板反力而采取的构造措施。凹槽底面一般距刃脚踏面 2.5 m 左右，槽高约 1.0 m，凹入深度约为 150～250 mm。封底混凝土顶面应高出凹槽 0.5 m，以保证封底工作顺利进行。封底混凝土强度等级一般不低于 C15，井孔内填充的混凝土强度等级不低于 C10。

沉井封底后，若条件允许，为节省坊工量，减轻基础自重，在井孔内可不填充任何东西，做成空心沉井基础，或仅填以砂石。此时，须在井顶设置钢筋混凝土顶板，以承托上部结构的全部荷载。顶板厚度一般为 1.5～2.0 m，钢筋配置由计算确定。

3. 浮运沉井构造

浮运沉井有不带气筒的浮运沉井和带气筒的浮运沉井两种。

1）不带气筒的浮运沉井

不带气筒的浮运沉井适用于水深较浅、流速不大、河床较平和冲刷较小的自然条件。一般在岸边制造，通过滑道拖拉下水，浮运到墩位，再接高下沉到河床。这种沉井可用钢、木、钢筋混凝土、钢丝网及水泥等材料或组合结构。

钢丝网水泥薄壁沉井是由内、外壁组成的空心井壁沉井，这是制造浮运沉井较好的方法，具有施工方便、节省钢材等优点。沉井的内壁、外壁及横隔板都是钢筋钢丝网水泥混凝土制成。做法是将若干层钢丝网均匀地铺设在钢筋网两侧，外面涂抹不低于 M5 的水泥砂浆，使它充满钢筋网和钢丝网之间的间隙并形成厚 1～3 mm 的保护层。图 4-6 是钢丝网水泥薄壁浮运沉井的一种形式。

不带气筒的浮运沉井的另一种形式是带临时底板的浮运沉井。底板一般是在底节的井孔下端刃脚处设置的木质底板及其支撑。底板的结构应保证其水密性，能承受工作水压并便于拆除。带底板的浮运沉井就位后，即可接高井壁使其逐渐下沉，沉到河床后向井孔充水至与外面水面齐平，即可拆除临时底板。这种带底板的浮运沉井与筑岛法、围堰法施工相比，可以节省工程量，施工速度也较快。

2）带钢气筒的浮运沉井

带钢气筒的浮运沉井适用于水深流急的巨型沉井。图 4-7 为一带钢气筒的圆形浮运沉井构造图，它主要由双壁的沉井底节、单壁钢壳、钢气筒等组成。双壁钢沉井底节是一个可以自浮于水中的壳体结构；底节能上能下的井壁采用单壁钢壳，它通常由 6 mm 厚的钢板及若干竖向肋骨角钢构成，并以水平圆环作承受井壁外水压时的支撑，钢壳沿高度可分为几节，在接高时拼焊，单壁钢壳既是防水结构，又是接高时灌注沉井外圈混凝土的模板一部分；钢气筒是沉井内部的防水结构，它依据压缩空气排开气筒内的水提供浮式沉井在接高过程中所需的浮力，同时在悬浮下沉中可以通过给气筒充气或放气及不同气筒内的气压调节使沉井可以上浮、下沉及调正偏斜，落入河床后如偏移过大，还可以将气筒全部充气，使沉井重新浮起，重新定位下沉。

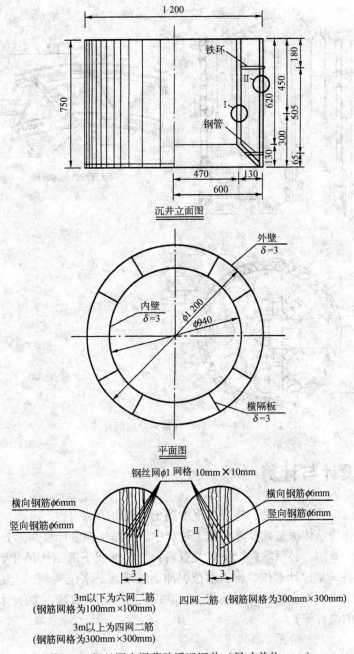

图 4-6 钢丝网水泥薄壁浮运沉井(尺寸单位: cm)

4. 组合式沉井

当采用低桩承台而围水挖基浇筑承台有困难时,或沉井刃脚遇到倾斜较大的岩层或在沉井范围内地基土软硬不均匀而水深较大时,可采用沉井下设置桩基的混合式基础,或称组合式沉井。施工时按设计尺寸做成沉井,下沉到预定高程后,浇筑封底混凝土和承台,在井内其上预留孔位钻孔灌注成桩。这种混合式沉井既有围水挡土作用,又作为钻孔桩的护筒,还可作为桩基础的承台。

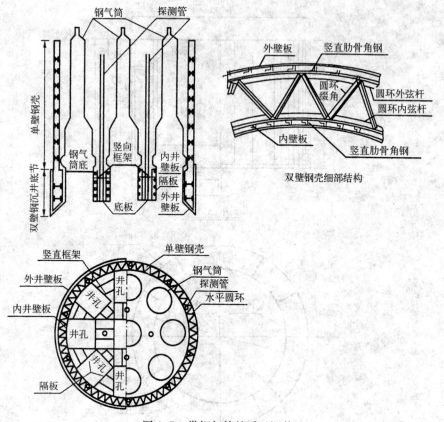

图 4-7 带钢气筒的浮运沉井

4.3 沉井设计与计算

沉井既是结构物的基础,又是施工过程中挡土、挡水的结构物。因此,沉井的设计与计算一般包括沉井作为整体深基础计算和施工过程中沉井结构强度计算两部分内容。

沉井设计与计算前,必须掌握以下有关资料:①上部或下部结构尺寸要求和设计荷载;②水文和地质资料(如设计水位、施工水位、冲刷线或地下水位高程,土的物理力学性质,沉井下沉深度范围内是否会遇到障碍物等);③拟采用的施工方法(如排水或不排水下沉,筑岛或防水围堰的高程等)。

4.3.1 沉井作为整体深基础设计与计算

沉井作为整体深基础设计,主要是根据上部结构特点、荷载大小及水文和地质情况,结合沉井的构造要求及施工方法,拟定出沉井埋深、高度和分节及平面形状和尺寸,井孔大小及布置,井壁厚度和尺寸,封底混凝土和顶板厚度等,然后进行沉井基础的计算。

沉井基础埋置深度在局部冲刷线以下仅数米时,可按浅基础设计计算规定,不考虑沉井周围土体对沉井的约束作用,按浅基础设计计算。当沉井埋置较深时,则需要考虑基础井壁外侧土体横向弹性抗力的影响按刚性桩计算内力和土抗力,同时应考虑井壁外侧接触面摩阻力,进行地基基础的承载力、变形和稳定性分析与验算。

沉井基础一般要求下沉到坚实的土层或岩层上,作为地下结构物,附加荷载相对较小,地基的强度和变形通常不存在问题。沉井基底的地基强度验算应满足:

$$F + G \leqslant R_j + R_f \tag{4-1}$$

式中:F——沉井顶面处作用的荷载/kN;

G——沉井的自重/kN;

R_j——沉井底部地基土提供的总反力/kN;

R_f——沉井井壁侧面提供的总摩阻力/kN。

显然,沉井底部地基土总反力 R_j 等于该处土的承载力容许值 f_a 与支承面积 A 的乘积,即

$$R_j = f_a A \tag{4-2}$$

沉井侧壁与土接触面提供的抗力,可假定井壁外侧与土的摩阻力沿深度呈梯形分布,距地面 5 m 范围内按三角形分布,5 m 以下为常数,如图 4-8 所示,故总摩阻力为:

$$R_f = U(h - 2.5)q \tag{4-3}$$

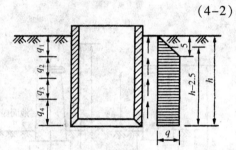

图 4-8 井侧摩阻力分布假定
(尺寸单位:m)

式中:U——沉井的周长/m;

h——沉井的入土深度/m;

q——单位面积平均摩阻力/kPa,为土层厚度加权平均值,$q = \sum q_{ik} h_i / \sum h_i$;

h_i——各土层厚度/m;

q_{ik}——土层 i 井壁单位面积摩阻力标准值/kPa。根据试验或实践经验或按表 4-1 选用。

表 4-1 土与井壁间摩阻力标准值

土 的 名 称	土与井壁间摩阻力标准值/kPa	土 的 名 称	土与井壁间摩阻力标准值/kPa
黏性土	25~50	砾石	15~20
砂性土	12~25	软土	10~12
卵石	15~30	泥浆套	3~5

注:本表适用于深度不超过 30 m 的沉井。

沉井基础作为整体深基础时,沉井结构的刚度大,在横向外力作用下,可以认为只发生转动而无挠曲。沉井深基础可以视为刚性桩柱,即相当于"m"法中 $ah \leqslant 2.5$ 刚性桩的条件,计算其内力和井壁外侧土抗力。因此,考虑沉井侧壁土体弹性抗力时,基本假定条件如下:

(1)地基土作为弹性变形介质,水平向地基系数随深度成正比例增加。

(2)不考虑基础与土之间的黏着力和摩阻力。

(3)沉井基础的刚度与土刚度的比值,可认为是无限大。

根据上述假定,考虑基础底面的工程地质情况,沉井结构内力和井壁外侧土抗力计算分析,可进一步分为非基岩地基和基岩地基两种情况分析。

1. 非岩石地基上沉井基础计算

沉井基础受到墩台水平力 H 及偏心竖向力 N 作用时[图4-9（a）]，为了计算方便，可以将上述外力简化为中心荷载 N 和水平力 H 的共同作用，转变后的水平力 H 距离基底的作用高度 λ [图4-9（b）]为：

$$\lambda = \frac{Ne + Hl}{H} = \frac{\sum M}{H} \tag{4-4}$$

首先，考虑沉井在水平力 H 作用下的情况。由于水平力的作用，沉井将围绕位于地面下 z_0 深度处 A 点转动 ω 角（图4-10），地面下深度 z 处沉井基础产生的水平位移 Δx 和土的横向抗力 p_{zx} 分别为：

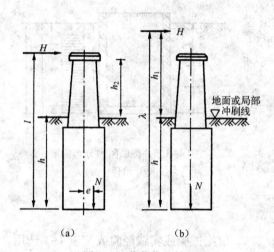
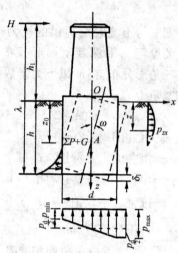

图 4-9 荷载作用情况 　　　　图 4-10 水平及竖直荷载作用下应力分布

$$\Delta x = (z_0 - z)\tan\omega$$
$$p_{zx} = \Delta x C_z = C_z(z_0 - z)\tan\omega$$

式中：z_0——转动中心 A 离地面的距离/m；

C_z——深度 z 处水平向地基系数/(kN/m^3)，$C_z = mz$；

m——地基系数随深度变化的比例系数/(kN/m^4)。

将深度 z 处水平向地基系数 $C_z = mz$ 代入上式 p_{zx} 表达式，可以得到：

$$p_{zx} = mz(z_0 - z)\tan\omega \tag{4-5}$$

由上式可见，沉井井壁外侧土的横向抗力沿深度为二次抛物线变化。

沉井基础底面处的压应力计算，考虑基底水平面上竖向地基系数 C_0 不变，故其压应力图形与基础竖向位移图相似，有：

$$p_{\frac{d}{2}} = C_0 \delta_1 = C_0 \frac{d}{2}\tan\omega \tag{4-6}$$

式中：C_0——基底面竖向地基系数；

d——基底宽度或直径。

在上述公式中，有两个未知数 z_0 和 ω 求解，可建立如下两个平衡方程式。

$\sum X = 0$,可以得到:

$$H - \int_0^h p_{zx} b_1 \mathrm{d}z = H - b_1 m\tan\omega \int_0^h z(z_0 - z)\mathrm{d}z = 0$$

$\sum M_o = 0$,可以得到:

$$Hh_1 + \int_0^h p_{zx} b_1 z \mathrm{d}z - p_{\frac{d}{2}} W = 0$$

式中:b_1——横向力作用面基础计算宽度;

W——沉井基底截面模量。

对以上两式联立求解,可得:

$$z_0 = \frac{\beta b_1 h^2(4\lambda - h) + 6dW}{2\beta b_1 h(3\lambda - h)}$$

$$\tan\omega = \frac{12\beta H(2h + 3h_1)}{mh(\beta b_1 h^3 + 18Wd)} \text{ 或 } \tan\omega = \frac{6H}{Amh}$$

式中:β——基底深度 h 处沉井侧面水平向地基系数与沉井底面竖向地基系数的比值,$\beta = \frac{C_h}{C_0} = \frac{mh}{C_0}$,其中 m 按有关规定选用;

A——参数,$A = \dfrac{\beta b_1 h^3 + 18Wd}{2\beta(3\lambda - h)}$。

将上述 z_0 和 $\tan\omega$ 表达式代入式(4-5)和式(4-6),可以得到:

$$p_{zx} = \frac{6H}{Ah} z(z_0 - z) \tag{4-7}$$

$$p_{\frac{d}{2}} = \frac{3dH}{A\beta} \tag{4-8}$$

当有竖向荷载 N 及水平力 H 同时作用时,则基底平面边缘处的压应力为:

$$p_{\min}^{\max} = \frac{N}{A_0} \pm \frac{3Hd}{A\beta} \tag{4-9}$$

式中:A_0——基础底面积。

离地面或局部冲刷线以下深度 z 处基础截面上的弯矩为:

$$M_z = H(\lambda - h + z) - \int_0^z p_{zx} b_1 (z_0 - z)\mathrm{d}z$$

$$= H(\lambda - h + z) - \frac{Hb_1 z^3}{2hA}(z_0 - z) \tag{4-10}$$

2. 基底嵌入基岩内的计算方法

若沉井基底嵌入基岩内,在水平力 H 和竖直偏心荷载 N 作用下,可以认为基底不产生水平位移,则基础旋转中心 A 与基底中心点吻合,即 $z_0 = h$,为一已知值(图4-11)。这样,在基底嵌入处便存在一水平阻力 P,由于 P 对基底中心点的力臂很小,一般可忽略 P 对 A 点的力矩。

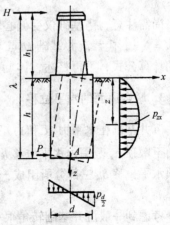

图4-11 水平力作用下的应力分布

当基础水平力 H 作用时，地面下深度 z 处产生的水平位移 Δx，并引起井壁外侧土的横向抗力 p_{zx}，分别为：

$$\left.\begin{array}{l}\Delta x = (h-z)\tan\omega \\ p_{zx} = mz\Delta x = mz(h-z)\tan\omega\end{array}\right\} \quad (4-11)$$

基底边缘处的竖向应力为：

$$p_{\frac{d}{2}} = C_0 \frac{d}{2}\tan\omega = \frac{mhd}{2\beta}\tan\omega \quad (4-12)$$

上述公式中未知数 ω 求解，仅需建立一个弯矩平衡方程便可，$\sum M_A = 0$，可以得到：

$$H(h+h_1) - \int_0^h p_{zx} b_1 (h-z)\mathrm{d}z - p_{\frac{d}{2}} W = 0$$

解上式得：

$$\tan\omega = \frac{H}{mhD_0}$$

式中，$D_0 = \dfrac{b_1\beta h^2 + 6dW}{12\lambda\beta}$。

将上述解出的 $\tan\omega$ 代入式（4-11）和式（4-12），可以得到：

$$p_{zx} = (h-z)z\frac{H}{D_0 h} \quad (4-13)$$

$$p_{\frac{d}{2}} = \frac{Hd}{2\beta D_0} \quad (4-14)$$

同理，可以得到基底边缘处的应力为：

$$p_{\min}^{\max} = \frac{N}{A_0} \pm \frac{Hd}{2\beta D_0} \quad (4-15)$$

根据水平向荷载的平衡关系 $\sum X = 0$，可以求出嵌入处未知的水平阻力 P 为：

$$P = \int_0^h b_1 p_{zx}\mathrm{d}z - H = H\left(\frac{b_1 h^2}{6D_0} - 1\right) \quad (4-16)$$

地面以下 z 深度处沉井基础截面上的弯矩为：

$$M_z = H(\lambda - h + z) - \frac{Hb_1 z^3}{12D_0 h}(2h-z) \quad (4-17)$$

尚需注意，当基础仅受偏心竖向力 N 作用时，$\lambda \to \infty$，上述公式均不能应用。此时，应以 $M = N \cdot e$ 代替沉井基础 O 点弯矩等于零平衡式中的 Hh_1，同理可导得上述两种情况下相应的计算公式，不再赘述，详见《公路桥涵地基与基础设计规范》（JTG D63—2007）。

3. 墩台顶面的水平位移

沉井基础在水平力 H 和力矩 M 作用下，墩台顶水平位移 δ 由地面处水平位移 $z_0\tan\omega$、地面至墩顶 h_2 范围内水平位移 $h_2\tan\omega$ 以及台身（或立柱）h_2 范围内的弹性挠曲变形引起的墩顶水平位移 δ_0 三部分所组成：

$$\delta = (z_0 + h_2)\tan\omega + \delta_0 \quad (4-18)$$

考虑到一般沉井基础转角很小，存在近似关系 $\tan\omega = \omega$。此外，考虑沉井基础实际刚度并非无穷大，需考虑刚度对墩顶水平位移的影响，故引入系数 k_1 和 k_2，反映实际刚度对地面处水平位移及转角的影响，从而得到：

$$\delta = (z_0 k_1 + h_2 k_2)\omega + \delta_0 \tag{4-19a}$$

同理，对于支承在岩石地基上的墩台顶面水平位移，则可以采用下式计算：

$$\delta = (h k_1 + h_2 k_2)\omega + \delta_0 \tag{4-19b}$$

式中，k_1 和 k_2 是 ah 和 $\dfrac{\lambda}{h}$ 的函数，$\alpha = \sqrt[5]{\dfrac{mb_1}{EI}}$，$k_1$ 和 k_2 值可按表4-2查用。

表4-2 墩顶水平位移修正系数

ah	系数	λ/h				
		1	2	3	4	∞
1.6	k_1	1.0	1.0	1.0	1.0	1.0
	k_2	1.0	1.1	1.1	1.1	1.1
1.8	k_1	1.0	1.1	1.1	1.1	1.1
	k_2	1.1	1.2	1.2	1.2	1.2
2.0	k_1	1.1	1.1	1.1	1.1	1.1
	k_2	1.2	1.3	1.4	1.4	1.4
2.2	k_1	1.1	1.2	1.2	1.2	1.2
	k_2	1.3	1.5	1.6	1.6	1.7
2.4	k_1	1.1	1.2	1.3	1.3	1.3
	k_2	1.3	1.8	1.9	1.9	2.0
2.6	k_1	1.2	1.3	1.4	1.4	1.4
	k_2	1.4	1.9	2.1	2.2	2.3

注：如 $ah < 1.6$ 时，$k_1 = k_2 = 1.0$。

4. 验算

1）基底应力验算

沉井荷载作用效应分析中，沉井基底计算的最大压应力，不应超过沉井底面处地基土的承载力容许值，即

$$p_{\max} \leqslant [f_a] \tag{4-20}$$

2）横向抗力验算

沉井侧壁地基土的横向抗力 p_{zx}，实质上是根据文克尔弹性地基梁假定，得出的横向荷载效应值，应小于井壁周围地基土的极限抗力值。沉井基础在外力作用下，深度 z 处产生水平位移时，井壁（背离位移）一侧将产生主动土压力 P_a，而另一侧将产生被动土压力 P_p，故其极限抗力可以用土压力表示为：

$$p_{zx} \leqslant P_p - P_a \tag{4-21}$$

由朗金土压力理论可知：

$$P_p = \gamma z \tan^2\left(45° + \dfrac{\varphi}{2}\right) + 2\tan\left(45° + \dfrac{\varphi}{2}\right)$$

$$P_a = \gamma z \tan^2\left(45° - \dfrac{\varphi}{2}\right) - 2\tan\left(45° - \dfrac{\varphi}{2}\right)$$

代入式 (4-21)，可以得到：

$$p_{zx} \leqslant \frac{4}{\cos\varphi}(\gamma z \tan\varphi + c) \tag{4-22}$$

式中：γ——土的重度；
φ——土的内摩擦角；
c——土的黏聚力。

考虑到桥梁结构性质和荷载情况，并根据试验数据可知，沉井侧壁地基土横向抗力 p_{zx} 最大值一般出现在 $z = \dfrac{h}{3}$ 和 $z = h$ 处，代入上式可以得到：

$$p_{\frac{h}{3}x} \leqslant \frac{4}{\cos\varphi}\left(\frac{\gamma h}{3}\tan\varphi + c\right)\eta_1\eta_2 \tag{4-23a}$$

$$p_{hx} \leqslant \frac{4}{\cos\varphi}(\gamma h \tan\varphi + c)\eta_1\eta_2 \tag{4-23b}$$

式中：$p_{\frac{h}{3}x}$——相应于 $z = \dfrac{h}{3}$ 深度处井壁外侧土的横向抗力/kPa；

p_{hx}——相应于基础的埋置深度，即 $z = h$ 处土的横向抗力/kPa；

η_1——取决于上部结构形式的系数。对于外超静定推力拱桥的墩台 $\eta_1 = 0.7$，其他结构体系的墩台 $\eta_1 = 1.0$；

η_2——考虑恒载对基础底面重心所产生的弯矩 M_g 在总弯矩 M 中所占百分比的系数，即 $\eta_2 = 1 - 0.8\dfrac{M_g}{M}$。

3) 墩台顶面水平位移验算

桥梁墩台设计时，除应考虑基础沉降外，还需验算地基变形和墩台身弹性水平变形所引起的墩台顶水平位移是否满足上部结构设计要求。

4.3.2 沉井施工过程中结构强度计算

施工及营运过程的不同阶段，沉井荷载作用不尽相同。沉井结构强度必须满足各阶段最不利情况荷载作用的要求。沉井各部分设计时，必须了解和确定不同阶段最不利荷载作用状态，拟定出相应的计算图式，然后计算截面应力，进行配筋设计，以及结构抗力分析与验算，以保证沉井结构在施工各阶段中的强度和稳定。沉井结构在施工过程中主要进行下列验算：

1. 沉井自重下沉验算

为了使沉井能在自重下顺利下沉，沉井重力（不排水下沉时，应扣除浮力）应大于土与井壁间的摩阻力标准值，将两者之比称为下沉系数，要求：

$$K = \frac{Q}{T} > 1 \tag{4-24}$$

式中：K——下沉系数。应根据土类别及施工条件取大于 1 的数值，一般为 1.15～1.25；

Q——沉井自重/kN；

T——井壁与土接触面的总摩阻力/kN。$T = \sum q_{ik} h_i U_i$，其中：h_i 为沉井穿过第 i 层土的厚度/m；U_i 为该段沉井的周长/m；q_{ik} 为第 i 层土的井壁单位面积摩阻力标准值/kPa。

井壁摩阻力标准值应根据实践经验或实测资料确定，如缺乏资料时，可以根据土的性质按表 4-1 选用。

当不能满足上式要求时，可选择下列措施直至满足要求：加大井壁厚度或调整取土井尺寸；如为不排水下沉者，则下沉到一定深度后可采用排水下沉；增加附加荷载压沉或射水助沉；采用泥浆润滑套或壁后压气法减阻等措施。

2. 第一节（底节）沉井的竖向挠曲验算

底节沉井在抽垫及除土下沉过程中，由于施工方法不同，刃脚下支承亦不同。沉井自重将导致井壁产生较大的竖向挠曲应力。因此，应根据不同支承情况，进行井壁强度验算。若挠曲应力大于沉井材料的抗拉强度，应增加底节沉井高度或在井壁内设置水平向钢筋，防止沉井竖向开裂。其支承情况根据施工方法不同可按如下考虑。

1）排水挖土下沉

排水挖土下沉的整个过程中，沉井支承点相对容易控制。可将沉井视为支承于 4 个固定支点上的梁，且支点控制在最有利位置处，即支点和跨中所产生的弯矩大致相等。对矩形和圆端形沉井，若沉井长宽比大于 1.5，支点可采用长边 $0.7l$ 设置方法，如图 4-12（a）所示；圆形沉井的 4 个支点可布置在两相互正交直线上的端点处。

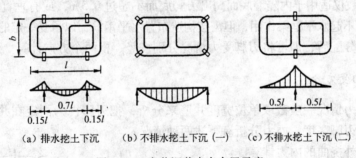

(a) 排水挖土下沉　　(b) 不排水挖土下沉（一）　　(c) 不排水挖土下沉（二）

图 4-12　底节沉井支点布置示意

2）不排水挖土下沉

不排水挖土下沉施工中，机械挖土时刃脚下的支点位置很难控制，沉井下沉过程中可能出现最不利支承，即：对矩形和圆端形沉井，因挖土不均将导致沉井支承于四角 [图 4-12（b）]成为一简支梁，跨中弯矩最大，沉井下部竖向开裂；也可能因孤石等障碍物，使沉井支承于井壁长边的中点 [图 4-12（c）]，形成悬臂梁，支点处沉井顶部产生竖向开裂；圆形沉井则可能出现支承于直径上的两个支点。沉井长边的跨中或跨边支承两种情况，均应对跨中附近最小截面上、下缘进行抗弯拉和抗裂验算。

若底节沉井隔墙跨度较大，还需验算隔墙的抗拉强度。其最不利受力情况是下节沉井内土已挖空,上节沉井刚浇筑尚未形成强度,此时隔墙成为两端支承在井壁上的梁,承受两节沉井隔墙和模板等质量。若底节隔墙强度不够,可布置水平向抗弯拉钢筋,或在隔墙下夯填粗砂以承受荷载。

3. 沉井刃脚受力计算

沉井在下沉过程中,刃脚受力较为复杂,即刃脚切入土中时受到向外弯曲应力;挖空刃脚下内侧土体时,刃脚又受到向内弯曲的外部土、水压力作用。为简化起见,一般按竖向和水平向分别计算。竖向分析时,近似地将刃脚结构视为固定于刃脚根部井壁处的悬臂梁(图4-12),根据刃脚内外侧作用力不同组合,可能向外或向内挠曲;在水平面上,则视刃脚结构为一封闭的框架,在水、土压力作用下使其在水平面内发生弯曲变形。根据悬臂及水平框架两者的变位关系及其相应的假定,分别可推出刃脚悬臂分配系数 α 和水平框架分配系数 β 如下。

刃脚悬臂作用的分配系数 α 为:

$$\alpha = \frac{0.1 l_1^4}{h_k^4 + 0.05 l_1^4} \leqslant 1.0 \tag{4-25}$$

刃脚框架作用的分配系数 β 为:

$$\beta = \frac{h_k^4}{h_k^4 + 0.05 l_2^4} \tag{4-26}$$

式中:l_1——支承于隔墙间的井壁最大计算跨度/m;

l_2——支承于隔墙间的井壁最小计算跨度/m;

h_k——刃脚斜面部分的高度/m。

上述分配系数仅适用于内隔墙底面高出刃脚底面不超过0.5 m,或有垂直梗肋的情况。否则 $\alpha=1.0$,刃脚不起水平框架作用,但需按构造布置水平钢筋,以承受一定的正、负弯矩。

外力经上述分配后,即可将刃脚受力情况分别按竖、横两个方向计算。

1) 刃脚竖向受力分析

刃脚竖向受力情况一般截取单位宽度井壁来分析,把刃脚视为固定在井壁上的悬臂梁,悬臂梁跨度即为刃脚高度。内力分析有下述两种情况。

(1) 刃脚向外挠曲的内力计算。

一般认为,当沉井下沉过程中刃脚内侧切入土中深约1.0 m,同时浇筑完上节沉井,且沉井上部露出地面或水面约一节沉井高度时,刃脚斜面上土的抗力最大,且井壁外土、水压力最小,处于刃脚向外挠曲的最不利位置。此时,沉井因自重将导致刃脚斜面土体抵抗刃脚下沉而向外挠曲,如图4-13所示,作用在刃脚高度范围内的外力主要有刃脚外侧土、水压力的合力、刃脚外侧摩阻力和刃脚下的土体抵抗力。

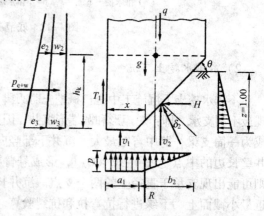

图4-13 刃脚向外挠曲受力分析

① 刃脚外侧土压力及水压力的合力 p_{e+w}

$$p_{e+w} = \frac{1}{2}(p_{e_2+w_2} + p_{e_3+w_3})h_k \tag{4-27}$$

式中：p_{e+w}——作用在刃脚根部处的土压力及水压力强度之和；
$p_{e_3+w_3}$——刃脚底面处的土压力及水压力强度之和；
h_k——刃脚高度/m。

土、水压力合力 p_{e+w} 的作用点高度（离刃脚根部的距离）为：

$$t = \frac{h_k}{3} \cdot \frac{2p_{e_3+w_3} + p_{e_2+w_2}}{p_{e_3+w_3} + p_{e_2+w_2}} \tag{4-28}$$

地面下深度 h_i 处刃脚承受的土压力 e_i，可按朗金主动土压力公式计算，即

$$e_i = \overline{\gamma}_i h_i \tan^2\left(45° - \frac{\varphi}{2}\right) \tag{4-29}$$

式中：$\overline{\gamma}_i$——深度 h_i 范围内土的平均重度，在水位以下应考虑浮力；
h_i——计算位置至地面的距离。

水压力 $w_i = \gamma_w h_{wi}$，其中 γ_w 为水的重度，h_{wi} 为计算深度至水面的距离。

水压力计算尚应考虑施工情况和土质条件影响，为安全起见，一般规定式（4-27）计算所得刃脚外侧土、水压力合力不得大于静水压力的 70%，否则按静水压力的 70% 计算。

② 作用在刃脚外侧单元宽度上的摩阻力 T_1 可按下列两式计算，并取其较小者：

$$T_1 = q_k h_k \quad 或 \quad T_1 = 0.5E \tag{4-30}$$

式中：g_k——土与井壁间单位面积上的摩阻力标准值；
h_k——刃脚高度/m；
E——刃脚外侧总的主动土压力，即 $E = \frac{1}{2}h_k(e_3 + e_2)$。

③ 刃脚下抵抗力的计算。刃脚下竖向反力 R（取单位宽度）可按下式计算：

$$R = q - T' \tag{4-31}$$

式中：q——沿井壁周长单位宽度上沉井的自重，在水下部分应考虑水的浮力/kPa；
T'——沉井入土部分单位宽度上的摩阻力/kPa。

为求 R 的作用点，可将 R 分为 v_1 及 v_2 两部分，如图 4-13 所示。其中，刃脚踏面（宽度为 a_1）下反力假定为均匀分布，合力即 v_1；假定刃脚斜面与水平面成 θ 角，斜面与土间的外摩擦角为 δ_2（一般定为 $\delta_2 = 30°$）。故作用在斜面上的土反力的合力与斜面的法线方向成 δ_2 角，斜面上反力成三角形分布，在开挖面处为零，将合力分解成竖直力 v_2 及水平力 H 时，它们的应力图形也是呈三角形分布。因此，刃脚下竖向反力 R 为：

$$R = v_1 + v_2 \tag{4-32}$$

R 的作用点距井壁外侧的距离为：

$$x = \frac{1}{R}\left[v_1 \frac{a_1}{2} + v_2\left(a_1 + \frac{b_2}{3}\right)\right] \tag{4-33}$$

式中：b_2——刃脚内侧入土斜面在水平面上的投影长度。

根据力的平衡条件，可知：

$$v_1 = a_1 p = a_1 \frac{R}{a_1 + \frac{b_2}{2}} = \frac{2a_1}{2a_1 + b_2} R$$

$$v_2 = \frac{b_2}{2a_1 + b_2} R$$

$$H = v_2 \tan(\theta - \delta_2) \tag{4-34}$$

其中，刃脚斜面上水平反力 H 作用点离刃脚底面 $\frac{1}{3}$ m。

④ 刃脚（单位宽度）自重 g 为：

$$g = \frac{\lambda + a_1}{2} h_k \cdot \gamma_k \tag{4-35}$$

式中：λ——井壁厚度/m；

γ_k——钢筋混凝土刃脚的重度，不排水施工时应扣除浮力。

刃脚自重 g 的作用点至刃脚根部中心轴的距离为：

$$x_1 = \frac{\lambda^2 + a_1 \lambda - 2a_1^2}{6(\lambda + a_1)} \tag{4-36}$$

求出以上各力的数值、方向及作用点后，再算出各力对刃脚根部中心轴的弯矩总和值 M_0、竖向力 N_0 及剪力 Q，其算式为：

$$M_0 = M_R + M_H + M_{e+w} + M_T + M_g \tag{4-37}$$

$$N_0 = R + T_1 + g \tag{4-38}$$

$$Q = p_{e+w} + H \tag{4-39}$$

式中：M_R、M_H、M_{e+w}、M_T、M_g——分别为反力 R、土压力及水压力 p_{e+w}、横向力 H、刃脚底部的外侧摩阻力 T_1 以及刃脚自重 g 对刃脚根部中心轴的弯矩，其中作用在刃脚部分的各水平力均应按规定考虑分配系数 a。上述各式数值的正负号视具体情况而定。

根据 M_0、N_0 及 Q 值就可验算刃脚根部应力，并计算出刃脚内侧所需的竖向钢筋用量。一般刃脚钢筋截面积不宜少于刃脚根部截面积的 0.1%。刃脚的竖直钢筋应伸入根部以上 $0.5l_1$（l_1 为支承于隔墙间的井壁最大计算跨度）。

(2) 刃脚向内挠曲的内力计算。

刃脚向内挠曲的最不利位置是沉井已下沉至设计高程，刃脚下土体挖空而尚未浇筑封底混凝土（图4-14），此时刃脚可视为根部固定在井壁上的悬臂梁，以此计算最大向内弯矩。

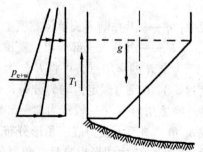

图 4-14 刃脚向内挠曲受力分析

作用在刃脚上的力有刃脚外侧的土压力、水压力、摩阻力以及刃脚本身的重力。各力的计算方法同前。但水压力计算应注意实际施工情况，为偏于安全，一般井壁外侧水压力以 100% 计算，井内水压力取 50%，或按施工可能出现的水头差计算；若排水下沉时，不透水土取静水压力的70%,透水性土按100%计算。计算所得各水平外力同样应考虑分配系数 α。再由外力计算出对刃脚根部中心轴的弯矩、竖向力及剪力,以此求得刃脚外壁钢筋用量。其配筋构造要求与向外挠曲相同。

2) 刃脚水平钢筋计算

刃脚水平向受力最不利的情况是沉井已下沉至设计高程,刃脚下的土已挖空,尚未浇筑封底混凝土的时候,由于刃脚有悬臂作用及水平闭合框架的作用,故当刃脚作为悬臂考虑时,刃脚所受水平力乘以 α,而作用于框架的水平力应乘以分配系数 β 后,其值作为水平框架上的外力,由此求出框架的弯矩及轴向力值,再计算框架所需的水平钢筋用量。

根据常用沉井水平框架的平面形式,现列出其内力计算式,以供设计时参考。

(1) 单孔矩形框架如图4-15所示。

A 点处的弯矩:

$$M_A = \frac{1}{24}(-2K^2 + 2K + 1)pb^2$$

B 点处的弯矩:

$$M_B = -\frac{1}{12}(K^2 - K + 1)pb^2$$

C 点处的弯矩:

$$M_C = \frac{1}{24}(K^2 + 2K - 2)pb^2$$

轴向力:

$$N_1 = \frac{1}{2}pa, \quad N_2 = \frac{1}{2}pb$$

式中:K——$K = a/b$,a 为短边长度,b 为长边长度。

(2) 单孔圆端形如图4-16所示。

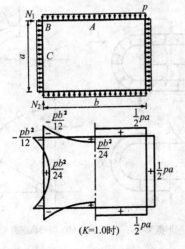

图4-15 单孔矩形框架受力

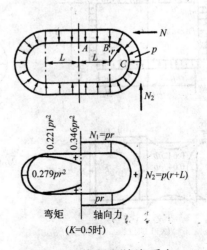

图4-16 单孔圆形框架受力

$$M_A = \frac{K(12+3\pi K+2K^2)}{6\pi+12K}pr^2$$

$$M_B = \frac{2K(3-K^2)}{3\pi+6K}pr^2$$

$$M_C = \frac{K(3\pi-6+6K+2K^2)}{3\pi+6K}pr^2$$

$$N_1 = pr, \quad N_2 = p(r+l)$$

式中：K——$K = L/r$，r 为圆心至圆端形井壁中心的距离。

(3) 双孔矩形如图 4-17 所示。

$$M_A = \frac{K^3-6K-1}{12(2K+1)}pb^2$$

$$M_B = \frac{-K^3+3K+1}{24(2K+1)}pb^2$$

$$M_C = -\frac{2K^3+1}{12(2K+1)}pb^2$$

$$M_D = \frac{2K^3+3K^2-2}{24(2K+1)}pb^2$$

$$N_1 = \frac{1}{2}pa$$

$$N_2 = \frac{K^3+3K+2}{4(2K+1)}pb$$

$$N_3 = \frac{2+5K-K^3}{4(2K+1)}pb$$

式中，$K = a/b$。

(4) 双孔圆端形如图 4-18 (a) 所示。

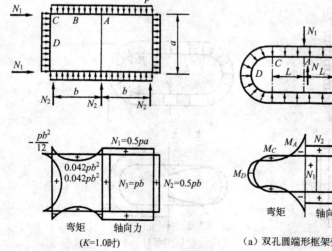

图 4-17 双孔矩形框架受力

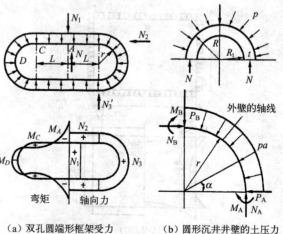

图 4-18 双孔圆端形沉井内力计算

$$M_A = p\frac{\zeta\delta_1 - \rho\eta}{\delta_1 - \eta}$$

$$M_C = M_A + NL - p\frac{L^2}{2}$$

$$M_D = M_A + N(L+r) - pL\left(\frac{L}{2}+r\right)$$

$$N = \frac{\zeta - \rho}{\eta - \delta_1}$$

$$N_1 = 2N$$

$$N_2 = pr$$

$$N_3 = p(L+r) - \frac{N_1}{2}$$

式中：

$$\zeta = \frac{L\left(0.25L^3 + \frac{\pi}{2}rL^2 + 3r^2L + \frac{\pi}{2}r^3\right)}{L^2 + \pi rL + 2r^2}$$

$$\eta = \frac{\frac{2}{3}L^3 + \pi rL^2 + 4r^2L + \frac{\pi}{2}r^2}{L^2 + \pi rL + 2r^2}$$

$$\rho = \frac{\frac{1}{3}L^3 + \frac{\pi}{2}rL^2 + 2r^2L}{2L + \pi r}$$

$$\delta_1 = \frac{L^2 + \pi rL + 2r^2}{2L + \pi r}$$

(5) 圆形沉井如图 4-18 (b) 所示。

圆形沉井，如在均匀土中平稳下沉，受到周围均布的水平压力，则刃脚作为水平圆环，其任意截面上的内力弯矩 $M=0$，剪力 $Q=0$，轴向压力 $N=p\times R$，其中 R 为沉井刃脚外壁的半径。如由于下沉过程中沉井发生倾斜或土质的不均匀，都将使刃脚截面产生弯矩。因此应根据实际情况考虑水平压力的分布。为了便于计算，可以对土压力的分布作如下的假设：设在井壁（刃脚）的横截面上互成 90°两点处的径向压力为 P_A、P_B，计算 P_A 时土的内摩擦角可增大 $2.5°\sim5°$，计算 P_B 时减小 $2.5°\sim5°$，并假设其他各点的土压力 p_a 按下式变化：

$$p_a = P_A(1 + \omega'\sin\alpha)$$

式中：$\omega' = \omega - 1$，$\omega = \dfrac{P_B}{P_A}$（也可根据土质不均匀情况、覆盖层厚度，直接确定 ω 值，一般取 $1.5\sim2.5$）。

则作用在 A、B 截面上的内力为：

$$N_A = P_A \times r(1 + 0.785\omega')$$

$$M_A = -0.149P_A r^2 \omega'$$

$$N_B = P_A \times r(1 + 0.5\omega')$$

$$M_B = 0.137P_A r^2 \omega'$$

式中：N_A、M_A——A 截面上的轴向力/kN 和弯矩/(kN·m)；

N_B、M_B——B 截面（垂直于 A 截面）上的轴向力/kN 和弯矩/(kN·m)；

r——井壁（刃脚）轴线的半径/m。

4. 井壁受力计算

1) 井壁竖向拉应力验算

沉井在下沉过程中，上部土层工程性能相对下部土层明显偏优时，当刃脚下土体已被挖空，沉井上部性能良好土层将提供足够侧壁摩擦力（如大于沉井自重），阻止沉井下沉，则形成下部沉井呈悬挂状态，井壁结构就有在自重作用下被拉断的可能。因此，需要验算井壁的竖向拉应力是否满足井壁抗拉要求。拉应力的大小与井壁摩阻力分布图有关，在判断可能夹住沉井的土层不明显时，可近似假定沿沉井高度成倒三角形分布（图4-19）。在地面处摩阻力最大，而刃脚底面处为零。

假设沉井自重为 G，h 为沉井入土深度，U 为井壁的周长，q_k 为地面处井壁上的摩阻力，q_x 为距刃脚底 x 处的摩阻力，则有：

$$G = \frac{1}{2}q_k hU$$

$$q_k = \frac{2G}{hU}$$

$$q_x = \frac{q_k}{h}x = \frac{2Gx}{h^2 U}$$

离刃脚底高度为 x 处，井壁拉力为 S_x，其值为：

$$S_x = \frac{Gx}{h} - \frac{q_x}{2}xU = \frac{Gx}{h} - \frac{Gx^2}{h^2} \tag{4-40}$$

为求得最大拉应力，令 $\frac{dS_x}{dx}=0$，则有 $\frac{dS_x}{dx} = \frac{G}{h} - \frac{2Gx}{h^2} = 0$，可以得到 $x = \frac{1}{2}h$，代入上式，则有：

$$S_{max} = \frac{G}{h} \cdot \frac{h}{2} - \frac{G}{h^2} \cdot \left(\frac{h}{2}\right)^2 = \frac{1}{4}G \tag{4-41}$$

2) 井壁横向受力计算

当沉井沉至设计高程，且刃脚下土已挖空而尚未封底时，井壁承受的土、水合力为最大。此时，应按水平框架分析内力，验算井壁材料强度，其计算方法与刃脚框架计算相同。

刃脚根部 $c-c$ 断面（图4-20）以上高度等于井壁厚度的一段井壁视为计算分析的水平框架。该横向受力验算用水平框架，除承受作用于该段的土、水压力外，还承受由刃脚悬臂作用传来的水平剪力（刃脚内挠时受到的水平外力乘以分配系数 α）。

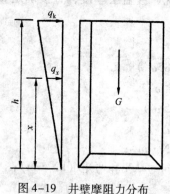

图4-19 井壁摩阻力分布　　　　图4-20 井壁框架承受外力

此外，井壁横向受力分析中还应验算每节沉井最下端处，单位高度井壁作为水平框架的强度，并以此控制该节沉井的设计。作用于分节验算井壁框架上的水平外力，仅为土压力和水压力，且不需乘以分配系数 β。

采用泥浆套下沉的沉井，若台阶以上泥浆压力（泥浆相对密度乘以泥浆高度）大于上述土、水压力之和，则井壁压力应按泥浆压力计算。

5. 混凝土封底及顶盖的计算

1）封底混凝土计算

沉井封底混凝土的厚度应根据基底承受的反力情况而定。作用于封底混凝土的竖向反力可分为两种情况：一是沉井水下封底后，在施工抽水时封底混凝土需承受基底水和地基土的向上反力；二是空心沉井在使用阶段，封底混凝土须承受沉井基础全部最不利荷载组合所产生的基底反力，如井孔内填砂或有水时，可扣除其重力。

封底混凝土厚度，可按下列两种方法计算并取其控制者。

（1）弯拉验算。

封底混凝土视为支承在凹槽或隔墙底面和刃脚上的底板，按周边支承的双向板（矩形或圆端形沉井）或圆板（圆形沉井）计算，底板与井壁的连接一般按简支考虑；当连接可靠（由井壁内预留钢筋连接等）时，也可按弹性固定考虑。封底混凝土的厚度可按下式计算：

$$h_t = \sqrt{\frac{6 \times \gamma_{si} \times r_m \times M_{tm}}{bR_w^j}} \tag{4-42}$$

式中：h_t——封底混凝土的厚度/m；

M_{tm}——在最大均布反力作用下的最大计算弯矩/(kN·m)。按简支或弹性固定支承不同条件考虑的荷载系数，可由结构设计手册查取；

R_w^j——混凝土弯曲抗拉极限强度/kPa；

γ_{si}——荷载安全系数；

γ_m——材料安全系数；

b——计算宽度，此处取 1 m。

具体验算时，要求计算所得的弯曲拉应力应小于混凝土的弯曲抗拉设计强度。

（2）剪切验算。

封底混凝土按受剪计算，即计算封底混凝土承受基底反力后是否有沿井孔范围内周边剪断的可能性。若剪应力超过其抗剪强度则应加大封底混凝土的抗剪面积。

2）钢筋混凝土盖板计算

空心或井孔内填以砾砂石的沉井，井顶必须浇筑钢筋混凝土盖板，用以支承墩台及其上部全部荷载。盖板厚度一般是预先拟定的，按盖板承受最不利荷载组合，假定为均布荷载的双向板进行内力计算和配筋设计。

如墩身全部位于井孔内，还应验算盖板的剪应力和井壁支承压力。如墩身较大，部分支承在井壁上则不需进行盖板的剪力验算，只进行井壁压应力的验算。

4.3.3 浮运沉井计算要点

1. 浮运沉井稳定性验算

浮运沉井在浮运过程中和就位接高下沉过程中均为浮体，要有一定的吃水深度，使重心低而不易倾覆，保证浮运时稳定；同时还必须具有足够的高出水面高度，使沉井不因风浪等而沉没。因此，除前述计算外，还应考虑沉井浮运过程中的受力情况，进行浮体稳定性（沉井重心、浮心和定倾半径分析确定与比较）和井壁露出水面高度等的验算。现以带临时性底板的浮运沉井为例，说明浮运沉井稳定性验算。

1）计算浮心位置

根据沉井质量等于沉井排开水的质量浮力原理，则沉井吃水深 h_0（从底板算起，图 4-21）为：

$$h_0 = \frac{V_0}{A_0} \quad (4\text{-}43)$$

式中：V_0——沉井底板以上部分排水体积/m^3；
A_0——沉井吃水的截面积/m^2；
d——圆端形直径或沉井的宽度/m；
L——沉井矩形部分的长度/m。

对圆端形沉井 $A_0 = 0.7854d^2 + Ld$。

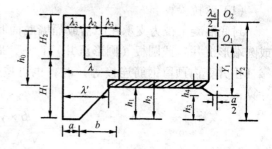

图 4-21 计算浮心位置示意图

浮心的位置，以刃脚底面起算为 $h_3 + Y_1$ 时，Y_1 可由下式求得：

$$Y_1 = \frac{M_1}{V} - h_3 \quad (4\text{-}44)$$

式中：M_1——各排水体积/m^3（沉井底板以上部分排水体积 V_0、刃脚体积 V_1、底板下隔墙体积 V_2）与其中心至刃脚底面距离的乘积。

如各部分的乘积分别以 M_1、M_2、M_3 表示，则有：

$$M_1 = M_1 + M_2 + M_3$$

$$M_1 = V_0\left(h_1 + \frac{h_0}{2}\right)$$

$$M_2 = V_1 \frac{h}{3} \frac{2\lambda' + a}{\lambda' + a}$$

$$M_3 = V_2\left(\frac{h_4}{3} \frac{2\lambda_1 + a_1}{\lambda_1 + a_1} + h_3\right)$$

式中：h_1——底板至刃脚踏面的距离/m；
h_3——隔墙底距刃脚踏面的距离/m；
h_4——底板下的隔墙高度/m；
λ'——底板下井壁的厚度/m；

λ_1——隔墙厚度/m;

a_1——隔墙底踏面的宽度/m;

a——刃脚踏面的宽度/m。

2) 重心位置计算

设重心位置 O_2 离刃脚底面的距离为 Y_2,则有:

$$Y_2 = \frac{M_{\mathrm{II}}}{V} \tag{4-45}$$

式中:M_{II}——沉井各部分体积与其中心到刃脚底面距离的乘积,并假定沉井各部分圬工的重度相同。

令重心与浮心的高差为 Y,则有:

$$Y = Y_2 - (h_3 + Y_1) \tag{4-46}$$

3) 定倾半径的计算

定倾半径 ρ 为定倾中心到浮心的距离,由下式计算:

$$\rho = \frac{I_{x-x}}{V_0} \tag{4-47}$$

式中:I_{x-x}——吃水截面积的惯性矩,对圆端形沉井(图 4-22)而言其值为:

$$I_{x-x} = 0.049d^4 + \frac{1}{12}Ld^3$$

对带气筒浮运沉井,可根据气筒布置、各阶段气筒使用与连通情况,分别确定定倾半径 ρ。

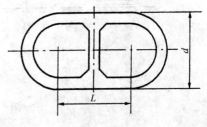

图 4-22 圆端形沉井截面示意图

4) 浮运沉井稳定的必要条件

浮运沉井的稳定性应满足重心到浮心的距离小于定倾中心到浮心的距离,即:

$$\rho - Y > 0 \tag{4-48}$$

2. 浮运沉井露出水面最小高度验算

沉井浮运过程中受到牵引力、风力等荷载作用,不免产生一定的倾斜,故一般要求沉井顶面高出水面不小于 0.5~1.0 m 为宜,以保证沉井在拖运过程中的安全。

拖引力及风力等对浮心产生弯矩 M,因而使沉井旋转(倾斜)角度 θ,在一般情况下不允许 θ 值大于 6°,可按下式分析验算:

$$\theta = \arctan\frac{M}{\gamma_{\mathrm{w}}V(\rho - Y)} \leq 6° \tag{4-49}$$

式中:γ_{w}——水的重度,一般取 10 kN/m³。

沉井浮运时露出水面的最小高度 h 按下式计算:

$$h = H - h_0 - h_1 - d\tan\theta \geq f \tag{4-50}$$

式中:H——浮运时沉井的高度/m;

f——浮运沉井发生最大倾斜时顶面露出水面的安全距离，其值为 0.5～1.0 m。

式（4-50）中，最小高度验算的倾斜修正，采用了 $d\tan\theta$（d 为圆端形的直径），为弯矩作用使沉井没入水中深度计算值 $\frac{d}{2}\tan\theta$ 的 2 倍，主要是考虑浮运沉井倾斜边水面存在波浪，波峰高于无波水面。

4.4 沉井施工

沉井基础施工一般可分为旱地施工、水中筑岛及浮运沉井三种。施工前应详细了解场地的地质和水文条件。水中施工应做好河流汛期、河床冲刷、通航及漂流物等调查研究，充分利用枯水季节，制订详细的施工计划及必要的措施，确保施工安全。

4.4.1 旱地上沉井施工

桥梁墩台位于旱地时，沉井可就地制造、挖土下沉、封底、充填井孔以及浇筑顶板（图 4-23）。在这种情况下，一般较容易施工，工序如下：

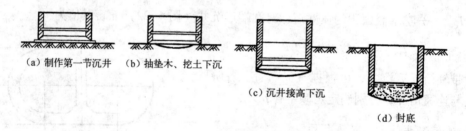

图 4-23 沉井施工顺序示意图

1. 清整场地

要求施工场地平整干净。若天然地面土质较硬，只需将地表杂物清净并整平，就可在其上制造沉井。否则应采取浅层置换加固或在基坑处铺填一层不小于 0.5 m 厚夯实的砂或砂砾垫层，防止沉井在混凝土浇筑之初因地面沉降不均产生裂缝。为减小下沉深度，也可挖一浅坑，在坑底制作底节沉井，但坑底应高出地下水面 0.5～1.0 m。

2. 制造第一节沉井

制造沉井前，应先在刃脚处对称铺满垫木（图 4-24），以支承第一节沉井的重力，并按垫木定位立模板以绑扎钢筋。垫木数量可按垫木底面压力不大于 100 kPa 计算，其布置应考虑抽垫方便。垫木一般为枕木或方木（200 mm×200 mm），其下垫一层厚约 0.3 m 的砂找平，垫木之间间隙用砂填实（填到半高即可）。然后在刃脚位置处放上刃脚角钢，竖立内模（图 4-25），绑扎钢筋，再立外模浇筑第一节沉井。模板应有较大刚度，以免挠曲变形。当场地土质较好时也可采用土模。

3. 拆模及抽垫

当沉井混凝土强度达设计强度70%时可拆除模板,达设计强度后方可抽撤垫木。抽撤垫木应分区、依次、对称、同步地向沉井外抽出。其顺序为:先内壁下,再短边,再长边,最后定位垫木。长边下垫木隔一根抽一根,以固定垫木为中心,由远而近对称地抽,最后抽除固定垫木,并随抽随用砂土回填捣实,以免沉井开裂、移动或偏斜。

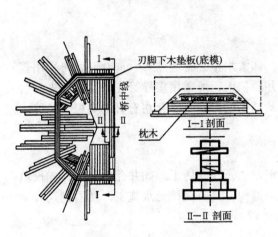

图 4-24 垫木布置实例

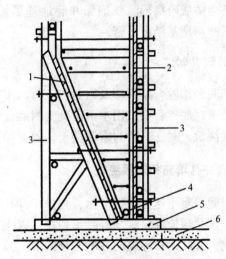

图 4-25 沉井刃脚立模
1—内模;2—外模;3—立柱;4—角钢;5—垫木;6—砂垫层

4. 挖土下沉

沉井宜采用不排水挖土下沉,在稳定的土层中,也可采用排水挖土下沉。挖土方法可采用人工或机械挖土,排水下沉常用人工挖土。人工挖土可使沉井均匀下沉,且易于清除井内障碍物,但应有安全措施。不排水下沉时,可使用空气吸泥机、抓土斗、水力吸石筒、水力吸泥机等挖土。通过黏土或胶结层挖土困难时,可采用高压射水破坏土层。

沉井正常下沉时,应自中间向刃脚处均匀对称除土,排水下沉时应严格控制设计支承点土的排除,并随时注意沉井正位姿态,保持竖直下沉,无特殊情况不宜采用爆破施工。

5. 接高沉井

当第一节沉井下沉至一定深度(井顶露出地面不小于0.5m,或露出水面不小于1.5m)时,停止挖土,接筑下节沉井。接筑前刃脚不得掏空,并应尽量纠正上节沉井的倾斜,凿毛顶面,立模,然后对称均匀浇筑混凝土,待强度达设计要求后再拆模继续下沉。

6. 设置井顶防水围堰

若沉井顶面低于地面或水面,应在井顶接筑临时性防水围堰,围堰的平面尺寸略小于沉井,其下端与井顶上预埋锚杆相连。井顶防水围堰应因地制宜,合理选用,常见的有土围堰、砖围堰和钢板桩围堰。若水深流急,围堰高度大于5.0m时,宜采用钢板桩围堰。

7. 基底检验和处理

沉井沉至设计高程后，应检验基底地质情况是否与设计相符。排水下沉时可直接检验；不排水下沉则应进行水下检验，必要时可用钻机取样进行检验。

当基底达设计要求后，应对地基进行必要的处理。砂性土或黏性土地基，一般可在井底铺一层砾石或碎石至刃脚底面以上 200 mm。未风化岩石地基，应凿除风化岩层，若岩层倾斜，还应凿成阶梯形。要确保井底地基尽量平整，浮土、软土清除干净，以保证封底混凝土、沉井与地基结合紧密。

8. 沉井封底

基底经检验合格后应及时封底。排水下沉时，如渗水量上升速度≤6 mm/min，可采用普通混凝土封底；否则宜用水下混凝土封底。若沉井面积大，可采用多导管先外后内、先低后高依次浇筑。封底一般为素混凝土，但必须与地基紧密结合，不得存在有害的夹层、夹缝。

9. 井孔填充和顶板浇筑

封底混凝土达设计强度后，再排干井孔中的水，填充井内圬工。如井孔中不填料或仅填砾石，则井顶应浇筑钢筋混凝土顶板，以支承上部结构，且应保持无水施工。然盾砌筑井上构筑物，并随后拆除临时性的井顶围堰。

4.4.2 水中沉井施工

1. 筑岛法

当水深小于 3 m、流速≤1.5 m/s 时，可采用砂或砾石在水中筑岛 [图 4-26 (a)]，周围用草袋围护；若水深或流速加大，可采用围堤防护筑岛 [图 4-26 (b)]；当水深较大（通常 <15 m）或流速较大时，宜采用钢板桩围堰筑岛 [图 4-26 (c)]。岛面应高出最高施工水位 0.5 m 以上，砂岛地基强度应符合要求，围堰筑岛时，围堰距井壁外缘距离 $b \geq H \times \tan(45° - \varphi/2)$ 且 $b \geq 2$ m（H 为筑岛高度，φ 为砂在水中的内摩擦角）。其余施工方法与旱地沉井施工相同。

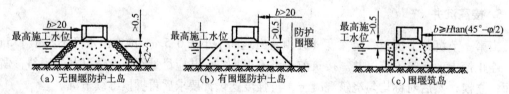

图 4-26 水中筑岛下沉沉井（尺寸单位：m）

2. 浮运沉井施工

若水较深（如大于 10 m）、人工筑岛困难或不经济时，可采用浮运法施工。即将沉井在岸边作成空体结构，或采用其他措施（如带钢气筒等）使沉井浮于水上，利用在岸边铺成的滑道滑入水中（图 4-27），然后用绳索牵引至设计位置。在悬浮状态下，逐步将水或混凝土注入空体中，使沉井徐徐下沉至河底。若沉井较高，需分段制造，在悬浮状态下逐节接长下沉至河底，但整个过程应保证沉井本身稳定。当刃脚切入河床一定深度后，即可按一般沉井下沉方法施工。

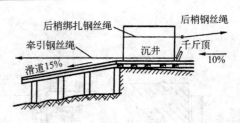

图 4-27　浮运沉井下水示意图

4.4.3　泥浆润滑套与壁后压气沉井施工方法

对于下沉较深的沉井，井侧土质较好时，井壁与土层间的摩阻力很大，若采用增加井壁厚度或压重等办法受限时，通常可采用触变泥浆润滑套（井壁后填充减摩泥浆）法和空气幕（壁后压气）法，降低井壁阻力。相对泥浆润滑套法，壁后压气沉井法更为方便，在停气后即可恢复土对井壁的摩阻力，下沉量易于控制，且所需施工设备简单，可以水下施工，经济效果好，适用于细、粉砂类土和黏性土中。

1. 泥浆润滑套

泥浆润滑套是借助泥浆泵和输送管道将特制的泥浆压入沉井外壁与土层之间，在沉井外围形成有一定厚度的泥浆层。泥浆通常由膨润土（35%～45%）、水（55%～65%）和碳酸钠分散剂（0.4%～0.6%）配置而成，具有良好的固壁性、触变性和胶体稳定性。主要利用泥浆的润滑减阻，降低沉井下沉中的摩擦阻力（可降低至 3～5 kPa，一般黏性土约为 25～50 kPa）。相对而言，该技术具有施工效率高，井壁圬工数量少，沉井下沉深、速度快，并具有良好的施工稳定性等优点。

泥浆润滑套的构造主要包括射口挡板、地表围圈及压浆管。射口挡板可用角钢或钢板弯制，置于每个泥浆射出口处固定在井壁台阶上（图 4-28），其作用是防止压浆管射出的泥浆直冲土壁，以免土壁局部坍落堵塞射浆口。地表围圈用木板或钢板制成，埋设在沉井周围，其作用是防止沉井下沉时土壁坍落，保持一定储量泥浆的流动性，用于沉井下沉过程中新造成的空隙的泥浆补充，及调整各压浆管出浆的不均衡。围圈高度与沉井台阶相同，高约 1.5～2.0 m，顶面高出地面或岛面 0.5 m，圈顶面宜加盖。压浆管可分为内管法（厚壁沉井）和外管法（薄壁沉井）两种，分别如图 4-28 和图 4-29 所示，通常用 $\phi 38$～$\phi 50$ 的钢管制成，沿井周边每 3～4 m 布置一根。

沉井下沉过程中要勤补浆，勤观测，发现倾斜、漏浆等问题要及时纠正。当沉井沉到设计高程时，若基底为一般土质，井壁摩阻力较小，会形成边清基边下沉的现象，为此，应压入水泥砂浆置换泥浆，以增大井壁的摩阻力。此外，该法不宜于容易漏浆的卵石、砾石土层。

2. 壁后压气沉井法

用空气幕下沉是一种减少下沉时井壁摩阻力的有效方法。江阴大桥北锚墩沉井采用空气幕井壁减阻助沉技术，通过向沿井壁四周预埋的气管中压入高压气流，气流沿喷气孔射出再沿沉井外壁上升，在沉井周围形成一圈空气"帷幕"（空气幕），井壁周围土松动或液化，摩阻力减小，促使沉井顺利下沉。

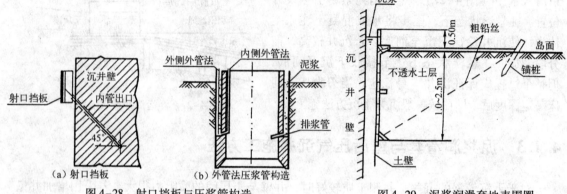

图 4-28 射口挡板与压浆管构造
(a) 射口挡板 (b) 外管法压浆管构造

图 4-29 泥浆润滑套地表围圈

空气幕沉井在构造上增加了一套压气系统,该系统由气斗、井壁中的气管、压缩空气机、储气筒以及输气管等组成,如图 4-30 所示。

气斗是沉井外壁上凹槽及槽中的喷气孔,凹槽的作用是保护喷气孔,使喷出的高压气流有一扩散空间,然后较均匀地沿井壁上升,形成气幕。气斗应布设简单、不易堵塞、便于喷气,目前多为棱锥形(150 mm × 150 mm),其数量根据每个气斗作用有效面积确定。喷气孔直径 1 mm,可按等距离分布、上下交错排列布置。

气管有水平喷气管和竖管两种,可采用内径 25 mm 的硬质聚氯乙烯管。水平管连接各层气斗,每 1/4 或 1/2 周设一根,以便纠偏;每根竖管连接两根水平管,并伸出井顶。

由压缩空气机输出的压缩空气应先输入储气筒,再由地面输气管送至沉井外壁,以防止压气时压力骤然降低而影响压气效果。

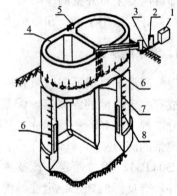

图 4-30 空气幕沉井压气系统构造
1-压缩空气机;2-储气筒;3-输气管路;
4-沉井;5-竖管;6-水平喷气管;
7-气斗;8-喷气孔

在整个下沉过程中,应先在井内挖土,消除刃脚下土的抗力后再压气,但也不得过分挖土而不压气,一般挖土面低于刃脚 0.5~1.0 m 时,即应压气下沉。压气时间不宜过长,一般不超过 5 min/次。压气顺序应先上后下,以形成沿沉井外壁上喷的气流。气压不应小于喷气孔最深处理论水压的 1.4~1.6 倍(一般取静水压力 2.5 倍),并尽可能使用风压机的最大值。

停气时应先停下部气斗,依次向上,最后停上部气斗,并应缓慢减压,不得将高压空气突然停止,防止造成瞬时负压,使喷气孔内吸入泥沙而被堵塞。空气幕下沉沉井适用于砂类土、粉质土及黏性土地层,对于卵石土、砾类土及风化岩等地层同样由于漏气而不宜使用。

4.4.4 沉井施工新方法简介

20 世纪 90 年代以来,在国外一些发达国家提出了压沉法、SS(space system caisson)法、SOCS(super open caisson system)法和自动化沉井等施工方法。例如,1997 年日本日产建设和沉井研究所共同开发的 SS 沉井技术，对沉井刃脚钢靴改形，外撇钢靴扩大了地层与井筒间的缝隙（20 cm）；缝隙中填充卵石辅助循环水技术，不仅使滑动摩擦变为球体滚动摩擦，下沉时阻力大幅度减小（可降至 7 kN/m²）；同时采用导槽技术控制姿态，保证井筒的垂直度（偏心量 <0.1 m，倾斜度 <1/150），如图 4-31 所示。SS 沉井技术设备简单、成本低，且井筒不易发生倾斜、偏心，故问世以来，施工实例猛增。1998 年 6 月获日本国技术审查通过证书，成为当前一种极有竞争力的新施工方法。SOSC 施工方法是采用预制管片拼接井筒，自动挖土、排土，自动压沉，并控制井筒姿态的高精度沉井施工方法，包括了井筒预制管片拼装系统、自动挖土排土系统和自动沉降管理系统三部分构成的自动化施工系统。SOSC 施工方法适用的土质范围宽，抗压强度 <5 MPa 的地层均可适用；作业周期短，对周围地层的影响小；节约人力，可以减轻作业人员的负担，成本低；对于 8 m<φ（直径）<30 m 的沉井均可适用；且施工过程振动小、噪声小；该施工方法极适合于有快速施工要求的市区施工。

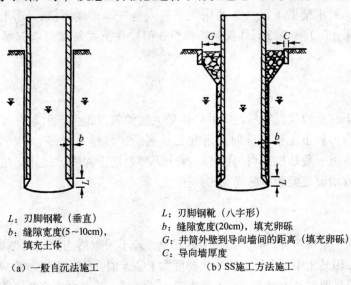

图 4-31 SS 沉井与一般自沉沉井

4.4.5 沉井下沉过程中遇到的问题及处理

1. 偏斜

沉井偏斜大多发生在下沉不深时，导致偏斜的主要原因有：①土岛表面松软，或制作场地或河底高低不平，软硬不均；②刃脚制作质量差，井壁与刃脚中线不重合；③抽垫方法欠妥，回填不及时；④除土不均匀对称，下沉时有突沉和停沉现象；⑤刃脚遇障碍物顶住而未及时发现；⑥排土堆放不合理，或单侧受水流冲击淘空等导致沉井承受不对称外力作用，引起偏移。

纠正偏斜，通常可用除土、压重、顶部施加水平力或刃脚下支垫等方法处理，空气幕沉井也可采用单侧压气纠偏。若沉井倾斜，可在高侧集中除土，加重物，或用高压射水冲松土层；低侧回填砂石，且必要时在井顶施加水平力扶正。若中心偏移则先除土，使井底中心向设计中心倾斜，然后在对侧除土，使沉井恢复竖直，如此反复至沉井逐步移近设计井位中心。当刃脚遇障碍物时，须先清除再下沉。如遇树根、大孤石或钢料铁件，排水施工时可人工排除，必要时用少量炸药（少于200 g）炸碎。不排水施工时，可由潜水工进行水下切割或爆破。

2. 下沉困难

下沉困难指沉井下沉过慢或停沉。导致下沉困难的主要原因是：①开挖面深度不够，正面阻力大；②偏斜或刃脚下遇到障碍物、坚硬岩层和土层；③井壁摩阻力大于沉井自重；④井壁无减阻措施或泥浆套、空气幕等减阻构件遭到破坏。

解决下沉困难的措施主要是增加压重和减少井壁摩阻力。增加压重的方法有：①提前接筑下节沉井，增加沉井自重；②在井顶加压砂袋、钢轨等重物迫使沉井下沉；③不排水下沉时，可井内抽水，减少浮力，迫使下沉，但需保证土体不产生流砂现象。

减小井壁摩阻力的方法有：①将沉井设计成阶梯形、钟形，或使外壁光滑；②井壁内埋设高压射水管组，射水辅助下沉；③利用泥浆套或空气幕辅助下沉；④增大开挖范围和深度，必要时还可采用0.1～0.2 kg炸药起爆助沉，但同一沉井每次只能起爆一次，且需适当控制炮振次数。

3. 突沉

突沉常发生于软土地区，容易使沉井产生较大的倾斜或超沉。引起突沉的主要原因是井壁摩阻力较小，当刃脚下土被挖除时，沉井支承削弱，或排水过多、挖土太深、出现塑流等。防止突沉的措施一般是控制均匀挖土，减小刃脚处挖土深度。此外，在设计时可采用增大刃脚踏面宽度或增设底梁的措施提高刃脚阻力。

4. 流砂

在粉、细砂层中下沉沉井，经常出现流砂现象，若不采取适当措施将造成沉井严重倾斜。产生流砂的主要原因是土中动水压力的水头梯度大于临界值。故防止流砂的措施是：①排水下沉时发生流砂，可采取向井内灌水，或不排水除土下沉时，减小水头梯度；②采用井点，或深井和深井泵降水，降低井壁外水位，改变水头梯度方向使土层稳定，防止流砂发生。

4.5 地下连续墙

4.5.1 地下连续墙的概念、特点及其应用与发展

地下连续墙技术起源于欧洲，是根据钻井中膨润土泥浆护壁以及水下浇灌混凝土的施工技术而建立和发展起来的一种方法。这种方法最初应用于意大利和法国，在1950年前后，意大利首先应用了排式地下连续墙，1954年，这一施工技术传入法国、德国，并很快得到广泛应用。1959年传入日本，目前日本为该技术使用最多的国家。

地下连续墙是在地面上用抓斗式或回转式等成槽机械，沿着开挖工程的周边，在泥浆护壁的情况下开挖一条狭长的深槽，形成一个单元槽段后，在槽内放入预先在地面上制作好的钢筋笼，然后用导管法浇灌混凝土，完成一个单元的墙段，各单元墙段之间以特定的接头方

式相互连接，形成一条地下连续墙壁（图4-32）。随着地下连续墙技术的发展，也可在挖好深槽后直接放预制的钢筋混凝土或预应力混凝土墙板。

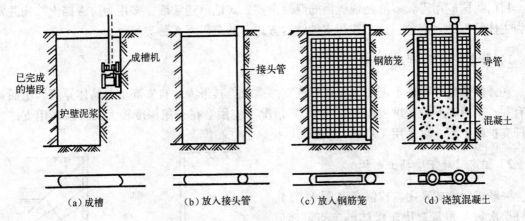

图4-32 地下连续墙施工程序示意图

地下连续墙（简称地下墙）具有以下优点：结构刚度大；整体性、防渗性和耐久性好；施工时基本上无噪声，无振动，施工速度快，建造深度大，能适应较复杂的地质条件；可以作为地下主体结构的一部分，节省挡土结构的造价。因此地下连续墙被广泛应用于各种地下工程、桥梁基础、房屋基础、竖井、船坞船闸、码头堤坝等。近20年来，地下连续墙技术在我国有了较快的发展和应用。

归纳起来，地下连续墙在工程应用中，主要有以下4种类型。

(1) 作为地下工程基坑的挡土防渗墙，它是施工用的临时结构。

(2) 在开挖期作为基坑施工的挡土防渗结构，以后与主体结构侧墙以某种形式结合，作为主体结构侧墙的一部分。

(3) 在开挖期作为挡土防渗结构，以后单独作为主体结构侧墙使用。

(4) 作为建筑物的承重基础、地下防渗墙、隔振墙等。

近年来，地下连续墙发展的趋势有以下几点。

(1) 逐渐广泛地应用预制桩式及板式连续墙，这种连续墙墙面光滑、质量好、强度高。

(2) 地下连续墙技术向大深度、高精度方向发展，国内外已将连续墙用于桥梁深基础施工。

(3) 聚合物泥浆已实用化，高分子聚合物泥浆已得到越来越多的应用，这种泥浆与传统的膨润土泥浆相比，可减少废浆量，增加泥浆重复使用次数。

(4) 废泥浆处理技术得到广泛应用，有些国家达到全部处理后排放。

4.5.2 地下连续墙的类型与接头构造

1. 地下连续墙的类型

地下连续墙按其填筑材料分为土质墙、混凝土墙、钢筋混凝土墙（又有现浇和预制两种）和组合墙（预制和现浇混凝土墙的组合）等；按成墙方式可分为桩式、壁板式、桩壁组合式。

本节主要介绍用成槽机械成槽的壁板式连续墙，有关桩式连续墙设计、施工内容请参阅第三章，预制的及现浇的桩壁组合式不另介绍。

目前我国应用得较多的是现浇钢筋混凝土壁板式地下连续墙，多用为防渗挡土结构并常作为主体结构的一部分，这时按其支护结构方式，又有以下 4 种类型。

1) 自立式地下墙挡土结构

在开挖修建过程中不需要设置锚杆或支撑系统，其最大的自立高度与墙体厚度和土质条件有关。一般在开挖深度较小（4～5m）情况下应用。在开挖深度较大又难以采用支撑或锚杆支护的工程，可采用 T 形或 I 形断面以提高自立高度。

2) 锚定式地下墙挡土结构

一般锚定方式采用斜拉锚杆（图 4-33），锚杆层次数及位置取决于墙体的支点、墙后滑动棱体的条件及地质情况。在软弱土层或地下水位较高处，也可在地上墙顶附近设置拉杆和锚定块体或墙。

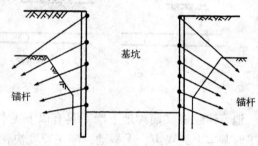

图 4-33 斜拉锚杆地下连续墙示意图

3) 支撑式地下墙挡土结构

它与板桩挡土的支撑结构相似。常采用 H 型钢、钢管等构件支撑地下连续墙，目前也广泛采用钢筋混凝土支撑，因其取材有时较方便，且水平位移较少，稳定性好，缺点是拆除时较困难和开挖时需待混凝土强度达到要求后才可进行。有时也可采用主体结构的钢筋混凝土结构梁兼作为施工支撑。当基坑开挖较深时可采用多层支撑方式。

4) 逆筑法地下墙挡土结构

逆筑法是利用地下主体结构梁板体系作为挡土结构的支撑，逐层进行开挖，逐层进行梁板柱体系的施工，形成地下墙挡土结构的一种方法。其工艺原理是：先沿建筑物地下室轴线（地下连续墙也是结构承重墙）或周围（地下墙只作为支护结构）施工地下连续墙，同时在建筑内部的有关位置浇筑或打下中间支撑柱，作为施工期间底板封底前承受上部结构自重和施工荷载的支撑，然后施工地面一层的梁板楼面结构，作为地下连续墙刚度很大的支撑，再逐层向下开挖土方和浇筑各层地下结构直至底板封底。

根据工程的具体情况，上述各类型可灵活地组合应用。

2. 地下连续墙的接头构造

地下连续墙一般分段浇筑，墙段间需设接头，另外地下墙与内部结构也需接头，后者又称墙面接头。

1) 墙段接头

墙段接头的要求随工程目的而异，作为基坑开挖时的防渗挡土结构，要求接头密合不夹泥；作为主体结构侧墙或结构一部分时，除了要求接头防渗挡土外，还要求有抗剪能力。

常用的墙段接头有以下几种：

(1) 接头管接头（图4-34），这是目前应用最普通的墙段接头形式。

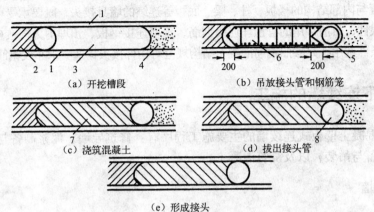

图4-34　接头管接头的施工程序（尺寸单位：mm）
1-导墙；2-已浇筑混凝土的单元槽段；3-开挖的槽段；4-未开挖的槽段；5-接头管；
6-钢筋笼；7-正浇混凝土的单元槽段；8-接头管拔出后的孔洞

(2) 接头箱接头，可以使地下墙形成整体接头，接头的刚度较好，具有抗剪能力。施工顺序与构造如图4-35所示，此外还有隔板式接头等。

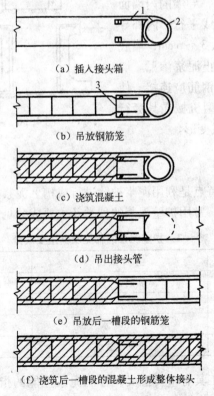

图4-35　接头箱接头的施工程序
1-接头箱；2-接头管；3-焊在钢筋笼上的钢板

2) 墙面接头

地下连续墙与内部结构的楼板、柱、梁、底板等连续的墙身接头，既要承受剪力或弯矩又应考虑施工的局限性，目前常用的有预埋连接钢筋、预埋连接钢板、预埋剪力连接构件等方法。可根据接头受力条件选用，并参照钢筋混凝土结构规范对构件接头构造要求布设钢筋（钢板）。

4.5.3 地下连续墙的施工

现浇钢筋混凝土壁板式连续墙的主要施工程序有：修筑导墙，泥浆制备与处理，深槽挖掘，钢筋笼制备与吊装，以及浇筑混凝土。

1. 修筑导墙

在地下连续墙施工以前，必须沿着地下墙的墙面线开挖导沟，修筑导墙。导墙是临时结构，主要作用是：挡土，防止槽口塌陷；作为连续墙施工的基准；作为重物支承；存蓄泥浆等。

导墙常采用钢筋混凝土制筑（现浇或预制），也有用钢的。常用的钢筋混凝土墙断面如图4-36所示。导墙的埋深一般为 $1 \sim 2 m$，墙顶宜高出地面 $0.1 \sim 0.2 m$，导墙的内墙面应垂直并与地下连续墙的轴线平行，内外导墙间的净距应比连续墙厚度大 $3 \sim 5 cm$，墙底应与密实的土面紧贴，以防止泥浆渗漏。墙的配筋多为 $\phi 12@200$，水平钢筋应连接，使导墙形成整体，禁止任何重型机械在其旁行驶或停置，以防止导墙开裂或变形。

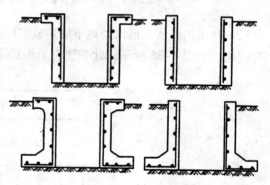

图 4-36 导墙的几种断面形式

2. 泥浆护壁

地下连续墙施工的基本特点是利用泥浆护壁进行成槽。泥浆的主要作用除护壁外，还有携渣、冷却钻具和润滑作用。常用护壁泥浆的种类及主要成分见表4-3。

表 4-3 护壁泥浆的种类及其主要成分

泥浆种类	主要成分	常用的外加剂
膨润土泥浆	膨润土、水	分散剂、增黏剂、加重剂、防漏剂
聚合物泥浆	聚合物、水	
CMC泥浆	CMC、水	膨润土
盐水泥浆	膨润土盐水	分散剂、特殊黏土

泥浆的质量对地下墙施工具有重要意义，控制泥浆性能的指标有密度、黏度、失水量、pH、稳定性、含砂量等。这些性能指标在泥浆使用前，在室内可用专用仪器测定，如表4-4所示。在施工过程中泥浆要与地下水、砂、土、混凝土接触，膨润土等掺和成分有所

损耗，还会混入土渣等使泥浆质量恶化，要随时根据泥浆质量变化对泥浆加以处理或废弃。处理后的泥浆经检验合格后方可重复使用。

表4-4 新拌制泥浆和循环泥浆的性能

项 目	指 标		测定方法
	新拌制泥浆	循环泥浆	
黏度	19～21 s	19～25 s	500 mL/700 mL 漏斗法
相对密度	<1.05	<1.20	泥浆比重计
失水量	<10 mL/30 min	<20 mL/30 min	失水量计
pH 值	8～9	<11	pH 试纸
泥皮	<1 mm		失水量计
静切力	1～2 Pa		静切力计
稳定性	100%		50 mL 量筒

3. 挖掘深槽

挖掘深槽是地下连续墙施工中的关键工序，约占地下墙整个工期的一半。它是用专用的挖槽机来完成的。挖槽机械应按不同地质条件及现场情况来选用。目前国内外常用的挖槽机械按其工作原理分为抓斗式、冲击式和回转式三大类，我国当前应用最多的是吊索式蚌式抓斗、导杆式蚌式抓斗及回转式多头钻等。

挖槽是以单元槽段逐个进行挖掘的，单元槽段的长度除考虑设计要求和结构特点外，还应考虑地质、地面荷载、起重能力、混凝土供应能力及泥浆池容量等因素。施工时发生槽壁坍塌是严重的事故，当挖槽过程中出现坍塌迹象时，如泥浆大量漏失、泥浆内有大量泡沫上冒或出现异常扰动、排土量超过设计断面的土方量、导墙及附近地面出现裂缝沉陷等，应首先将成槽机械提至地面，然后迅速查清槽壁坍塌原因，采取抢救措施，以控制事态发展。

4. 混凝土墙体浇筑

槽段挖至设计高程进行清底后，应尽快进行墙段钢筋混凝土浇筑。它包括以下内容。
（1）吊放接头管或其他接头构件。
（2）吊放钢筋笼。
（3）插入浇筑混凝土的导管，并将混凝土连续浇筑到要求的高程。
（4）拔出接头管。

对于长度超过4m的槽段宜用双导管同时浇筑，其间距根据混凝土和易性及其浇筑有效半径确定，一般为2～3.5 m，最大为4.5 m。每个槽段混凝土浇筑速度一般为每小时上升3～4 m。

4.6 沉井基础计算示例

某公路桥上部结构为等跨等截面悬链线双曲拱桥，下部设计采用圆端形重力式墩与钢筋混凝土沉井基础，基础的平面及剖面尺寸如图 4-37 所示。采用浮运法施工（浮运方法及浮运稳定性验算本例从略），参照《公路桥涵地基与基础设计规范》（JTG D63—2007）进行设计计算。

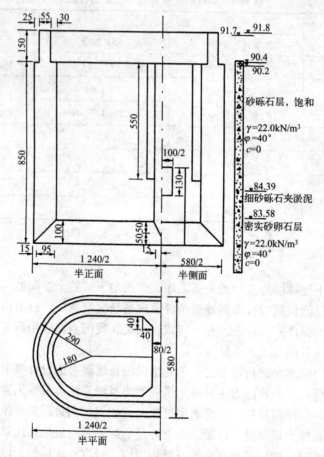

图 4-37 沉井半正面、半侧面、半平面图及地质剖面（尺寸单位：cm）

4.6.1 设计资料

土质情况如图 4-37 所示。

传给沉井的恒载及活载见沉井各力的汇总表。

最低水位高程 91.8 m；潮水位高程 96.56 m；河床高程 90.4 m；局部冲刷线高程 86.77 m。

示例中沉井结构强度验算着重在外力及内力计算，截面材料强度（包括钢筋等）计算可参照《公路桥涵地基与基础设计规范》（JTG D63—2007）、《公路钢筋混凝土及预应力混凝土桥涵设计规范》（JTG D62—2004）及《公路圬工桥涵设计规范》（JTG D61—2005）等规定进行。

1. 沉井高度

沉井顶面在最低水位下 0.1 m，高程为 91.7 m。

1) 按水文计算

局部冲刷线深度为 $h_m = 90.4 - 86.77 - 3.63\,\text{m}$,大、中桥基础埋置深度应在局部冲刷线以下不小于 2.0 m,故沉井所需高度 H 为:

$$H = (91.7 - 90.4) + 3.63 + 2.0 = 6.93\,\text{m}$$

但若按此深度,则沉井底将较接近于细砂类淤泥层,形成软弱夹层,对沉井与上部结构安全不利。

2) 按土质条件

沉井应穿过近 1.0 m 厚的细砂夹淤泥层进入密实的砂卵石层并考虑有 2.0 m 的安全度,故 H 为:

$$H = 91.70 - (83.58 - 2.0) = 10.12\,\text{m}$$

3) 按地基承载力容许值,沉井底面位于密实的砂卵石层为宜

根据以上分析,拟采用沉井高度 $H = 10\,\text{m}$,沉井顶面高程定为 91.7 m,沉井底面高程为 81.7 m。因潮水位高,第一节底节沉井高度不宜太小,故第一节沉井高为 8.5 m,第二节高为 1.5 m,第一节沉井顶面高程为 90.2 m。

2. 沉井平面尺寸

考虑到桥墩形式,故采用两端半圆形、中间为矩形的圆端形沉井。圆端的外半径为 2.9 m,矩形长边为 6.6 m,宽度为 5.8 m。井壁厚度第一节拟取 $\lambda = 1.1\,\text{m}$,第二节厚度为 0.55 m,隔墙厚度 $\delta = 0.8\,\text{m}$(其他尺寸详见图 4-37)。

刃脚踏面宽度采用 0.15 m,刃脚高度为 1.0 m(图 4-38),刃脚内侧倾角为:

$$\tan\theta = \frac{1.0}{1.1 - 0.15} = 1.0526,\ \theta = 46°28' > 45°$$

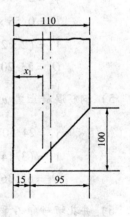

图 4-38 刃脚
(尺寸单位:cm)

4.6.2 荷载计算

1. 沉井自重

1) 刃脚

重度:$\gamma_1 = 25.00\,\text{kN/m}^3$

刃脚截面积:$F_1 = 1/2 \times (1.1 + 0.15) \times 1.0 = 0.625\,\text{m}^2$

形心至井壁外侧的距离为:

$$x_1 = \left[0.15 \times 1 \times \frac{1}{2} \times 0.15 + \frac{1}{2} \times 1.0 \times 0.95 \times \left(0.15 + \frac{1}{3} \times 0.95\right)\right] \times \frac{1}{0.625} = 0.372 \text{ m}$$

刃脚体积：$V_1 = [2 \times 3.1416 \times (2.9 - 0.372) + 6.6 \times 2] \times 0.625 = 18.18 \text{ m}^3$

刃脚重力：$Q_1 = 18.18 \times 25.00 = 454.50 \text{ kN}$

2）底节第一节沉井井壁

$$\gamma_2 = 24.50 \text{ kN/m}^3$$
$$F_2 = 1.1 \times 7.5 = 8.25 \text{ m}^2$$
$$V_2 = (2 \times 2.35 \times 3.1416 + 6.6 \times 2) \times 8.25 = 230.72 \text{ m}^3$$
$$Q_2 = 230.72 \times 24.50 = 5\,652.6 \text{ kN}$$

3）底节沉井隔墙

$$\gamma_3 = 24.50 \text{ kN/m}^3$$
$$V_3 = \left(0.8 \times 7.5 + \frac{0.15 + 0.8}{2} \times 0.5\right) \times 3.6 + 0.4 \times 0.4 \times 2 \times 5.5 = 24.22 \text{ m}^3$$
$$Q_3 = 24.22 \times 24.50 = 593.39 \text{ kN}$$

4）第二节沉井井壁

$$\gamma_4 = 24.50 \text{ kN/m}^3$$
$$F_4 = 0.55 \times 1.5 = 0.825 \text{ m}^2$$
$$V_4 = (2 \times 2.375 \times 3.1416 + 6.6 \times 2) \times 0.825 = 23.20 \text{ m}^3$$
$$Q_4 = 23.20 \times 24.50 = 568.40 \text{ kN}$$

5）钢筋混凝土盖板（厚1.5 m）

$$\gamma_5 = 24.50 \text{ kN/m}^3$$
$$V_5 = (3.1416 \times 2.1^2 + 6.6 \times 4.2) \times 1.5 = 62.36 \text{ m}^3$$
$$Q_5 = 62.36 \times 24.50 = 1\,527.82 \text{ kN}$$

6）井孔填砂卵石重

$$\gamma_6 = 20.00 \text{ kN/m}^3$$

考虑自井底以上3.6 m范围内以水下混凝土封底，以上用砂卵石填孔，填孔高度为4.9 m。

$$V_6 = (3.1416 \times 1.8^2 + 6.6 \times 3.6 - 0.4 \times 0.4 \times 2 - 0.8 \times 3.6) \times 4.9 = 150.62 \text{ m}^3$$
$$Q_6 = 150.62 \times 20.00 = 3\,012.40 \text{ kN}$$

7）封底混凝土

$$\gamma_7 = 24.00 \text{ kN/m}^3$$

$$V_7 = (3.1416 \times 2.9^2 + 6.6 \times 5.8) \times 8.5 - (18.18 + 230.72 + 24.22 + 150.62)$$
$$= 549.96 - 423.74 = 126.26 \text{ m}^3$$
$$Q_7 = 126.26 \times 24.00 = 3030.24 \text{ kN}$$

沉井总重为：
$$G = Q_1 + Q_2 + Q_3 + Q_4 + Q_5 + Q_6 + Q_7$$
$$= 454.50 + 5652.64 + 593.39 + 568.40 + 1527.82 + 3012.40 + 3030.24$$
$$= 14839.39 \text{ kN}$$

8) 低水位时沉井的浮力

$$G' = (549.96 + 3.1416 \times 2.65^2 \times 1.5 + 6.6 \times 5.3 \times 1.5) \times 10.00 = 6355.23 \text{ kN}$$

2. 各力汇总（表4-5）

表4-5 各力汇总表

力的名称	力值/kN	对沉井底面形心轴的力臂/m	弯矩/(kN·m)
两孔上部结构恒载及墩身 一孔活载（竖向力） 由制动力产生的竖向力 沉井自重 沉井浮力	$P_1 = 25691.00$ $P_g = 650.00$ $P_T = 32.40$ $G = 14839.39$ $G' = -6365.23$	1.15 1.15	747.50 37.26
小计	$\sum P = 34857.62$		784.76
一孔活载（水平力）	$H_g = 815.10$	18.806	-15328.77
制动力	$H_T = 75.00$	18.806	-1410.45
小计	$\sum H = 890.10$		-16739.22
总计		$\sum M = -15954.46$	

注：上表仅列了单孔活载作用情况，对其他活载作用情况本例题从略。

4.6.3 基底应力验算

沉井自局部冲刷线至井底的埋置深度为：
$$h = 86.77 - 81.7 = 5.07 \text{ m}$$

考虑井壁侧面土的弹性抗力：
$$p_{\min}^{\max} = \frac{N}{A_0} \pm \frac{3Hd}{A\beta}$$

式中：
$$N = \sum P = 34857.62 \text{ kN}$$
$$A_0 = 3.1416 \times 2.9^2 + 6.6 \times 5.8 = 64.70 \text{ m}^2$$
$$d = 5.8 \text{ m}$$
$$H = 890.10 \text{ kN}$$

$$A = \frac{b_1\beta h^3 + 18dW}{2\beta(3\lambda - h)}$$

其中 $b_1 = \left(1 - 0.1\dfrac{a}{b}\right)(b+1) = \left(1 - 0.1 \times \dfrac{5.8}{12.4}\right) \times (12.4 + 1) = 12.77\text{ m}$

$\beta = \dfrac{C_h}{C_0} \approx 0.5\ (h < 10\text{ m},\ C_0 = 10m_0,\ C_h = mh,\ h = 5.07\ m,\ 取\ m_0 = m)$

$h = 5.07\text{ m}$

$W = \dfrac{\pi d^3}{32} + \dfrac{1}{6}a^2 b = 0.098 \times 5.8^3 + \dfrac{1}{6} \times 5.8^2 \times 6.6 = 56.12\text{ m}^3$

$\lambda = \dfrac{M}{H} = \dfrac{15\,954.46}{890.10} = 17.92\text{ m}$

$A = \dfrac{12.77 \times 0.5 \times 5.07^3 + 18 \times 5.8 \times 56.12}{2 \times 0.5 \times (3 \times 17.92 - 5.07)} = 137.42\text{ m}^2$

$p_{\min}^{\max} = \dfrac{34\,857.62}{64.70} \pm \dfrac{3 \times 890.10 \times 5.8}{137.42 \times 0.5} = 538.76 \pm 225.41 = \begin{cases} 764.71\text{ kPa} \\ 313.35\text{ kPa} \end{cases}$

沉井底面处地基承载力容许值为：

$$[f_a] = [f_{a0}] + k_1\gamma_1(b-2) + k_2\gamma_2(h-3)$$

按地质资料，基底土属中等密实的砂、卵石类土层，根据桥规地基承载力容许值表综合考虑后，取$[f_{a0}] = 600\text{ kPa}$。$k_1 = 4$，$k_2 = 6$，土的重度 $\gamma_1 = \gamma_2 = 12.00\text{ kN/m}^3$（考虑浮力后的近似值）。由于考虑作用效应组合，承载力提高25%，即：

$[f_a] = [600 + 4 \times 12.0 \times (5.8 - 2) + 6 \times 12.0 \times (5.07 - 3)] \times 1.25$
$= 931.44 \times 1.25 = 1\,164.30\text{ kPa} > 764.71\text{ kPa}$

因沉井埋入深度只有 5.07 m，如不考虑井壁侧土的弹性抗力作用，则有：

$p_{\min}^{\max} = \dfrac{34\,857.62}{64.70} \pm \dfrac{15\,954.46}{56.12} = 538.74 \pm 284.29$

$= \begin{cases} 823.05\text{ kPa} \\ 254.47\text{ kPa} \end{cases} < 1\,164.30\text{ kPa}$

均满足要求。

4.6.4 横向抗力验算

根据式（4-7）计算在地面上 z 深度处井壁承受的侧土横向抗力：

$$p_{zx} = \dfrac{6H}{Ah}z(z_0 - z)$$

已知：$H = 890.10\text{ kN}$，$A = 137.42\text{ m}^2$，$h = 5.07\text{ m}$，则有：

$z_0 = \dfrac{\beta b_1 h^2(4\lambda - h) + 6dW}{2\beta b_1 h(3\lambda - h)}$

$= \dfrac{0.5 \times 12.77 \times 5.07^2 \times (4 \times 17.92 - 5.07) + 6 \times 5.8 \times 56.12}{2 \times 0.5 \times 12.77 \times 5.07 \times (3 \times 17.92 - 5.07)}$

$= \dfrac{12\,885.39}{3\,152.38} = 4.09\text{ m}$

当 $z = \frac{1}{3}h = \frac{5.07}{3}$ 时，则有：

$$p_{\frac{h}{3}x} = \frac{6 \times 890.10}{137.42 \times 5.07} \times \frac{5.07}{3} \times \left(4.09 - \frac{5.07}{3}\right) = 31.06 \text{ kPa}$$

当 $z = h = 5.07$ m 时，则有：

$$p_{hx} = \frac{6 \times 890.10 \times 5.07}{137.42 \times 5.07} \times (4.09 - 5.07) = -38.17 \text{ kPa}$$

根据式（4-23a）及式（4-23b），沉井井壁侧土极限横向抗力为：

当 $z = \frac{h}{3}$ 时 $\qquad [p_{zx}] = \eta_1 \eta_2 \frac{4}{\cos\varphi}\left(\frac{\gamma h}{3}\tan\varphi + c\right)$

当 $z = h$ 时 $\qquad [p_{zx}] = \eta_1 \eta_2 \frac{4}{\cos\varphi}(\gamma h \tan\varphi + c)$

已知：$\gamma = 12.00 \text{ kN/m}^3$，$h = 5.07$ m，$\varphi = 40°$，$c = 0$，$\eta_1 = 0.7$，$\eta_2 = 1.0$（因 $\eta_2 = 1 - 0.8\frac{M_g}{M}$，由力的汇总表知 $M_g = 0$，故 $\eta_2 = 1.0$）。将这些值代入上边两式：

当 $z = \frac{h}{3}$ 时：$[p_{zx}] = 0.7 \times 1.0 \times \frac{4}{\cos 40°} \times \frac{12.00 \times 5.07}{3} \times \tan 40° = 62.21 \text{ (kPa)} > p_{\frac{h}{3}x} = 31.06$ kPa

当 $z = h$ 时：$[p_{zx}] = 0.7 \times 1.0 \times \frac{4}{\cos 40°} \times 12.00 \times 5.07 \times \tan 40° = 186.64 \text{ (kPa)} > p_{hx} = 38.17$ kPa

均满足要求，计算时可以考虑沉井侧面土的弹性抗力。

4.6.5 沉井在施工过程中的强度验算（不排水下沉）

1. 沉井自重下沉验算

$$G = 刃脚重 + 底节沉井重 + 底节隔墙重 + 顶节沉井重$$
$$= 454.50 + 5652.64 + 593.39 + 568.40 = 7268.93 \text{ kN}$$

沉井浮力 $= (18.18 + 230.72 + 24.22 + 23.22) \times 10.00 = 2963.40$ kN

土与井壁间平均单位摩阻力：

$$T_m = \frac{20.0 \times 1.9 + 12.0 \times 0.8 + 18.0 \times 6.0}{8.7} = 17.89 \text{ kN/m}^2$$

井周所受摩阻力：

$$T = [(\pi \times 5.3 + 2 \times 6.6) \times 0.2 + (\pi \times 5.8 + 2 \times 6.6) \times 8.5] \times 17.89 = 4883.26 \text{ kN}$$

排水下沉时，$G > T$（未考虑围堰重）。不排水下沉时，考虑沉井顶部围堰（高出潮水位）重预计为 600 kN，则有：

$$(7268.93 + 600 - 2963.40) \div 4883.26 = 1.01$$

即 $\qquad \frac{G}{T} = 1.01 > 1$

沉井自重稍大于摩阻力，在施工中，下沉如有困难，可采取部分排水方法也可采取加压重或其他措施。

2. 刃脚受力验算

1）刃脚向外挠曲

刃脚向外挠曲最不利情况，本例经分析及试算，按《公路桥涵地基与基础设计规范》（JTG D63—2007）建议将刃脚下沉到中途的高程定为 $90.4 - 8.7 + 4.35 = 86.05$ m，刃脚切入土中 1 m，第二节沉井已接上，如图 4-39 所示。

刃脚悬臂作用的分配系数为：

$$\alpha = \frac{0.1 L_1^4}{h_k^4 + 0.05 L_1^4} = \frac{0.1 \times 4.7^4}{1.0^4 + 0.05 \times 4.7^4} = 1.92 > 1.0$$

取 $\alpha = 1.0$。

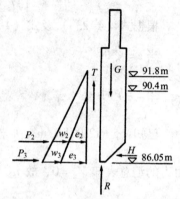

图 4-39 刃脚下沉到规定高程

（1）计算各个力值（按低水位取单位宽度计算）。

$$w_2 = (91.80 - 87.05) \times 10 = 47.50 \text{ kN/m}$$
$$w_3 = (91.80 - 87.05) \times 10 = 57.05 \text{ kN/m}$$
$$e_2 = 12.0 \times (90.4 - 87.05) \times 0.217 = 8.70 \text{ kN/m}$$
$$e_3 = 12.0 \times (90.4 - 86.05) \times 0.217 = 11.30 \text{ kN/m}$$

其中：$\tan^2\left(45° - \dfrac{40°}{2}\right) = 0.217$。

根据施工情况，并从安全考虑，刃脚外侧水压力以 50% 计算，作用在刃脚外侧的水压力和土压力为：

$$p_{w_2 + e_2} = 47.5 \times 0.5 + 8.7 = 32.45 \text{ kN/m}$$
$$p_{w_3 + e_3} = 57.50 \times 0.5 + 11.3 = 40.05 \text{ kN/m}$$
$$p_{w+e} = \frac{1}{2}(p_{w_2 + e_2} + p_{w_3 + e_3}) h_k = \frac{1}{2}(32.45 + 40.05) \times 1.0 = 36.25 \text{ kN}$$

如取静水压力的 70% 计算，即

$$0.7 \gamma_w h h_k = 0.7 \times 10.00 \times 5.25 \times 1 = 36.75 \text{ kN} > p_{w+e} = 36.25 \text{ kN}$$

刃脚摩阻力为：

$$T_1 = 0.5 E = 0.5 \times \frac{1}{2} \times (8.7 + 11.3) \times 1 \times 1 = 5.00 \text{ kN}$$

由表 4-1 查得砂砾石层 $q_i = 18.00$ kN/m³，则有：

$$T_1 = q_i h_k \times 1 = 18.00 \text{ kN}$$

故采用刃脚摩阻力为 5.00 kN。

单位宽沉井自重（不考虑沉井浮力及隔墙重）为：

$$q = 0.625 \times 25.0 + 8.25 \times 24.50 + 0.825 \times 24.50 = 237.96 \text{ kN}$$

脚踏面竖向反力为：

$$R = 237.96 - 11.30 \times \frac{1}{2} \times 4.35 \times 0.5 = 237.96 - 12.29$$
$$= 225.6 \text{ kN}(式中由于 q_i h_k > 0.5E, 采用 0.5E 计算)$$

刃脚斜面横向力为：
$$H = V_2 \tan(\theta - \delta_2) = \frac{b_2 R}{2a_1 + b_2} \tan(\theta - \delta_2)$$

式中 δ_2 取为土的内摩擦角，即 $\delta_2 = \varphi = 40°$。故有：
$$H = \frac{225.67 \times 0.95}{2 \times 0.15 + 0.95} \tan(46°28' - 40°) = 171.51 \times 0.113 = 19.38 \text{ kN}$$

井壁自重 q 的作用点至刃脚根部中心轴距离为：
$$x_1 = \frac{\lambda^2 + a_1 \lambda - 2a_1^2}{6 \times (\lambda + a_1)} = \frac{1.1^2 + 0.15 \times 1.1 - 2 \times 0.15^2}{6 \times (1.1 + 0.15)} = 0.178 \text{ m}$$

刃脚踏面下反力合力：
$$V_1 = \frac{2a}{2a_1 + b_1} R = \frac{0.15 \times 2}{0.15 \times 2 + 0.95} R = 0.24R$$

刃脚斜面上反力合力：
$$V_2 = R - 0.24R = 0.76R$$

R 的作用点距离井壁外侧为：
$$x = \frac{1}{R} \left[V_1 \frac{a_1}{2} + V_2 \left(a_1 + \frac{b_2}{3} \right) \right]$$
$$= \frac{1}{R} \left[0.24R \frac{0.15}{2} + 0.76R \left(0.15 + \frac{0.95}{3} \right) \right] = 0.38 \text{ m}$$

(2) 各力对刃脚根部截面中心的弯矩计算（图4-40）。

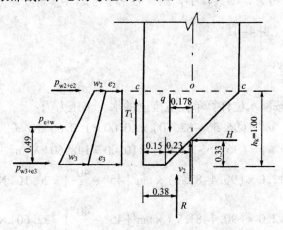

图4-40 弯矩计算（尺寸单位：m）

刃脚斜面水平反力引起的弯矩为：
$$M_H = 19.38 \times (1 - 0.33) = 12.98 \text{ kN} \cdot \text{m}$$

水平水压力及土压力引起的弯矩为：
$$M_p = \frac{1}{2} \times (p_{w_2+e_2} + p_{w_3+e_3}) \times \frac{1}{3} \times \frac{2p_{w_3+e_3} + p_{w_2+e_2}}{p_{w_3+e_3} + p_{w_2+e_2}} h_k$$

$$= 39.25 \times \frac{1}{3} \times \frac{2 \times 40.05 + 32.45}{40.05 + 32.45} = 18.73 \text{ kN} \cdot \text{m}$$

反力 R 引起的弯矩为：

$$M_R = 225.67 \times \left(\frac{1.1}{2} - 0.38\right) = 38.35 \text{ kN} \cdot \text{m}$$

刃脚侧面摩阻力引起的弯矩为：

$$M_T = 5.00 \times \frac{1.1}{2} = 2.75 \text{ kN} \cdot \text{m}$$

刃脚自重引起的弯矩为：

$$M_g = 0.625 \times 1 \times 25.00 \times 0.178 = 2.78 \text{ kN} \cdot \text{m}$$

总弯矩为：

$$M_0 = \sum M = 12.98 + 38.36 + 2.75 - 18.73 - 2.78 = 32.58 \text{ kN} \cdot \text{m}$$

（3）刃脚根部处的应力验算。

已知：
$$N_0 = 225.67 - 0.625 \times 25.00 = 210.04 \text{ kN}$$
$$F = 1.1 \times 1 = 1.1 \text{ m}^2$$
$$W = \frac{1}{6} \times 1 \times 1.1^2 = 0.2 \text{ m}^3$$

$$p_{\min}^{\max} = \frac{N_0}{F} \pm \frac{M_0}{W} = \frac{210.04}{1.1} \pm \frac{32.58}{0.2} = 190.95 \pm 162.90 = \begin{cases} 353.85 \text{ kPa} \\ 28.05 \text{ kPa} \end{cases}$$

因压应力远小于 C20 混凝土轴心抗压强度 $f_{cd} = 7820$ kPa［轴心抗压强度 f_{cd} 由查《公路圬工桥涵设计规范》（JTG D61—2005）得到］，按受力条件不需设置钢筋，而只需按构造要求配筋即可。至于水平剪力，因其较小，验算时未予考虑。

2）刃脚向内挠曲（图 4-41）

（1）计算各个力值。

① 水压力及土压力。

如图 4-42 所示，按潮水位计算单位宽度上的水、土压力为：

$$w_2 = (96.56 - 82.70) \times 10.00 = 138.60 \text{ kN/m}$$
$$w_3 = (96.56 - 81.70) \times 10.00 = 148.60 \text{ kN/m}$$
$$e_2 = 12.0 \times (90.4 - 82.7) \times \tan^2\left(45° - \frac{40°}{2}\right) = 20.10 \text{ kN/m}$$
$$e_3 = 12.0 \times (90.4 - 81.7) \times \tan^2\left(45° - \frac{40°}{2}\right) = 22.60 \text{ kN/m}$$

即
$$P = \frac{1}{2} \times (138.60 + 20.10 + 148.60 + 22.60) \times 1 = 164.95 \text{ kN}$$

P 力对刃脚根部形心轴的弯矩为：

$$M_P = 164.95 \times \frac{1}{3} \times \frac{2 \times (148.60 + 22.60 + 138.60 + 20.10)}{148.60 + 22.60 + 138.60 + 20.10}$$
$$= 83.52 \text{ kN} \cdot \text{m}$$

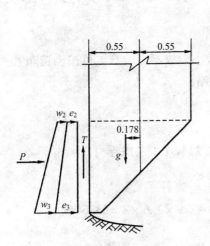

图 4-41 刃脚向内挠曲（尺寸单位：m）

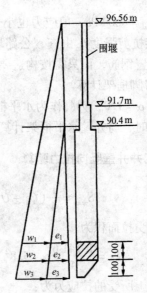

图 4-42 潮水位时井壁上的水土
压力计算图（尺寸单位：cm）

② 刃脚摩阻力产生的弯矩。

$$T_1 = 0.5E = 0.5 \times \frac{1}{2} \times (22.60 + 20.10) \times 1 = 10.68 \text{ kN}$$

或 $\qquad T_1 = q_i h_k = 20.00 \times 1 = 20.00 \text{ kN}$

取用 $\qquad T_1 = 10.68 \text{ kN}$

故其产生的弯矩为： $M_T = -10.68 \times 0.55 = -5.87 \text{ kN} \cdot \text{m}$

③ 刃脚自重产生的弯矩

$$g = 0.625 \times 25.00 = 15.63 \text{ kN}$$

$$M_g = 15.53 \times 0.178 = 2.78 \text{ kN} \cdot \text{m}$$

④ 所有各力对刃脚根部的弯矩、轴向力及剪力

$$M = M_p + M_T + M_g = 83.52 - 5.87 + 2.78 = 80.43 \text{ kN} \cdot \text{m}$$

$$N = T_1 - g = 10.68 - 15.63 = -4.95 \text{ kN}$$

$$Q = P = 164.95 \text{ kN}$$

(2) 刃脚根部截面应力验算。

① 弯曲应力验算。

$$\sigma = \frac{N}{F} \pm \frac{M}{W} = \frac{-4.95}{1.1} \pm \frac{80.43}{0.20} = -4.5 \pm 402.15$$

$$= \begin{cases} -406.65 \text{ kPa} < f_{\text{tmd}} = 800 \text{ kPa} \\ 397.65 \text{ kPa} < f_{\text{cd}} = 7\,820 \text{ kPa} \end{cases}$$

② 剪应力验算。

$$\sigma_j = \frac{164.95}{1.1} = 149.96 \text{ kPa} < f_{\text{vd}} = 1\,590 \text{ kPa}$$

因压应力远小于 C20 混凝土轴心抗压强度 $f_{\text{cd}} = 7\,820 \text{ kPa}$，抗应力小于 C20 混凝土弯曲抗

拉强度 $f_{tmd}=800\text{ kPa}$,剪应力也小于 C20 混凝土直接抗剪强度 $f_{vd}=1\,590\text{ kPa}$ [弯曲抗拉强度 f_{tmd} 及直接抗剪强度 f_{vd} 由查《公路圬工桥涵设计规范》（JTG D61—2005）得到]，按受力条件不需设置钢筋，而只需按构造要求配筋即可。

③ 刃脚框架计算。

由于 $\alpha=1.0$，刃脚作为水平框架承受的水平力很小，故不需验算，可按构造布置钢筋。如需验算时，与井壁水平框架计算方法相同，这里从略。

3. 沉井井壁竖向拉力验算

$$S_{max}=\frac{1}{4}(Q_1+Q_2+Q_3+Q_4)=1\,817.23\text{ kN}(未考虑浮力)$$

井壁受拉面积为：

$$F_1=\frac{3.141\,6}{4}\times(5.8^2-3.6^2)+6.6\times5.8-2.9\times3.6\times2=33.64\text{ m}^2$$

混凝土所受的拉应力为：

$$\sigma_h=\frac{S_{max}}{F_1}=\frac{1\,817.23}{33.64}=54.02\text{ kPa}<f_{td}=1\,060\text{ kPa}$$

其中，f_{td} 为混凝土轴心抗拉强度设计值，由《公路钢筋混凝土及预应力混凝土桥涵设计规范》（JTG D62—2004）查得。

井壁内可按构造布置竖向钢筋。实际上根据土质情况井壁不可能产生大的拉应力。

4. 井壁横向受力计算

其最不利的位置是在沉井沉至设计高程，这时刃脚根部以上一段井壁承受的外力最大。它不仅承受本身范围内的水平力，还要承受刃脚作为悬臂传来的剪力。

考虑刃脚悬臂作用传来的荷载，其分配系数 $\alpha=1.0$。

1）考虑潮水位时单位宽度井壁上的水压力（图 4-42）

$$w_1=(96.56-83.80)\times10.00=127.60\text{ kN/m}$$
$$w_2=(96.56-82.70)\times10.00=138.60\text{ kN/m}$$
$$w_3=(96.56-81.70)\times10.00=148.60\text{ kN/m}$$

2）单位宽度井壁上的土压力（图 4-42）

$$e_1=12.0\times(90.4-83.8)\times\tan^2\left(45°-\frac{40°}{2}\right)=17.19\text{ kN/m}^2$$
$$e_2=20.10\text{ kN/m}^2$$
$$e_3=22.60\text{ kN/m}^2$$

刃脚及刃脚根部以上 1.1 m 井壁范围的外力：

$$p=\frac{1}{2}\times(17.19+22.60+127.60+148.6)\times2.1\times1=331.79\text{ kN/m}(\alpha=1)$$

3) 圆端形沉井各部所受的力

$$L = 3.3(\text{m}); r = \frac{2.9 + 1.8}{2} = 2.35 \text{ m}$$

$$\xi = \frac{L\left(0.25L^3 + \frac{\pi}{2}rL^2 + 3r^2L + \frac{\pi}{2}r^3\right)}{L^2 + \pi rL + 2r^2}$$

$$= \frac{3.3 \times (0.25 \times 3.3^3 + 1.57 \times 2.35 \times 3.3^2 + 3 \times 2.35^2 \times 3.3 + 1.57 \times 2.35^3)}{3.3^2 + 3.1416 \times 2.35 \times 3.3 + 2 \times 2.35^2}$$

$$= \frac{3.3 \times (8.98 + 40.18 + 54.67 + 20.38)}{10.89 + 24.36 + 11.05} = \frac{3.3 \times 124.21}{45.3} = 8.85 \text{ m}^2$$

$$\eta = \frac{0.67L^3 + \pi rL^2 + 4r^2L + 1.57r^3}{L^2 + \pi rL + 2r^2}$$

$$= \frac{0.67 \times 3.3^3 + 3.1416 \times 2.35 \times 3.3^2 + 4 \times 2.35^2 \times 3.3 + 1.57 \times 2.35^3}{46.3}$$

$$= \frac{24.08 + 80.40 + 72.9 + 20.38}{46.3} = \frac{197.76}{46.3} = 4.27 \text{ m}$$

$$\rho = \frac{0.33L^3 + 1.57rL^2 + 2r^2L}{2L + \pi r}$$

$$= \frac{0.33 \times 3.3^3 + 1.57 \times 2.35 \times 3.3^2 + 2 \times 2.35^2 \times 3.3}{2 \times 3.3 + 3.1416 \times 2.35}$$

$$= \frac{11.86 + 40.18 + 36.45}{6.6 + 7.38} = 6.33 \text{ m}^2$$

$$\delta_1 = \frac{L^2 + \pi rL + 2r^2}{2L + \pi r} = \frac{3.3^2 + 3.1416 \times 2.35 \times 3.3 + 2 \times 2.35^2}{2 \times 3.3 + 3.1416 \times 2.35} = \frac{46.30}{13.98} = 3.3 \text{ m}$$

$$N = p\frac{\zeta - \rho}{\eta - \delta_1} = 331.79 \times \frac{8.85 - 6.33}{4.27 - 3.3} = 861.97 \text{ kN}$$

$$N_1 = 2N = 1\,723.94 \text{ kN}$$

$$N_2 = pr = 331.79 \times 2.35 = 779.71 \text{ kN}$$

$$N_3 = p(L + r) - N = 331.79 \times (3.3 + 2.35) - 861.97 = 1\,012.64 \text{ kN}$$

$$M_1 = p\frac{\zeta\delta_1 - \rho\eta}{\delta_1 - \eta} = 331.79 \times \frac{8.85 \times 3.3 - 6.33 \times 4.27}{3.3 - 4.27} = -744.30 \text{ kN} \cdot \text{m}$$

$$M_2 = M_1 + NL - p\frac{L^2}{2}$$

$$= -744.30 + 861.97 \times 3.3 - 331.79 \times \frac{10.89}{2} = 293.60 \text{ kN} \cdot \text{m}$$

$$M_3 = M_1 + N(L + r) - pL\left(\frac{L}{2} + r\right)$$

$$= -744.30 + 861.97 \times (3.3 + 2.35) - 331.79 \times 3.3 \times \left(\frac{3.3}{2} + 2.35\right)$$

$$= -253.80 \text{ kN} \cdot \text{m}$$

根据上面计算，井壁最不利的受力位置在隔墙处，其弯矩 $M_1 = -744.30$ kN·m，轴向

力 $N_2 = 779.71$ kN。按纯混凝土的应力验算：

$$\sigma^{max}_{min} = \frac{N_2}{F} \pm \frac{M_1}{W} = \frac{779.71}{1.1 \times 1.1} \pm \frac{744.30}{\frac{1}{6} \times 1.1^3} = 644.39 \pm 3355.22$$

$$= \begin{cases} 3999.61 \text{ kPa} < f_{cd} = 7820 \text{ kPa} \\ -2710.83 \text{ kPa} < f_{tmd} = 800 \text{ kPa} \end{cases}$$

必须配筋。

4) 配筋计算

(1) 选择钢筋截面积 (图4-43)。

偏心距：

$$e = \frac{744.30}{779.71} = 0.955 \text{ m}$$

设钢筋中心至井壁边缘的距离为：

$$a' = a = 0.05 \text{ m}$$
$$c' = 0.955 - 0.55 + 0.05 = 0.455 \text{ m}$$
$$c = 0.955 + 0.55 - 0.05 = 1.455 \text{ m}$$

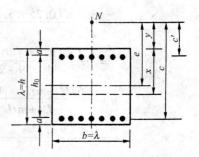

图4-43 选择钢筋截面积

假定钢筋和混凝土应力在用足的条件下，中性轴的位置为：

$$x = \frac{nf_{cd}}{f_{sd}' + nf_{cd}}(\lambda - a) = \frac{10 \times 9.20 \times 10^6}{195 \times 10^6 + 10 \times 9.20 \times 10^6} \times (1.10 - 0.05)$$

$$= 0.337 \text{ m}(式中 f_{sd} = f_{sd}' = 195 \text{ MPa}, f_{cd} = 9.2 \text{ MPa})$$

所需受拉钢筋总截面积为：

$$A_s = \frac{Ne' + f_{cd}\frac{bx}{2}\left(\frac{x}{3} - a'\right)}{f_{sd}[\lambda - a - a']}$$

$$= \frac{779.71 \times 0.455 + 9.20 \times 10^3 \times \frac{1.1 \times 0.337}{2} \times \left(\frac{0.337}{3} - 0.05\right)}{195.0 \times 10^3 \times (1.1 - 0.05 - 0.05)}$$

$$= 23.64 \times 10^{-4} \text{ m}^2$$

受压钢筋总面积为：

$$A_s' = \frac{Nc - \frac{1}{2}f_{cd}bx\left(\lambda - a - \frac{x}{3}\right)}{f_{sd}'(\lambda - a - a')\frac{x - a'}{\lambda - a - a'}}$$

$$= \frac{779.71 \times 1.455 - \frac{1}{2} \times 9.20 \times 10^3 \times 1.1 \times 0.337 \times \left(1.1 - 0.05 - \frac{0.337}{3}\right)}{195.0 \times 10^3 \times (1.1 - 0.05 - 0.05) \times \frac{0.337 - 0.05}{1.1 - 0.337 - 0.05}}$$

$$= -59.17 \times 10^{-4} \text{ m}^2$$

根据计算不需设受压钢筋，现按构造布置7根 $\phi 10$ (R235)，$A_s' = 5.46 \times 10^{-4}$ m²，对受拉区采取9根 $\phi 22$(R335)，$A_s = 34.21 \times 10^{-4}$ m²。

(2) 应力验算。

① 求中性轴位置。

已知：
$$b = \lambda = 1.1$$
$$B = 3by = 3 \times 1.1 \times (0.955 - 0.55) = 1.3365$$
$$C = 6n(A'_s c' + A_s c)$$
$$= 6 \times 10 \times (0.000\,546 \times 0.455 + 0.003\,421 \times 1.455) = 0.313\,668$$
$$D = 6n(A'_s c' a' + A_s h_0 c)$$
$$= 6 \times 10 \times (0.000\,546 \times 0.455 \times 0.05 + 0.003\,421 \times 1.05 \times 1.455) = 0.314\,386$$
$$bx^3 + Bx^2 + Cx - D = 0$$
$$x^3 + 1.215x^2 + 0.285\,153x - 0.285\,805 = 0$$

由试算法得：
$$x = 0.3462 \text{ m}$$

② 求混凝土应力。

$$\sigma_c = \frac{M}{\frac{bx}{2}\left(\frac{h}{2} - \frac{x}{3}\right) + \frac{nA'_s}{x}(x-a')\left(\frac{h}{2}-a'\right) + \frac{nA_s}{x}(h-x-a)\left(\frac{h}{2}-a\right)}$$

$$= 744.30 \div \left[\frac{1.10 \times 0.3462}{2} \times \left(\frac{1.10}{2} - \frac{0.3462}{3}\right) + \frac{10 \times 0.000\,546}{0.3462}\right.$$
$$\times (0.3462 - 0.05) \times \left(\frac{1.10}{2} - 0.05\right) + \frac{10 \times 0.003\,421}{0.3462}$$
$$\left. \times (1.10 - 0.3462 - 0.05) \times \left(\frac{1.10}{2} - 0.05\right)\right]$$

$$= 6\,209.69 \text{ kPa} < f_{cd} = 9\,200 \text{ kPa}$$

③ 求受拉钢筋应力。

$$\sigma_s = n\sigma_c \frac{h-a-x}{x} = 10 \times 6.209\,69 \times \frac{1.10 - 0.05 - 0.3462}{0.3462}$$
$$= 126.24 \text{ MPa} < f_{sd} = 195 \text{ MPa}$$

5. 第一节沉井竖向挠曲验算

因井壁截面不对称，故需先求出井壁截面形心轴的位置（图4-44）：

$$y_{下} = \frac{8.5 \times 1.1 \times 4.25 - \frac{1}{2} \times 1 \times 0.95 \times \frac{1}{3} \times 1}{8.5 \times 1.1 - \frac{1}{2} \times 1 \times 0.95} = 4.46 \text{ m}$$

$$y_{上} = 8.5 - 4.46 = 4.04 \text{ m}$$

$$x_{左} = \frac{8.5 \times 1.1 \times 0.55 - \frac{1}{2} \times 1 \times 0.95 \times \left(\frac{2}{3} \times 0.95 + 0.15\right)}{8 \times 1.1 - \frac{1}{2} \times 1 \times 0.95} = 0.54 \text{ m}$$

$$x_{右} = 1.1 - 0.54 = 0.56 \text{ m}$$

$$l_{xx} = \frac{1}{12} \times 1.1 \times 8.5^3 + 1.1 \times 8.5 \times (4.46 - 4.25)^2 - \frac{1}{36} \times 0.95 \times 1.0^3 -$$
$$\frac{1}{2} \times 0.95 \times 1 \times (4.46 - 0.33)^2 = 48.58 \text{ m}^4$$

单位宽井壁重：
$$q = 0.625 \times 25.00 + 8.25 \times 24.50 = 217.75 \text{ kN/m}$$

当沉井长宽比大于 1.5，设两支点的距离为 $0.7l$（l 为长边长度），使其支点和跨中弯矩大致相等，则支点处的弯矩为 (4-45)：

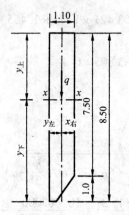

图 4-44　井壁形心轴位置（尺寸单位：m）

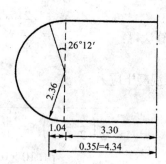

图 4-45　支点弯矩（尺寸单位：m）

$$M_{支上} = \frac{3.1416 \times (180° - 24°24')}{180°} \times 2.36 \times 217.75 \times \left(\frac{1.79 \times 2.36}{\frac{3.1416 \times 127°36'}{180°}} - 1.04 \right)$$
$$= 980.64 \text{ kN} \cdot \text{m}$$

井壁上端的弯曲拉应力：
$$\sigma = \frac{M_{支上} y_{上}}{2I_{x-x}} = \frac{980.64 \times 4.04}{2 \times 48.58} = 40.78 \text{ kPa} < f_{\text{tmd}} = 800 \text{ kPa}$$

由以上计算结果可以看出设计是安全的。

按最不利情况计算，即假定长边中点搁住或长边两端点搁住。

当长边中点搁住时，最危险截面是在离隔墙中点轴 0.8 m 处，该处的弯矩为：
$$M_{中上} = 3.1416 \times 2.36 \times 217.75 \times \left(\frac{2 \times 2.36}{3.1416} + 2.5 \right) + 217.75 \times 2.5^2$$
$$= 7822.59 \text{ kN} \cdot \text{m}$$

竖向挠曲应力为：
$$\sigma = \frac{M_{中上} y_{上}}{2I_{x-x}} = \frac{7822.59 \times 4.04}{2 \times 48.58} = 325.27 \text{ kPa} < f_{\text{tmd}} = 800 \text{ kPa}$$

当长边两端点搁住时，沉井支点反力为：
$$R_1 = \frac{1}{2} \times (44.50 + 593.39 + 5652.64) = 3350.27 \text{ kN}$$

离隔墙中心 0.8 m 处的弯矩为：

$$M_{中下} = 3\,350.27 \times 4.86 - 7\,822.59 = 8\,459.72 \text{ kN} \cdot \text{m}$$

井壁下端挠曲应力为:

$$\sigma = \frac{M_{中下}y_{下}}{2I_{x-x}} = \frac{8\,549.72 \times 4.46}{2 \times 48.58} = 388.33 \text{ kPa} < f_{tmd} = 800 \text{ kPa}$$

由此可知，第一节沉井在各种情况下，上下端竖向挠曲应力均小于混凝土容许限值。封底混凝土及盖板验算从略。

复习思考题

5-1 沉井基础与桩基础的荷载传递有何区别？

5-2 沉井基础有什么特点？

5-3 简述沉井按立面的分类以及各自的特点。

5-4 沉井在施工中会出现哪些问题？应如何处理？

5-5 沉井基础的设计计算包括哪些内容？

5-6 沉井基础基底应力验算的基本原理是什么？

5-7 沉井结构计算有哪些内容？

5-8 地下连续墙有何优缺点？

5-9 地下连续墙施工中对泥浆有何要求？

5-10 地下连续墙计算分析时，如何计算土压力？

5-11 水下有一直径为 7 m 的圆形沉井基础，基底上作用竖直荷载为 18 503 kN（已扣除浮力 3 848 kN），水平力为 503 kN，弯矩为 7 360 kN·m（均考虑作用效应组合荷载）。$\eta_1 = \eta_2 = 1.0$。沉井埋深 10 m，土质为中等密实的砂砾层，重度为 21 kN/m³，内摩擦角 $\varphi = 35°$，黏聚力 $c = 0$，试验算该沉井基础的地基承载力。

第 5 章 区域性地基与挡土墙

> **内容提要和学习要求**
>
> 我国陆地面积辽阔,不同地区存在不同的地理条件、地质历史,从而形成了具有区域性特点的特殊地基土。本章重点讨论岩石地基、土岩组合地基、压实填土地基、岩溶与土洞地基、膨胀土地基、红黏土地基、滑坡与防治、边坡支护设计等内容。
>
> 通过学习上述内容,要求掌握这些特殊土的基本工程特性及工程处理措施,并通过工程实例的学习,掌握一定的分析问题和解决问题的方法与能力。

5.1 概述

由于土的原始沉积条件、地理环境、沉积历史、物质成分及其组成的不同,某些区域所形成的土具有明显的特殊性质。如云南、广西的部分区域有膨胀土、红黏土,西北和华北的部分区域有湿陷性黄土,东北和青藏高原的部分区域有多年冻土等。把具有特殊工程性质的土称为特殊土。膨胀土中的亲水性矿物含量高,具有显著的吸水膨胀、失水收缩的变形特性,湿陷性黄土指在自重压力下或在自重压力加附加压力下遇水会产生明显沉陷的土在干旱或半干旱的气候条件下由风、坡积所形成。充分认识特殊土地基的特性及其变化规律,能正确地设计和处理好地基基础问题。经过多年的工程实践和总结,我国制定和颁布了一些相应的工程勘察及工程设计规范,使勘察设计做到了有章可循。

区域性地基包括特殊土地基和山区地基。山区地基的主要特点是:①地表高差悬殊,平整场地后,建筑物基础常会一部分位于挖方区,另一部分却在填方区;②基岩埋藏较浅,且层面起伏变化大,有时会出露地表,覆盖土层薄厚不均;③常会遇到大块孤石、局部石芽或软土情况;④不良地质现象较多,如滑坡、崩塌、泥石流以及岩溶和土洞等,常会给建筑物造成直接或潜在的威胁。由此看出,山区地基最突出的问题是地基的不均匀性和场地的稳定性。这就要求认真进行工程地质勘察,详细查明地层的分布、岩土性质及地下水和地表水情况,查明不良地质现象的规模和发展趋势,必要时可加密勘探点或进行补勘,最终提供完整、准确、可靠的地质资料。

区域性地基设计,要求充分认识和掌握其特点和规律,正确处理地基土的"胀缩性"、"湿陷性"和"不均匀性"等不良特性,并采取一定措施保证场地的稳定性。

5.2 岩石地基

对于山区地基,有时会遇到埋藏较浅甚至出露地表的岩石,此时,岩石将成为建筑物地基持力层。

岩石地基的工程勘察，应根据工程规模和建筑物荷载大小及性质，采用物探、钻探等手段，探明岩石类型、分布、产状、物理性质、风化程度、抗压强度等有关地质情况，尤其应注意是否存在软弱夹层、断层，并对基岩的稳定性进行客观的评价。

多数情况下，对稳定的、风化程度不严重的岩石地基，其强度和变形一般都能满足上部结构的要求，承载力特征值可根据单轴饱和抗压强度按《建筑地基基础设计规范》（GB 50007—2011）的规定确定。

对岩石风化破碎严重，或重要的建筑物，应按载荷试验确定承载力。

岩石地基上的基础设计，对于荷载或偏心都较大，或基岩面坡度较大的工程，常采用嵌岩灌注桩（墩），甚至采用桩箱（板）联合基础。对荷载或偏心都较小，或基岩面坡度较小的工程可采用如图 5-1 所示的基础形式。

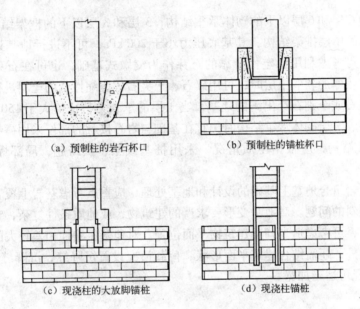

图 5-1 岩石地基的几种基础形式

5.3 土岩组合地基

当建筑地基或被沉降缝分隔区段的建筑地基的主要受力层范围内，遇有下列情况之一者，属于岩土组合地基。

(1) 下卧基岩表面坡度较大的地基。
(2) 石芽密布并有出露的地基。
(3) 大块孤石或个别石芽出露的地基。

对于稳定的土岩组合地基，当变形验算值超过允许值时，可采用调整基础密度，埋深或采用褥垫等方法进行处理。褥垫可采用炉渣、中砂、粗砂、土夹石或黏性土等材料，厚度一般为 300～500mm，并控制其密度。褥垫一般构造如图 5-2 所示。

对于石芽密布并有出露的地基，当石芽间距小于 2m，其间为硬塑或坚硬状态的红黏土

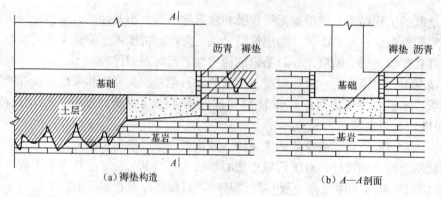

图 5-2 褥垫构造图

时，对于房屋为6层和6层以下的砌体承重结构，3层和3层以下的框架结构，或具有15t和15t以下吊车的单层排架结构，其基底压力小于200 kPa，可不进行地基处理。如不能满足上述要求时，可考虑利用稳定性可靠的石芽作为支墩式基础，也可在石芽出露部位作褥垫。当石芽间有较厚的软弱土层时，可用碎石、土夹石等压缩性低的土料进行置换处理。

对于大块孤石或个别石芽出露的地基，当土层的承载力特征值大于150 kPa，房屋为单层排架结构或一、二层砌体承重结构时，宜在基础与岩石接触的部位采用褥垫进行处理；对于多层砌体承重结构，应根据土质情况，采用桩基或梁、拱跨越，局部爆破等综合处理措施。

总之，对土岩组合地基上基础的设计和地基处理，应重点考虑基岩上覆盖土的稳定性和不均匀沉降或倾斜的问题。对地基变形要求严的建筑物，或地质条件复杂，难以采用合适有效的处理措施时，可考虑适当调整建筑物平面位置。对地基压缩性相差较大的部位，除进行必要的地基处理外，还需结合建筑平面形状、荷载情况设置沉降缝，沉降缝宽度宜取30～50 mm，特殊情况可适当加宽。

5.4 压实填土地基

压实填土包括经分层压实和分层夯实的填土。当利用压实填土作为建筑工程的地基持力层时，在平整场地前，应根据结构原理、填料性能和现场条件等，对拟压实的填土提出质量要求。未经检验查明及不符合质量要求的压实填土，不得作为建筑工程的地基持力层。

5.4.1 压实填土的质量要求

1. 土料

不得使用淤泥、耕土、冻土、膨胀性土及有机质含量超过5%的土作为填料。可作填料的有：级配良好的砂土、碎石土，最大粒径不大于400 mm（分层夯实）和200 mm（分层压实）的砾石、卵石或块石，符合设计要求的开山土石料等。也可选择素土、灰土及性能稳定的工业废渣作为填料。

2. 压密质量

按规定的分层铺设厚度进行压密，分层检验，其密实度用压实系数控制：

$$\lambda = \frac{\rho_d}{\rho_{dmax}} \tag{5-1}$$

$$\rho_{dmax} = \eta \frac{\rho_w d_S}{1 + 0.01 w_{op} d_S} \tag{5-2}$$

式中 λ——压实系数，其值不得小于表 5-1 规定的数值；

ρ_d——分层压实的控制干密度值；

ρ_{dmax}——施工前，采用压实试验确定的填土最大干密度，当无试验资料时，可按式（5-2）计算；

η——经验系数。粉质黏土取 $\eta = 0.96$，黏土取 $\eta = 0.97$；

ρ_w——水的密度；

d_S——土粒相对密度；

w_{op}——填土的最佳含水率。可按当地经验或取 $w_{op} = w_p + 2$，粉土可取 $w_{op} = 14 \sim 18$。

当填料为碎石或卵石时，其最大干密度 ρ_{dmax} 可取 $2.0 \sim 2.2 \text{ t/m}^3$。

表 5-1 压实填土地基质量控制值

结构类型	填土部位	压实系数 λ	控制含水率
砌体承重结构和框架结构	在地基主要受力层范围内	≥0.97	$w_{op} \pm 2\%$
	在地基主要受力层范围以下	≥0.95	
排架结构	在地基主要受力层范围内	≥0.96	
	在地基主要受力层范围以下	≥0.94	

5.4.2 压实填土的边坡和承载力

为保证压实填土的侧向稳定性，其边坡坡高允许值可按表 5-2 确定。对于在斜坡上或软弱土层上的压实填土，必须验算其稳定性。当天然地面坡度大于 20% 时，应采取措施，防止填土沿坡面滑动，同时应做好防水工作。

表 5-2 压实填土边坡坡度允许值

填土类别	压实系数 λ	边坡允许值（高度比） 填土厚度 H/m			
		$H \leq 5$	$5 < H \leq 10$	$10 < H \leq 15$	$15 < H \leq 20$
碎石、卵石	0.94~0.97	1:1.25	1:1.50	1:1.75	1:2.00
砂夹石（其中碎石、卵石占全重30%~50%）		1:1.25	1:1.50	1:1.75	1:2.00
土夹石（其中碎石、卵石占全重30%~50%）		1:1.25	1:1.50	1:1.75	1:2.00
粉质黏土、粉粒含量 $p_c \geq 10\%$ 的粉土		1:1.50	1:1.75	1:2.00	1:2.25

注：当压实填土厚度大于 20 m 时，可设计成台阶进行压实填土的施工。

压实填土的承载力特征值应按载荷试验、动力和静力触探等原位测试结果确定。

需要指出：用碎石或卵石作为填料时，各层密度可用承载比试验控制，当粒径最大值不超过 40 mm 时，可用灌砂（水）法检验。另外，压实填土地基，也应包括室内外回填土在内，因室内外回填土不密实，造成室内地面、室外散水开裂的现象屡见不鲜。因此，应严格控制回填土的密实度，压实系数不得小于 0.94。当回填土为黏性土时，干密度控制值可为 1.6 t/m³，粉土可为 1.6 t/m³，砂土可为 1.85 t/m³。

5.5 岩溶与土洞地基

岩溶（或称喀斯特）是指可溶性岩石经水的长期作用形成的各种奇特地质形态。如石灰岩、泥灰岩、大理岩、石膏、盐岩等，受水作用可形成溶洞、溶沟、暗河、落水洞等一系列形态，如图 5-3 所示。

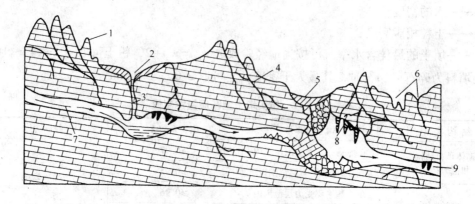

图 5-3　岩溶岩层剖面图
1-石芽、石林；2-漏斗；3-落水洞；4-溶蚀裂隙；5-塌陷洼地；
6-溶沟、溶槽；7-暗河；8-溶洞；9-钟乳石

土洞一般指岩溶地区覆盖土层中，由于地表或地下水的作用形成的洞穴。

5.5.1 岩溶地基

我国的可溶性岩分布很广，在南北方均有成片或零星的分布，其中以云南、广西、贵州分布最广。其规模与地下水作用的强弱程度和时间关系密切，如有的整座小山体内被溶洞、溶沟所掏空。

岩溶地区的工程地质勘察工作，重点是揭示岩溶的发育规律、分布情况和稳定程度，查明溶洞、溶蚀裂隙和暗河的界限及场地内有无涌水、淹没的可能性，对建设场地的适宜性作出评价。对于地面石芽、溶沟、溶槽发育、基岩起伏剧烈，其间有软土分布的情况；或是存在规模较大的浅层溶洞、暗河、漏斗、落水洞的情况；或是溶洞水流路堵塞造成涌水时有可能使场地暂时淹没的情况；均属于不良地质条件的场地。一般情况下，应避免在该地段从事建筑。

岩溶地区的地基基础设计，应全面、客观地分析与评价地基的稳定性，如基础底面以下的土层厚度大于 3 倍单独基础的宽度，或大于 6 倍条形基础底宽，且在使用期间不可能形成

土洞时；或基础位于微风化硬质岩石表面，对于宽度小于 1 m 的竖向溶蚀裂隙和落水洞内充填情况及岩溶水活动等因素进行洞体稳定性分析。如地质条件符合下列情况之一时，可以不考虑溶洞对地基的稳定性影响，但必须按土岩组合地基的要求设计：①溶洞被密实的沉积物填满，其承载力超过 150 kPa，且不存在被水冲蚀的可能性；②洞体较小，基础尺寸大于洞的平面尺寸，并有足够的支承力度；③微风化硬质岩石中，洞体顶板厚度接近或大于洞跨。

对地基稳定性有影响的岩溶洞隙，应根据其位置、大小、埋深、围岩稳定性和水文地质条件综合分析，因地制宜采取处治措施：①对于洞口较小的洞隙，宜采用镶补、嵌塞与跨盖的方法处理；②对于洞口较大的洞隙，宜采用梁、板和拱结构跨越处理，也可采用浆砌块石等堵塞措施；③对于规模较大的洞隙，可采用洞底支撑或调整柱距等方法处理；④对于围岩不稳定风化裂隙破碎的岩体，可采用灌浆加固或清爆等措施。

5.5.2 土洞地基

土洞是岩面以上的土体在水的潜蚀作用下遭到迁移流失而形成。根据地表水和地下水的作用可将土洞分为：①地表水形成的水洞。由于地表水下渗，土体内部被冲蚀而逐渐形成土洞或导致地表塌陷；②地下水形成的土洞。当地下水位随季节升降频繁或人工降低地下水位时，水对结构性差的松软土产生潜蚀作用而形成的土洞。由于土洞具有埋藏浅、分布密、发育快、顶部覆盖土层强度低的特征，因而对建筑物场地或地基的危害程度往往大于溶洞。

在土洞发育和地下水强烈活动于岩土交界面的岩溶地区，工程勘测应着重查明土洞和塌陷的形状、大小、深度及其稳定性，并预估地下水位在建筑物使用期间变化的可能性及土洞发育规律。施工时，需认真做好钻探工作，仔细查明基础下土洞的分布位置及范围，再采取处理措施。

对土洞常用的处治措施如下：

（1）由地表水形成的土洞或塌陷地段，当土洞或陷坑较浅时，可进行填挖处理，边坡应挖成台阶形，逐层填土夯实。当洞穴较深时，可采用水冲砂、砾石或灌注 C15 细石混凝土。灌注时，需在洞顶上设置排气孔。另外，应认真做好地表水截流、防渗、堵漏工作。

（2）由地下水形成的塌陷及浅埋土洞，先应清除底部软土部分，再抛填块石作反滤层，面层可用黏性土夯填；深埋土洞可采用灌填法或采用桩、沉井基础。

采用灌填法时，还应结合梁、板或拱跨越办法处理。

5.6 膨胀土地基

膨胀土地基是指黏粒成分主要由强亲水性矿物组成，同时具有显著的吸水膨胀和失水收缩两种变形特征的黏性土。其黏粒成分主要是以蒙脱石或以伊利石为主，并在北美、北非、南亚、澳洲、中国黄河流域及以南地区均有不同程度的分布。

膨胀土一般强度较高，压缩性低，容易被误认为是良好的天然地基。实际上，由于它具有较强烈的膨胀和收缩变形性质，往往威胁建筑物和构筑物的安全，尤其对低层轻型房层、路基、边坡的破坏作用更甚。膨胀土地基上的建筑物如果开裂，则不易修复。

我国自 1973 年开始，对这种特殊土进行了大量的试验研究，形成了较系统的理论和较丰富的工程经验，于1987年颁布了《膨胀土地区建筑技术规范》（GBJ112—1987），使勘察、设计和施工等方面的工作有章可循，对保证建筑物的安全和正常使用具有重要作用。我国过去修建的公路一般等级较低，膨胀土引起的工程问题不太突出，所以尚未引起广泛关注。然而，近年来由于高等级公路的修建，在膨胀土地区修建的高等级公路，也出现了严重的病害，已引起了公路交通部门的重视。由于上述情况，膨胀土的工程问题也引起包括我国在内的各国学术界和工程界的高度重视。

5.6.1 膨胀土的一般特征

1. 分布特征

膨胀土多分布于二级或二级以上的河谷阶地、山前和盆地边缘及丘陵地带。一般地形坡度平缓，无明显的天然陡坎，如分布在盆地边缘与丘陵地带的膨胀土地区有云南蒙自、云南鸡街、广西宁明、河北邯郸、河南平顶山、湖北襄樊等地，而且所含矿物成分以蒙脱石为主，胀缩性较大；分布在河流阶地或平原地带的膨胀土地区有安徽合肥、山东临沂、四川成都、江苏、广东等地，且多含有伊利石矿物。在丘陵、盆地边缘地带，膨胀土常分布于地表，而在平原地带的膨胀土常被第四纪冲积层所覆盖。

2. 物理性质特征

膨胀土的黏粒含量很高，粒径小于0.002 mm的胶体颗粒含量往往超过20%，塑性指数$I_P>17$，且多在22～35之间。天然含水率与塑限接近，液性指数I_L常小于零，呈坚硬或硬塑状态。膨胀土的颜色有灰色、黄褐、红褐等色，并在土中常含有钙质或铁锰质结核。

3. 裂隙特征

膨胀土中的裂隙发育，有竖向、斜交和水平裂隙三种。常呈现光滑和带有擦痕的裂隙面，显示出土相对运动的痕迹。裂隙中多被灰绿、灰白色黏土所填充。裂隙宽度为上宽下窄，且旱季开裂，雨季闭合，呈季节性变化。

在膨胀土地基上建筑物常见的裂缝有：山墙口对称或不对称的倒八字形缝，这是因为山墙两侧下沉量较中部大的缘故；外纵墙外倾并出现水平缝；胀缩交替变形引起的交叉缝等，如图5-4所示。

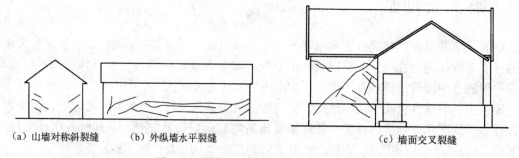

(a) 山墙对称斜裂缝　　(b) 外纵墙水平裂缝　　(c) 墙面交叉裂缝

图5-4 膨胀土地基上低矮房屋墙的裂缝

5.6.2 膨胀土地基的勘察与评价

1. 地基勘察要求

膨胀土地基勘察除应满足一般工程勘察要求外,还需着重揭示下列内容。

(1) 查明膨胀土的地质时代、成因和胀缩性能,对于重要的和有特殊要求的建筑场地,必要时应进行现场浸水载荷试验,进一步确定地基土的性能及其承载力。

(2) 查明场地内有无浅层滑坡、地裂、冲沟和隐状岩溶等不良地质现象。

(3) 调查地表水排泄、积聚情况,植被影响地下水类型和埋藏条件,多年水位和变化幅度。

(4) 调查当地多年的气象资料,包括降水量和蒸发量,雨季和干旱持续时间,气温和地温等情况,并了解其变化特点。

(5) 注意了解当地建设经验,分析建筑物(群)损坏的原因,考察成功的工程措施。

2. 膨胀土的工程特性指标——自由膨胀率

将人工制备的磨细烘干土样,经无颈漏斗注入量杯,量其体积,然后倒入盛水的量筒中,经充分吸水膨胀稳定后,再测其体积。增加的体积与原体积之比,称为自由膨胀率,按下式计算:

$$\delta_{ef} = \frac{V_w - V_0}{V_0} \tag{5-3}$$

式中:δ_{ef}——自由膨胀率;
V_w——土样在水中膨胀稳定后的体积,由量筒刻度量出/mL;
V_0——干土样的原有体积,即量土杯体积/mL。

自由膨胀率 δ_{ef} 表示膨胀土在无结构力影响和无压力作用下的膨胀特性,可反映土的矿物成分及含量。该指标一般用作膨胀土的判别指标。

3. 膨胀土地基的评价

1) 膨胀土的判别

当具有如前所述膨胀土的一般特征,且自由膨胀率 $\delta_{ef} \geq 40\%$ 的土,应判定为膨胀土。

2) 膨胀潜势

由于自由膨胀率能综合反映亲水性矿物成分、颗粒组成、膨胀特征及其危害程度,因此可用自由膨胀率评价膨胀土膨胀性能的强弱,见表 5-3。

4. 膨胀土地基的胀缩等级

根据地基的膨胀、收缩变化时对低层砖混房屋的影响程度,可评价地基的胀缩等级,见表 5-4。表中地基的分级变形量 S_e 是指膨胀变形量、收缩变形量和胀缩变形量。在判定地基胀缩等级时,应根据地基可能发生的某一种变形计算分级变形量 S_e,详见地基变形计算。

表 5-3　膨胀潜势

胀缩潜势	自由膨胀率/%
弱	$40 \leqslant \delta_{ef} < 65$
中	$65 \leqslant \delta_{ef} < 90$
强	$\delta_{ef} \geqslant 90$

表 5-4　膨胀土地基胀缩等级

地基胀缩等级	分级胀缩变形量 S_e/mm	破坏程度
Ⅰ	$15 \leqslant S_e < 35$	轻微
Ⅱ	$35 \leqslant S_e < 70$	中等
Ⅲ	$S_e \geqslant 70$	严重

5.6.3　膨胀土地基计算

1. 一般规定

建筑场地按地形地貌条件可分为以下两类。

（1）平坦场地。地形坡度小于5°；或地形坡度大于5°、小于14°的坡脚地带和距坡肩水平距离大于10 m的坡顶地带。

（2）坡地场地。地形坡度大于5°，或地形坡度虽小于5°，但同一座建筑物范围内局部地形高差大于1 m。

膨胀土地基设计一般规定如下。

（1）位于平坦场地上的建筑物地基，应按变形控制设计。

（2）位于坡地场地上的建筑物地基，除按变形控制设计外，尚应验算地基的稳定性。

（3）基底压力要满足承载力要求。

（4）地基变形量不超过容许变形量值。

2. 地基承载力

膨胀土地基的承载力与一般地基土有明显区别：一是膨胀土在自然环境和人为因素等影响下，将产生显著的胀缩变形；二是膨胀土的强度具有显著的衰减性，地基承载力实际上是随若干因素而变动的。其中，尤其是地基膨胀土的湿度状态的变化，将明显影响土的压缩性和承载力的改变。膨胀土地基承载力的确定，应考虑土的膨胀特性、基础大小和埋深、荷载大小、土中含水率变化等影响因素，目前确定承载力的途径一般有两种。

1）现场浸水荷载试验确定

即在现场按压板面积开挖浅坑，浅坑面积不小于0.5 m²，坑深不小于1 m，并在浅坑两侧附近设置浸水井或浸水槽。试验时先分级加荷至设计荷载并稳定，然后浸水使其充分饱和，并观测其变形，待变形稳定后，再加荷直至破坏。通过该试验可得到压力与变形的 P—S 曲线，可取破坏荷载的一半作为地基承载力特征值。在对变形要求严格的一些特殊情况下，可由地基变形控制值取对应的荷载作为承载力特征值。

2）由三轴饱和不排水剪切强度指标确定

由于膨胀土裂隙比较发育，剪切试验结果往往难以反映土的实际抗剪能力，宜结合其他方法确定承载力特征值。

膨胀土地区的基础设计，应充分利用土的承载力，尽量使基底压力不小于土的膨胀力。

另外，对防水排水情况，或埋深较大的基础工程，地基土的含水率不受季节变化的影响，土的膨胀特征就难以表现出来，此时可选用较高的承载力值。

3. 地基变形计算

膨胀土地基的变形，除与土的膨胀收缩特性（内在因素）有关外，还与地基压力和含水率的变化（外在因素）情况有关。地基压力大，土体则不会膨胀或膨胀小；地基土中的含水率基本不变化，土体胀缩总量则不大。而含水率的变化又与大气影响程度、地形、覆盖条件等因素相关。如气候干燥，土的天然含水率低，或基坑开挖后经长时间曝晒的情况，都有可能引起（建筑物覆盖后）土的含水率增加，导致地基产生膨胀变形。如果建房初期土中含水率偏高，覆盖条件差，不能有效地阻止土中水分的蒸发，或是长期受热源的影响，如砖瓦窑等热工构筑物或建筑物，就会导致地基产生收缩变形。在亚干旱、亚湿润的平坦地区，浅埋基础的地基变形多为膨胀、收缩周期性变化，这就需要考虑地基土的膨胀和收缩的总变形。

总之，膨胀土地基在不同条件下表现为不同的变形形态，可归纳为 3 种：上升型变形，下降型变形和波动型变形，如图 5-5 所示。

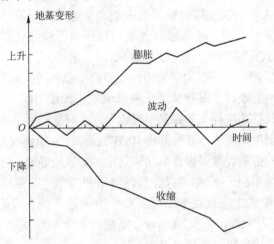

图 5-5 膨胀土地基上房屋的位移形态

在设计时应根据实际情况确定变形类型，进而计算相应的变形量，并将其控刮在容许值范围之内。《膨胀土地区营房建筑技术规范》规定如下。

(1) 地表下 1 m 处地基土的天然含水率等于或接近最小值时，或地面有覆盖且无蒸发可能，以及建筑物在使用期间，经常有水浸湿的地基仅计算膨胀变形量。

(2) 地表下 1 m 处地基土的天然含水率大于 $1.2 w_P$（塑限），或直接受高温的地基，仅计算收缩变形量。

(3) 其他情况按胀缩变形量计算。

4. 膨胀土地基的工程措施

1) 建筑设计措施

(1) 场址选择。应选择地面排水畅通或易于排水处理、地形条件比较简单、土质均匀的地段。尽量避开地裂、溶沟发育、地下水位变化大及存在浅层滑坡可能的地段。

（2）总平面布置。竖向设计宜保持自然地形，避免大开大挖，造成含水率变化大的情况出现，做好排水、防水工程，对排水沟、截水沟应确保沟壁的稳定，并对沟进行必要的防水处理。根据气候条件、膨胀土等级和当地经验，合理进行绿化设计，宜种植吸水量和蒸发量小的树木、灰草。

（3）单体建筑设计。建筑物体型应力求简单并控制房屋长高比，必要时可采用沉降缝分隔措施隔开。屋面排水宜采用外排水，雨水管不应布置在沉降缝处，在雨水量较大地区，应采用雨水明沟或管道进行排水。做好室外散水和室内地面的设计，根据胀缩等级和对室内地面的使用要求，必要时可增设石灰焦渣隔热层、碎石缓冲层。对Ⅲ级膨胀土地基和使用要求特别严格的地面，可采取混凝土配筋地面或架室地面。此外，对现浇混凝土散水或室内地面，分隔缝不宜超过 3 m，散水或地面与墙体之间设变形缝，并以柔性防水材料嵌缝。

2）结构设计措施

（1）上部结构方面。应选用整体性好，对地基不均匀胀缩变形适应性较强的结构，而不宜采用砖拱结构、无砂大孔混凝土砌块或无筋中型砌块等对变形敏感的结构。对砖混结构房屋可适当设置圈梁和构造柱，并注意加强较宽的门窗洞口部位和底层窗位砌体的刚度，提高其抗变形能力。对外廊式房屋宜采用悬挑外廊的结构形式。

（2）基础设计方面。同一工程房屋应采用同类型的基础形式。对于排架结构，可采用独立柱基将围护墙、山墙及内隔墙砌在基础梁上，基础梁下应预留 100～150 mm 的空隙，并进行防水处理。对桩基础，其桩端应伸入非膨胀土层或大气影响急剧层下一定长度。选择合适的基础埋深，往往是减小或消除地基胀缩变形的很有效途径，一般情况埋深不小于 1 m，可根据地基胀缩等级和大气影响强烈程度等因素按变形规定。对坡地场地，还需考虑基础的稳定性。

（3）地基处理。应根据土的胀缩等级、材料供给和施工工艺等情况确定处理方法，一般可采用灰土、砂石等非膨胀土进行换土处理。对平坦场地Ⅰ、Ⅱ级膨胀土地基，常采用砂、碎石垫层处理方法，垫层厚度不小于 300 mm，宽度应大于基底宽度，并宜采用与垫层材料相同的土进行回填，同时做好防水处理。

3）施工措施

膨胀土地区的施工，应根据设计要求、场地条件和施工季节，认真确定施工方案，采取措施，防止因施工造成地基土含水率发生大的变化，以便减小土的胀缩变形。

做好施工总平面设计，设置必要的挡土墙护坡、防洪沟及排水沟等，确保场区排水畅通，边坡稳定。施工储水池、洗料场、淋灰池及搅拌站应布置在离建筑物 10 m 以外的地方，防止施工用水流入基坑。

基坑开挖过程中，应注意坑壁稳定，可采取支护、喷浆、锚固等措施，以防坑壁坍塌。基坑开挖接近基底设计高程时，宜在其上部预留厚 150～300 mm 土层，待下一工序开始前再挖除。当基坑验槽后，应及时做混凝土垫层或用 1:3 水泥砂浆喷、抹坑底。基础施工完毕后，应及时分层回填夯实，并做好散水。要求选用非膨胀土、弱膨胀土或掺有石灰等材料的土作为回填土料。其含水率宜控制在塑限含水率的 1.1～1.2 倍范围内，填土干重度不应小于 15.5 kN/m³。

5.7 红黏土地基

红黏土是指石灰岩、白云岩等碳酸盐类岩石，在湿热气候条件下经长期风化作用形成的一种以红色为主的黏性土。我国红黏土多属于第四纪残积物，也有少数原地红黏土经间隙性水流搬运再次沉积于低洼地区，当搬运沉积后仍能保持红黏土基本特征，且液限大于45%者称为次生物黏土。

红黏土是一种物理力学性质独特的高塑性黏土，其化学成分以 SiO_2、Fe_2O_3、Al_2O_3 为主，矿物成分以高岭石或伊利石为主。主要分布于云南、贵州、广西、湖南、湖北、安徽等部分地区。

5.7.1 红黏土的工程性质和特征

1. 主要物理力学性质

含有较多黏粒（$I_p = 20 \sim 50$），孔隙比较大（$e = 1.1 \sim 1.7$）。常处于饱和状态（$S_r > 85\%$），天然含水率（30%～60%），与塑限接近，液性指数小（$-0.1 \sim 0.4$），说明红黏土以含结合水为主。因此，尽管红黏土的含水率高，却常处于坚硬或硬塑状态，具有较高的强度和较低的压缩性。

2. 红黏土的胀缩性

有些地区的红黏土受水浸湿后体积膨胀，干燥失水后体积收缩。

3. 红黏土的分布特征

红黏土的厚度与下卧基岩面关系密切，常因岩石表面石芽、溶沟的存在，导致红黏土的厚度变化很大。因此，对红黏土地基的不均匀性应给予足够重视。

4. 含水率变化特征

含水率有沿土层深度增大的规律，上部土层呈坚硬或硬塑状态，接近基岩面附近常呈可塑状态，而基岩凹部溶槽内红黏土呈现软塑或流塑状态。

5. 岩溶

土洞较发育，这是由于地表水和地下水运动引起的冲蚀和潜蚀作用造成的结果，在工程勘察中，需认真探测隐藏的岩溶、土洞，以便对场地的稳定性作出评价。

5.7.2 红黏土地基设计要点

（1）确定合适的持力层，尽量利用浅层坚硬、硬塑状态的红黏土作为地基的持力层。
（2）控制地基的不均匀沉降。当土层厚度变化大，或土层中存在软弱下卧层、石芽、土洞时应采取必要的措施,如换土、填洞、加强基础和上部结构刚度等,使不均匀沉降控制在允许值范围内。

(3) 控制红黏土地基的胀缩变形。当红黏土具有明显的胀缩特性时,可参照膨胀土地基,采取相应的设计、施工措施,以便保证建筑物的正常使用。

5.8 滑坡与处治

滑坡是指岩质或土质边坡受内外因素的影响,使斜坡上的石体在重力作用下丧失稳定而发生的一种滑动。滑坡产生的内因与地形地貌、地质构造、岩土性质、水文地质等条件相关,其外因与地下水活动、雨水渗透、河流冲刷、人工切坡、堆载、爆破、地震等因素相关。

在山脚河流发育、降雨量大的国家和地区滑坡的发生是非常普遍的,往往对已建和在建工程造成很大危害。因此,在山区建设工厂、矿山、铁路及水利工程时,应通过勘察手段准确评价滑坡发生的可能性和带来的危害,做到预先发现,及早整治,防止滑坡的产生和发展。

5.8.1 滑坡的分类

1. 按滑坡体的体积分类

小于 3 万 m^3 的滑坡为小型滑坡;3 万~50 万 m^3 的滑坡为中型滑坡;超过 50 万 m^3 的滑坡为大型滑坡。

2. 按滑坡体的厚度分类

厚度小于 6 m 的滑坡为浅层滑坡;6~20 m 的滑坡为中层滑坡;超过 20 m 的滑坡为深层滑坡。

3. 按滑动面通过岩层的情况分类

1) 均质滑坡

多发生在均质土及岩性大致均一的泥岩、泥灰岩等岩层中,滑动面常接近圆弧形,且光滑均匀,如图 5-6 (a) 所示。

2) 顺层滑坡

此类滑坡体是沿着斜坡岩层面或软弱结构面发生的一种滑动,其滑动面常呈平坦阶梯状,如图 5-6 (b) 所示。

3) 切层滑坡

滑动面切割了不同的岩层面,常形成滑坡平台,如图 5-6 (c) 所示。

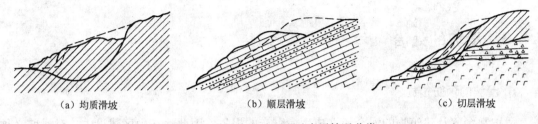

图 5-6 滑坡按滑动面通过岩层情况分类

4. 按滑动体的受力状态分类

1) 推动式滑坡

主要是由于在斜坡上不恰当的加荷所引起。如在坡顶附近建造建筑物、弃土、行驶车辆和堆放货物等作用，使坡体上部先滑动，而后推动下部一起滑动。

2) 牵引式滑坡

主要是由于在坡体下部任意挖方或河流冲刷坡脚所引起。滑动特点是下部先滑动，而后引起上部接连下滑。

5.8.2 滑坡的成因

1. 影响滑坡的内部条件

引起滑坡的内在因素是组成坡体的岩土性质、结构构造和斜坡的外形等。自然界中的斜坡是由各种各样的岩石和土体组成，致密的硬质岩石其抗剪强度大，抗风化能力强，水对岩性作用小，因此较稳定；而由页岩、泥岩等软质岩石及土组成的斜坡，在受雨水侵蚀后，抗剪强度显著降低，极易引起滑坡。岩层的层面节理、裂隙及断层的倾向和倾角，均对坡体的稳定性有影响。这些部位易于风化，抗剪强度低，当它们的倾向与斜坡的坡面一致时，就容易产生滑坡；较陡斜坡上的土覆盖层，若存在遇水软化的软弱夹层时，或下卧不透水基岩时，也容易产生滑坡。另外，斜坡的坡高、倾角和判断形状等对斜坡的稳定性都有很大的影响。

2. 影响滑坡的外部条件

引起滑坡的外部因素有水的作用、人为不合理的开挖和边坡堆载、爆破及地震等。许多滑坡的发生与水的作用相关，因水渗入坡体后使岩土的重度增加，抗剪强度降低并产生动水压力和静水压力，此外，地下水对岩土中易溶物质的溶解，使岩土体的成分和结构发生变化，河流等地表水的不断冲刷，切割坡脚，对坡脚产生冲蚀掏空作用。因此，水的影响程度往往是引起滑坡的导火线。据调查，许多滑坡发生在雨季，而且 90% 的滑坡均与水的影响有关。此外，在山区修筑公路、铁路和矿区时，如果开挖坡脚不合理，在斜坡上弃土或建造房屋不适当时，则会破坏斜坡的平衡状态而引起滑坡。

5.8.3 滑坡的处治

1. 滑坡的预防措施

滑坡常会危及建筑物的安全,造成生命财产的损失。因此,在山区建设中,对滑坡必须引起足够的重视和采取有效的预防措施,防止产生滑动。对有可能形成的滑坡地段,应贯彻以预防为主的方针,确保坡体的稳定性,这就要求加强地质勘察,查明滑坡的内外部条件及滑坡类型,并观测其发展趋势,为采取预防措施提供可靠的依据。一般性的预防措施如下。

1) 慎重选择建筑场地

对于稳定性差、易于滑坡或存在古滑坡的地段,一般不应选为建筑场地。

2) 保持场地原有的稳定性

在场地规划时,应尽量利用原有的地利条件,因地制宜地把建筑物设等高线分线布置。避免大挖大填,破坏场地的平衡。

3) 做好排水工作

对地表水应结合自然地形情况,采取截流引导、培养植被、片石护坡等措施,防止地表水下渗,并注意施工用水不能到处漫流,对地下给排水管道应做好防水设计。

4) 做好边坡开挖工作

在山坡整体稳定的情况下开挖边坡时,应按边坡坡度允许值确定。在开挖过程中,如发现有滑动迹象,应避免继续开挖,并尽快采取措施,以恢复原边坡的平衡。

5) 做好长期的维护工作

针对边坡的稳定排水系统的畅通及自然条件的变化、人为活动因素的影响等情况,应做好长期的维修和养护工作。

2. 滑坡的处治

滑坡的产生一般要经历一个由小到大的发展过程。当出现滑坡,应进行地质勘察,判明滑坡的原因、类别和稳定程度,对各种影响因素分清主次,因地制宜地采用相应的处治措施,使滑坡处于稳定。处治滑坡贵在及时,并力求根治,以防后患,一般性的处治措施如下。

1) 排水

对滑坡范围以外的地表水,可修筑截水沟进行拦截和旁引。对滑坡范围以内的地表水,可采取防渗和汇集排出措施。对地下水发育且影响较大的情况,可采取地下排水措施,如设置盲沟、盲洞、垂直孔群排水。

2) 支挡

根据滑坡推力的大小，可选用重力式挡土墙、阻滑桩、锚杆挡土墙等抗滑结构，抗滑结构基础或桩端应埋设在滑动面以下稳定地层中，并常与排水、卸荷等措施结合使用。

3) 卸载与反压

在主动区的滑坡体上部卸土减重，以减小坡体下滑力。在阻滑区段的坡脚部位加压，以增加阻滑力。如用编织袋装上土叠放加压或用石块叠压，在河流岸边的部位，也常用铅丝笼装石块加压处理。卸载、反压常用于坡体上陡下缓、滑坡后壁及两侧岩土较稳定的情况。

4) 护坡

为防止或减少地表水下渗、冲刷坡面、避免坡面加速风化及失水下缩等不良影响，常采取经济有效的护坡措施。可采用的方法有机械压实，种植草皮，三合土抹面，混凝土压面，喷水泥砂面或浆砌片石护坡等。

滑坡的处治，可根据滑坡规模和施工条件等因素，采取实际有效的措施进行处理，必要时可采用通风疏干、电渗排水、化学加固等方法来改善岩土的性质。对于小型滑坡，一般通过地表排水、整治坡面、夯填裂缝等措施即能见效；对于中型滑坡，则常用支挡、卸载、排除地下水等措施；对于大型滑坡，则需要采取投资大的综合处理措施。

5.8.4 山区公路与滑坡

1. 滑坡对山区公路的破坏性

山区的自然破坏较普遍是滑坡。滑坡是山区工程建设中经常遇到的一种山体变形，滑坡一旦发生，瞬间即可破坏建筑物，破坏水利设施，摧毁农田，破坏道路，冲断桥梁，迫使江河停航，交通中断，给人民生命财产带来严重损害。1983年3月7日发生在甘肃省东乡回族自治县的洒勒山大滑坡，仅数十秒时间，便使三个村庄突然消失，死亡237人，死亡牧畜数百头，滑下土石体达4 000万 m^3，覆盖面积达 $2\ km^2$，冲毁农田3 000多亩。

1985年6月12日发生在湖北省秭归县境内的新滩滑坡，大约有260万 m^3 的巨型堆积体产生滑坡，顷刻之间使新滩古镇全部覆没，大量土石滑入长江，使河床壅高，水流急剧受阻，土石拥入江中造成的涌浪影响波及上游15 km的秭归县城，浪涌入香溪河掀翻木船数只，使长江航运断航数天。

2. 布尼公路滑坡实例分析

布尼公路位于布隆迪的西南部山区。滑坡发生在该公路PK9 km段。1984年7日布尼公路竣工后，在一年内沥青路面全部破坏，到1988年5月，近4年时间，路面累计下沉1.1～1.6 m，线路向南推移2.6 m，查其结果是由于滑坡所致。

分析滑坡原因，主要是在施工前没有认真进行地质调查，没有发现该地段有老滑坡。由于公路开挖，破坏了老滑坡体的平衡条件，使之复活。分析其直接原因是：①没有作环境工程地质调查；②公路在施工过程中，由于开挖方式不当，改变了老滑坡体的水文地质及坡体稳定条件；③施工期间正是雨季，路基清坡时不认真，错台、基础没有处理好，造成了整个路基下滑或半填半挖部分填方一侧下滑的隐患；④在施工过程中，在公路南坡堆积了大量填土，增大了南坡的坡角及荷载，在一定程度上促进诱发了古滑坡的复活。

布尼公路说明了一个根本性的问题，就是在制订设计方案前，没有认真地进行可行性论证和地质勘察工作，以致重大的地质问题没有被发现，公路修建后，沿线发生了不同规模的滑坡，严重地影响了公路运输及安全。事件发生以后，进行了重新调查，发现大小滑坡发生在扎伊尔尼罗山脉分水岭西侧，显然是受中非裂谷的影响。由此说明，公路工程环境地质问题是何等重要。

3. 山区公路应避绕大滑坡

在山区公路建设中，经常遇到的滑坡多是古滑坡体的复活，它给山区公路建设带来许多困难和损失。滑坡、崩塌、泥石流并称为山区公路的三大主要地质病害，交通运输部门每年用于防治处理山区公路病害的经费，占养路费用相当大的一部分。我国西南和中南地区山区道路滑坡比较集中，著名的川藏公路上滑坡和泥石流在许多地段相间发生，阻断交通，给西藏人民生活带来许多不便和损失。甘肃武都地区是泥石流多发地区，也是滑坡多发地区。滑坡及泥石流经常摧毁农田，阻断交通。

甘肃舟曲滑坡发生于1981年4月，时值旱季，数以几十万立米的滑坡体突然下滑毁坏农田、公路，断绝交通。滑坡体拥入白龙江，使江水断流，水位上涨，危及下游武都城人民的生命财产，不得不采用爆破方法排除江中滑坡堆积物，疏通河道，以减少损失。

研究和认识滑坡产生的内在原因和外界的影响条件，是为了阻止和预报它的发生，或一旦发生，尽量减少损失和危害，使破坏程度降到最低。为此，在公路建设中，对于山区公路的选线要求，首先是对路线走向、控制地点、沿线地形、地貌、地物和地质条件要有充分的认识和了解，尽量避免路线经过可能滑坡地段。在充分研究已有资料的基础上，确定路线走向位置，并要实地踏勘，避免可能遇到较大的不良地质地段，其中包括滑坡地段和古滑坡体。在古滑坡体附近布线，首先要确定古滑坡体是否已经稳定，如果有复活的可能，有明显的不稳定因素潜在，就应该尽量设法避绕而行。在确定已经稳定的古滑坡地段，路线一是布于古滑坡体上方，一是布于古滑坡体前缘（坡脚部位），并减小挖方，尽量不破坏原有的山体平衡。

5.9 边坡与挡土墙设计

5.9.1 边坡设计要求

在山坡整体稳定的情况下，边坡开挖应符合下列要求。

（1）边坡坡度允许值应根据岩土性质、边坡高度等情况，参照当地同类岩土的稳定坡度值确定。当地质条件良好，土质比较均匀、地下水不丰富时，可按表5-5确定。

表 5-5 土质边坡坡度允许值

土的类别	密实度或状态	坡度允许值（高宽比）	
		坡高在 5 m 以内	坡高 5～10 m
碎石土	密实 中密 稍密	1:0.35～1:0.50 1:0.50～1:0.75 1:0.75～1:1.00	1:0.50～1:0.75 1:0.75～1:1.00 1:1.00～1:1.25
黏性土	坚硬 硬塑	1:0.75～1:1.00 1:1.00～1:1.25	1:1.00～1:1.25 1:1.25～1:1.50

注：1. 表中碎石土的充填物为坚硬或硬塑状态的黏性土；
  2. 对于砂土或充填物为砂土的碎石土，其边坡坡度允许值均按自然休止角确定。

当边坡高度大于表 5-5 的规定时，地下水比较发育或具有软弱结构面的倾斜地层时；或开挖边坡的坡面与岩（土）层层面倾向接近，且两者走向的夹角小于 45°时，均应通过调查研究和力学方法综合设计坡度值。

（2）为确保边坡的稳定性，对土质边坡或易于软化的岩质边坡，在开挖时应采取相应的排水和坡脚、坡面保护措施，并不得在影响边坡稳定的范围内积水。

（3）开挖边坡时，应注意施工顺序，宜从上到下，依次进行。另外，应注意挖、填土力求平衡，对堆土位置、堆土量需事先提出设计要求，不得随意堆放。如必须在坡顶或山腰大量堆积土石方时，应进行玻体稳定性验算。

5.9.2 挡土墙设计

1. 挡土墙的类型选择

常用的挡土墙结构形式有重力式、悬臂式、扶壁式、锚杆及锚定板式和加筋土挡墙等。

1）重力式挡土墙

重力式挡土墙是依靠墙体自重抵抗土压力作用的一种墙体，所需要的墙身截面较大，一般由砖、石材料砌筑而成。由于重力式挡土墙具有结构简单、施工方便，能够就地取材等优点，在土建工程中被广泛采用。

根据墙背倾斜方向可分为仰斜、直立、俯斜三种形式（图 5-7）。俯斜式挡土墙所受的土压力作用较仰斜和垂直的挡土墙大，仰斜式所受土压力最小。重力式挡土墙高度一般 6 m，当 $h > 6$ m 时，宜采用衡重式挡土墙，如图 5-7（d）所示。

2）悬臂式挡土墙

悬臂式挡土墙一般地由钢筋混凝土制成悬臂板式的挡土墙。墙身立壁板在土压力作用下受弯，墙身内弯曲拉应力由钢筋承担；墙体的稳定性靠底板以上的土重维持。因此，这类挡土墙的优点是充分利用了钢筋混凝土的受力特性，墙体截面较小，如图 5-8（a）所示。

悬壁式挡土墙一般适用于墙高大于 5 m、地基土质较差、当地缺少石料的情况，多用于市政工程及储料仓库。

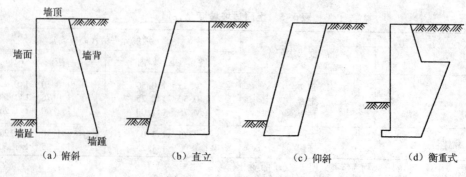

图 5-7 重力式挡土墙形式

3) 扶臂式挡土墙

当悬壁式挡土墙高度大于 10m 时，墙体立壁挠度较大，为了增强立壁抗弯刚度，沿墙体纵向每隔一定距离（0.3～0.6m）设置一道扶臂，故称为扶臂式挡土墙，如图 5-8（b）所示。

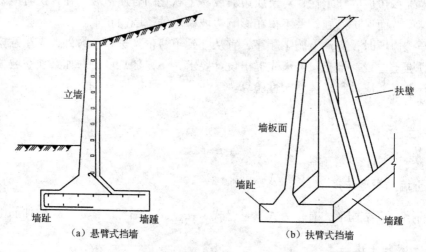

图 5-8 钢筋混凝土挡墙

4) 锚定板及锚杆式挡土墙

锚定板挡土墙一般由预制的钢筋混凝土墙面、立柱、钢柱杆和埋在填土中的锚定板在现场拼装而成（图 5-9）。锚杆式挡土墙是只有锚拉杆而无锚定板的一种挡土墙，也常作为深基坑井挖的一种经济有效的支挡结构。

锚定板挡土墙所受到的主动土压力完全由拉杆和锚定板承受，只要锚杆所受到的岩土阻力和锚定板抗拔力不小于土压力值时，就可以保持结构和土体的稳定性。图 5-10 为山西太焦铁路某路段中所使用的锚定板和锚杆式挡土结构。

5) 其他形式的挡土结构

除了上述介绍的几种挡土结构外，还有混合式挡土墙［图 5-11（a）］、构架式挡土墙［图 5-11（b）］、板桩墙［图 5-11（c）］及土工合成材料（各种土工织物或无纺土工布）挡土墙［图 5-11（d）］和加筋土挡土墙。

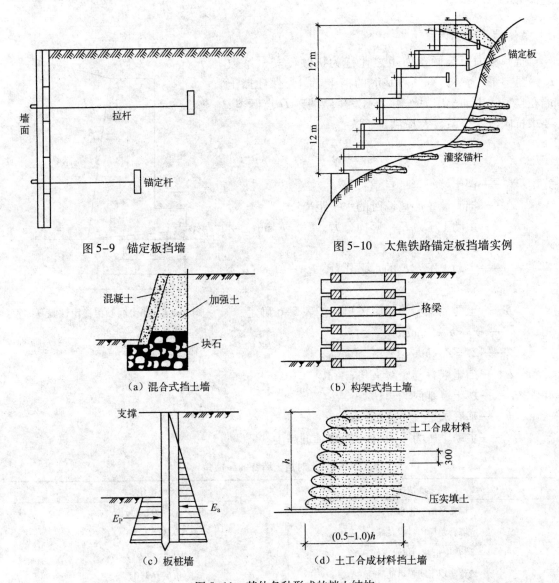

图 5-9 锚定板挡墙

图 5-10 太焦铁路锚定板挡墙实例

(a) 混合式挡土墙

(b) 构架式挡土墙

(c) 板桩墙

(d) 土工合成材料挡土墙

图 5-11 其他各种形式的挡土结构

2. 重力式挡土墙的计算

重力式挡土墙的截面尺寸一般按试算法确定,可结合工程地质、填土性质、墙身材料和施工条件等方面的情况,按经验初步拟定截面尺寸,然后进行验算,如不满足要求,则应修改截面尺寸或采取其他措施,直到满足为止。

重力式挡土墙的计算内容通常包括:①稳定性验算,即抗倾覆和抗滑移稳定性验算;②地基承载力验算;③墙身强度验算。作用于挡土墙上的荷载有主动土压力、挡土墙自重、墙面埋入土中部分所受的被动土压力,当埋入土中不算很深时,一般可忽略不计,其结果偏于安全。

1） 抗倾覆稳定性验算

抗倾覆力矩与倾覆力矩之比称为抗倾覆安全系数 K_t，图5-12为一具有倾斜基底的挡土墙，为保证挡土墙在自重和主动土压力作用下不发生绕墙趾 O 点倾覆，要求抗倾覆安全系数 K_t 应满足下式：

$$K_t = \frac{Gx_0 + E_{az}x_f}{E_{ax}Z_f} \geqslant 1.6 \tag{5-4}$$

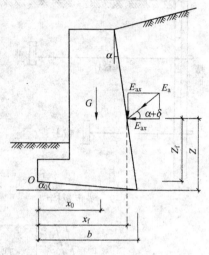

图5-12 挡土墙倾覆稳定性验算

式中：G——挡土墙每延米自重；

x_0——挡土墙重心离墙趾的水平距离；

E_{az}——主动土压力 E_a 的竖向分力，$E_{az} = E_a\sin(\alpha+\delta)$；

E_{ax}——主动土压力 E_a 的水平分力，$E_{ax} = E_a\cos(\alpha+\delta)$；

δ——土对挡土墙背的摩擦角，按表5-6确定；

x_f——$x_f = b - Z\tan\alpha$；

Z_f——$Z_f = Z - b\tan\alpha_0$；

α——挡土墙背与竖线夹角；

α_0——挡土墙基底倾角；

b——基底水平投影宽度；

Z——主动土压力 E_a 作用点距墙踵的高度。

表5-6 土对挡土墙背的摩擦角

挡土墙情况	摩擦角 δ
墙背平滑、排水不良	$(0\sim0.33)\varphi_k$
墙背粗糙、排水良好	$(0.33\sim0.5)\varphi_k$
墙背很粗糙、排水良好	$(0.5\sim0.67)\varphi_k$
墙背与填土间不可能滑动	$(0.67\sim1.0)\varphi_k$

注：φ_K 为墙背填土的内摩擦角标准值。

2） 抗滑动稳定性验算

基底抗滑力与滑动力之比称为抗滑安全系数 K_S，如图5-13所示挡土墙，K_S 应满足下式：

$$K_S = \frac{(G_n + E_{an})\mu}{E_{at} - G_t} \geqslant 1.3 \tag{5-5}$$

式中 G_n——G 垂直于墙底的分力，$G_n = G\cos\alpha_0$；

G_t——G 平行于墙底的分力，$G_t = G\sin\alpha_0$；

E_{an}——E_a 垂直于墙底的分力，$E_{an} = E_a\sin(\alpha+\alpha_0+\delta)$；

E_{at}——E_a 平行于墙底的分力，$E_{at} = E_a\cos(\alpha+\alpha_0+\delta)$；

μ——土对挡土墙基底的摩擦系数，宜按试验系数确定，也可按表5-7确定。

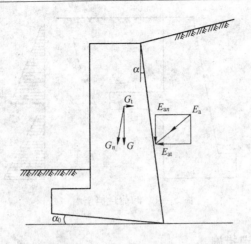

图 5-13 滑动稳定验算示意图

表 5-7 土对挡土墙基底的摩擦系数

土的类别		摩擦系数 μ
黏性土	可塑	0.25~0.30
	硬塑	0.30~0.35
	坚硬	0.35~0.45
粉土		0.30~0.40
中砂、粗砂、砾砂		0.40~0.50
碎石土		0.40~0.60
软质岩石		0.40~0.60
表面粗糙的硬质岩石		0.65~0.75

注：1. 对易风化的软质岩石和塑性指数 I_p 大于 22 的黏性土，基底摩擦系数应通过试验确定；
2. 对碎石土，可根据其密实度、填充物状况、风化程度等确定。

当地基软弱时，在墙身倾覆的同时，墙趾可能陷入土中，造成力矩中心 O 点向内移动，抗倾覆安全系数将会降低，因此在运用抗倾覆公式（5-4）计算时，应注意地基土的压缩性。基底滑动也可能发生在软弱的持力层土中，此时应按圆弧滑动面验算地基的稳定性，必要时可进行地基处理。

挡土墙的抗倾覆不满足要求时，可考虑采取如下措施：①增大挡土墙截面尺寸，使 G 增大，但工程量将增加；②加宽墙趾，可增加抗倾覆力矩臂，但应注意墙趾宽度与高度需满足刚性角要求，必要时还需验算墙趾根部剪切，甚至配筋；③墙背做成仰斜，可减小土压力；④在挡土墙背上做卸荷台，形状如牛腿，如图 5-14 所示。这样做的好处在于：平台上土重可增加抗倾覆力矩，且平台以上的土压力不能下传，使总土压力减小。

抗滑动验算不满足要求时，可采取以下措施：①修改挡土墙截面尺寸，以加大 G 值；②加大基底宽度，以提高总抗滑力；③增加基础埋深，使墙趾前的被动土压力增大；④挡土墙底面做砂、石垫层，以提高 μ 值。

3) 地基承载力及墙身强度验算

地基承载力的验算与一般偏心受压基础的计算方法相同。墙身强度验算，应根据墙身材料分别按《砌体结构设计规范》和《混凝土结构设计规范》中有关内容的要求验算。

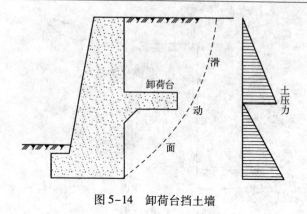

图 5-14 卸荷台挡土墙

3. 重力式挡土墙的构造措施

1）墙背形式选择

挡土墙所受主动土压力以墙背为仰斜时最小，直立居中，俯斜最大，但在选择墙背形式时，还需考虑使用要求，地形和施工条件等情况。一般挖坡建墙时优先选择仰斜，其主动土压力小，墙背可与边坡紧密贴合；填方建墙时可选直立或俯斜形式。

2）构造尺寸要求

挡土墙的埋置深度，一般不小于 0.5 m，遇岩石地基时，应把基础埋入未风化的岩层内，为增加墙体稳定性，基底可做成逆坡［图 5-15（a）］，坡度可取 0.1∶1 或 0.2∶1；基底墙趾也可设置台阶［图 5-15（b）］，台阶高度比可取 2∶1；一般重力式挡土墙基底宽度与墙高之比约为（1/2～2/3）。

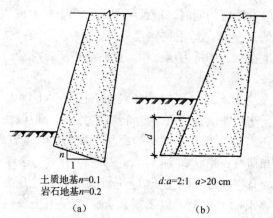

图 5-15 基底逆坡及墙趾台阶

块石挡土墙顶宽不小于 0.4 m，混凝土挡土墙为 0.2～0.4 m，仰斜墙面与墙背宜平行，坡度（高度比）不宜缓于 1∶0.25。

为考虑墙体在土压力和温度作用下的胀缩变形问题，挡土墙应每隔 10～20 m 设置一道伸缩缝，在地基压缩性变化处，可改设为沉降缝。挡土墙拐角处应适当采取加强的构造措施。

3）排水措施

挡土墙常因排水不良，雨水在墙后填土中下渗，甚至存积，造成土的抗剪强度降低，重度变大，水土压力增加，或地基软化，使挡土墙破坏。

如图 5-16 所示的两种排水方案，为使墙后积水易排出，挡土墙应设置泄水孔，孔眼尺寸不宜小于 ϕ100 mm，孔坡度外斜 5%，孔水平向间距宜取 2～3 m，挡土墙较高时，应在一定高度加设泄水孔。墙后要做滤水层和必要的排水盲沟，可选用卵石，碎石等粗颗粒作为滤水层，以避免泄水孔淤塞，还可调节土的胀缩性，当排水量较大时，可设置排水盲沟。墙顶地面宜铺设水层，当墙后有山坡时，应在坡下设置截水沟。为防止积水下渗，应紧靠泄水孔下部设置黏土或其他材料的隔水层，墙前应做好散水或排水沟。

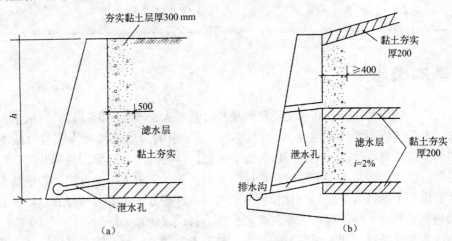

图 5-16 挡土墙排水措施

4）填土质量要求

墙后填土宜选择透水性强、性能稳定的非冻胀材料，如粗砂、碎石、石、炉渣等材料，其抗剪强度较稳定，不具有胀缩性和冻胀性，且易于排水。不应选择有机质土，也不宜用黏性土作为填料。因为黏性土的性能不稳定，干燥时体积收缩，而在雨季时膨胀，且季节性冻土地区还可能发生冻胀，造成实际土压力值变化很大，导致挡土墙破坏，考虑实际情况，当采用黏性土作为填料时，宜掺入适量的碎石、块石。

填土压实质量应严格控制，分层夯实，并检查其压密质量。

复习思考题

5-1 区域性地基分为哪几类？各类区域性地基有何特点？

5-2 压实填土地基对土料和填土质量有何要求？

5-3 如何判断地基土是否属于膨胀土？如何评价膨胀土地基的胀缩性能？采取哪些措施可减轻地基胀缩对工程的不利影响？

5-4 滑坡的成因是什么？如何治理滑坡？

5-5 挡土墙有哪些类型？如何设计重力式挡土墙？

第6章 地基处理

> **内容提要和学习要求**
>
> 本章主要讨论地基处理的方法、适用条件、设计要点与检测方法等。
>
> 通过本章学习,要求掌握地基处理的基本原理,并能够依据地基条件,结合上部构筑物的要求,合理选择地基处理方法,熟悉设计步骤及检测要点。

6.1 基本概念

随着现代化进程的加快,我国工程建设规模日益扩大,难度不断提高,对地基提出了更高的要求。人们常将不能满足建(构)筑物对地基要求的天然地基称为软弱地基或不良地基。软弱地基通常需要经过人工处理后再建造基础,这种地基加固称为地基处理。地基处理的目的是针对软弱土地基上建造建筑物可能产生的问题,采取人工的方法改善地基土的工程性质,达到满足上部结构对地基稳定和变形的要求,这些方法主要包括提高地基土的抗剪强度,增大地基承载力,防止剪切破坏或减轻土压力;改善地基土压缩特性,减少沉降和不均匀沉降;改善其渗透性,加速固结沉降过程;改善土的动力特性,防止液化;消除或减少特殊土的不良工程特性(如黄土的湿陷性、膨胀土的膨胀性等)。在软弱地基上修建桥涵基础,可采用砂砾垫层、砂桩、砂井预压方法加固地基;根据实际条件,也可采用水泥搅拌桩、石灰桩、振冲碎石桩、锤击夯实、强夯和各种浆液灌注等加固地基。

建(构)筑物的地基问题包括以下三类:①地基承载力及稳定性问题;②沉降、水平位移及不均匀沉降问题;③渗流问题。当天然地基存在上述三类问题之一或其中几个问题时,需要采取各种地基处理措施,形成人工地基以满足建(构)筑物对地基的各项要求,保证其安全和正常使用。

地基处理的对象是软弱地基和特殊土地基。地基处理方法有多种,按时间可分临时处理和永久处理;按处理深度可分浅层处理和深层处理;按土性对象分为砂性土处理和黏性土处理,饱和土处理和非饱和土处理;按性质可分物理处理、化学处理、生物处理;按加固机理可分为置换、排水固结、灌入固化物、振密或挤密、加筋、冷热处理、托换、纠倾等。

选用地基处理方法的原则是:坚持技术先进、经济合理、安全适用、确保质量。对具体工程来讲,应从地基条件、处理要求、工程费用及材料、机具来源等各方面进行综合考虑,因地制宜确定合适的地基处理方法。必须指出,地基处理方法很多,每种地基处理方法都有一定的适用范围、局限性和优缺点。

自国外1962年首次开始使用"复合地基"(composite foundation)概念以来,它已成为很多地基处理方法理论分析及公式建立的基础和依据。复合地基是指天然地基在地基处理过程中部分土体得到增强,或被置换,或在天然地基中设置加筋材料,加固区是由基体(天然地基土体）和增强体两部分组成的人工地基。加固区整体上是非均质和各向异性的。按地基中增强体的方向，可分为竖向增强体复合地基和水平向增强体复合地基，如图6-1所示。

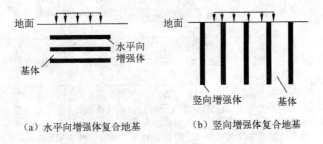

(a) 水平向增强体复合地基　　(b) 竖向增强体复合地基

图 6-1　复合地基

竖向增强体复合地基根据增强体性质，可分为散体材料桩复合地基、柔性桩复合地基和刚性桩复合地基。工程中常用的复合地基计算方法还不成熟，正在不断发展之中。

我国地域辽阔，自然地理环境不同，土质各异，地基条件区域性较强。随着现代化建设步伐的加快，土木工程面临的地基问题日益复杂，地基处理领域已成土木工程中最活跃的领域之一，同时，地基处理新技术，新工艺、新方法、新材料不断涌现。地基处理的主要方法、适用范围及加固原理，见表6-1。限于篇幅，本书仅选择常用的地基处理方法进行介绍。

表 6-1　公路工程地基处理方法分类及其适用范围

类别	方　法	简要原理	适用范围
置换	换土垫层法	将软弱土或不良土开挖至一定深度，回填抗剪强度较高、压缩性较小的材料，如砂、砾、石渣等，并分层夯实，形成双层地基。垫层能有效扩散基底压力，提高地基承载力，减少沉降	各种软弱土地基
	膨胀土掺灰改性换土法	掺灰改性换土法是将原地膨胀土翻松，掺加一定比例的石灰后，分层压实。经过一段时间的养护，可以很好地消除或减小膨胀性，提高土体强度，降低土中的含水率	膨胀土地基
	挤淤置换法	通过抛石或夯击回填碎石置换淤泥达到加固地基的目的，也可采用爆破挤淤置换	淤泥或淤泥质黏土地基
	强夯置换法	采用边填碎石边夯的方法在地中形成碎石墩体，由碎石墩、墩间土以及碎石垫层形成复合地基，以提高承载力，减小沉降	粉砂土和软黏土地基等
	石灰桩法	通过机械或人工成孔，在软弱地基中填入生石灰块或生石灰块加其他掺和料，通过石灰的吸水膨胀、放热以及离子交换作用来改善桩与土的物理力学性质，并形成石灰桩复合地基，可提高地基承载力，减少沉降	杂填土、软黏土地基
	气泡混合轻质料填土法	气泡混合轻质料的重度为 $5\sim12\ kN/m^3$，具有较好的强度和压缩性能，用作路堤填料可有效减小作用在地基上的荷载，也可减小作用在挡土结构上的侧压力	软弱地基上的填方工程
	EPS 超轻质料填土法	发泡聚苯乙烯（EPS）重度只有土的 $1/50\sim1/100$，并具有较好的强度和压缩性能，用作填料，可有效减小作用在地基上的荷载和作用在挡土结构上的侧压力，需要时也可置换部分地基土，以达到更好的效果	软弱地基上的填方工程

续表

类别	方　法	简要原理	适用范围
排水固结	加载预压法	在地基中设置排水通道——砂垫层和竖向排水系统（竖向排水系统通常有普通砂井、袋装砂井、塑料排水带等），以缩小土体固结排水距离，地基在建筑路堤荷载作用下排水固结，地基承载力提高，工后沉降小	软黏土、杂填土、泥炭土地基等
	超载预压法	原理基本上与堆载预压法相同，不同之处是其预压荷载大于设计使用荷载。超载预压不仅可减少工后固结沉降，还可消除部分工后次固结沉降	同上
	真空联合堆载预压法	在软黏土地基中设置排水体系（同加载预压法），然后在上面形成一不透气层（覆盖不透气密封膜，或其他措施），通过对排水体系进行长时间不断抽气抽水，在地中形成负压区，而使软黏土地基产生排水固结，达到提高地基承载力，减小工后沉降的目的，常与堆载预压联合使用	软黏土地基
	降低地下水位法	通过降低地下水位，改变地基土受力状态，其效果如加载预压，使地基土产生排水固结，达到加固目的	砂性土或透水性较好的软黏土层
化学加固	深层搅拌法	利用深层搅拌机将水泥浆或水泥粉和地基土原位搅拌形成圆柱状、格栅状或连续墙式的水泥土增强体，形成复合地基以提高地基承载力，减小沉降。也常用它形成水泥土防渗帷幕。深层搅拌法分喷浆搅拌法和喷粉搅拌法两种	淤泥、淤泥质土、黏性土和粉土等软土地基，有机质含量较高时应通过试验确定适用性
	高压喷射注浆法	利用高压喷射专用机械，在地基中通过高压喷射流冲切土体，用浆液置换部分土体，形成水泥土增强体。按喷射流组成形式，高压喷射注浆法有单管法、二重管法、三重管法。高压喷射浆法可形成复合地基，以提高承载力，减少沉降	淤泥、淤泥质土、黏性土、粉土、黄土、砂土、人工填土和碎石土等地基，当含有较多的大块石，或地下水流速较快，或有机质含量较高时应通过试验确定适用性
	渗入性灌浆法	在灌浆压力作用下，将浆液灌入地基中以填充原有孔隙，改善土体的物理力学性质	中砂、粗砂、砾石地基
	劈裂灌浆法	在灌浆压力作用下，浆液克服地基土中初始应力和土的抗拉强度，使地基土中原有的孔隙或裂隙扩张，用浆液填充新形成的裂缝和孔隙，改善土体的物理力学性质	基岩或砂、砂砾石、黏性土地基
	挤密灌浆法	在灌浆压力作用下，向土层中压入浓浆液，在地基土中形成浆泡，挤压周围土体。通过压密和置换改善地基性能。在灌浆过程中因浆液的挤压作用可产生辐射状上抬力，引起地面隆起	常用于可压缩性地基、排水条件较好的黏性土地基
	有机大分子溶液改良法	往土中掺加高价金属盐类物质或有机阳离子化合物，通过离子交换吸附，削弱蒙脱石晶内负电斥力和减薄双电层的厚度，从而抑制蒙脱石晶内膨胀性和黏土微粒之间膨胀性，达到改善土的吸水性质的目的	膨胀土地基
振密、挤密	表层原位压实法	采用人工或机械夯实、碾压或振动，使土体密实。密实范围较浅，常用于分层填筑	杂填土、疏松无黏性土、非饱和黏性土、湿陷性黄土等地基的浅层处理
	强夯法	采用质量为 $10\sim40\,t$ 的夯锤从高处自由落下，地基土体在强夯的冲压力和振动力作用下密实，可提高地基承载力，减少沉降	碎石土、砂土、低饱和度的粉土与黏性土、湿陷性黄土、杂填土和素填土等地基
	振冲密实法	一方面依靠振冲器的振动使饱和砂层发生液化，砂颗粒重新排列，孔隙减小；另一方面依靠振冲器的水平振动力，加回填料使砂层挤密，从而达到提高地基承载力、减小沉降，并提高地基土体抗液化能力。振冲密实法可加回填料也可不加回填料。加回填料，又称为振冲挤密碎石桩法	黏粒含量小于10%的疏松砂性土地基

续表

类别	方 法	简要原理	适用范围
振密、挤密	挤密砂石桩法	采用振动沉管法等在地基中设置碎石桩,在制桩过程中对周围土体产生挤密作用。被挤密的桩间土和密实的砂石桩形成砂石桩复合地基,达到提高地基承载力、减小沉降的目的	砂土地基、非饱和黏性土地基
	爆破挤密法	利用爆破在地基中产生的挤压力和振动力使地基土密实以提高土体的抗剪强度,提高地基承载力和减小沉降	饱和净砂、非饱和但经灌水饱和的砂、粉土、湿陷性黄土地基
	土桩、灰土桩法	采用沉管法、爆扩法和冲击法在地基中设置土桩或灰土桩,在成桩过程中挤密桩间土,由挤密的桩间土和密实的土桩或灰土桩形成土桩复合地基或灰土桩复合地基,以提高地基承载力和减小沉降,有时用于消除湿陷性黄土的湿陷性	地下水位以上的湿陷性黄土、杂填土、素填土等地基
加筋	加筋土垫层法	在地基中铺设加筋材料(如土工织物、土工格栅、金属板条等)形成加筋土垫层,以增大压力扩散角,提高地基稳定性	筋条间用无黏性土,加筋土垫层可适用各种软弱地基
	隔水封闭法	隔水封闭法是采用土工膜或其他隔水材料进行隔水封闭,达到割断地下水的流通或阻止气候干湿循环对地基或坡面土体的影响,达到稳定路基或边坡的目的	膨胀土地基和盐渍土地基
	加筋土挡墙法	利用在填土中分层铺设加筋材料以提高填土的稳定性,形成加筋土挡墙。挡墙外侧可采用侧面板形式,也可采用加筋材料包裹形式	用于填土挡墙结构
	土钉墙法	通常采用钻孔、插筋、注浆在土层中设置土钉,也可直接将杆件插入土层中,通过土钉和土形成加筋土挡墙以维持和提高土坡稳定性	用于维持和提高土坡稳定性
	锚杆支护法	锚杆通常由锚固段、非锚固段和锚头三部分组成。锚固段用于稳定土层,可对锚杆施加预应力。用于维持边坡稳定	用于维持和提高土坡稳定性
	锚碇板挡土结构	由墙面、钢拉杆、锚碇板和填土组成。锚碇板处在填土层,可提供较大的锚固力。锚碇板挡土结构用于填土支挡结构	用于填土支挡结构
	树根桩法	在地基中设置如树根状的微型灌注桩(直径70~250 mm),提高地基承载力或土坡的稳定性	各类地基
	低强度混凝土桩复合地基法	在地基中设置低强度混凝土桩,与桩间土形成复合地基,提高地基承载力,减小沉降	各类深厚软弱地基
	钢筋混凝土桩复合地基法	在地基中设置钢筋混凝土桩,与桩间土形成复合地基,提高地基承载力,减小沉降	各类深厚软弱地基
	长短桩复合地基	由长桩和短桩与桩间土形成复合地基,提高地基承载力和减小沉降。长桩和短桩可采用同一桩型,也可采用不同桩型。通常长桩采用刚度较大的型桩,短桩采用柔性桩或散体材料桩	深厚软弱地基

6.2 换填法

6.2.1 换填法的原理及适用范围

当软弱土层地基的承载力和变形不满足建筑物的要求,并且软弱土层的厚度又不很大时,可将基础底面以下处理范围内的软弱土层的部分或全部挖去,然后分层回填强度较高、压缩性较低且无腐蚀性的砂石、素土、灰土、工业废渣等材料，经压实或夯实使之达到所要求的密实度，形成良好的人工地基。这种地基处理的方法称为换土层法或开挖置换法。

按垫层材料不同，垫层可分为砂垫层、砂石垫层、碎石垫层、素土垫层、灰土垫层、二灰垫层、砂渣垫层、粉煤灰垫层等。不同材料的垫层，其主要作用如下：

（1）提高地基承载力。软弱土层被挖除，换以强度较高的砂或其他材料，可提高地基承载力。如灰土垫层可达 300 kPa，碎石垫层可达 200～400 kPa。

（2）减少沉降量。在总沉降量中，地基浅层部分的沉降占比例较大。以条形基础为例，在相当于基础宽度的深度范围内的沉降约占总沉降量的 50% 左右，如以密实砂或其填筑材料代替上部软弱土层，就可以减少这部分的沉降量。由于砂垫层或其他垫层对应力的扩散作用，使作用在下卧层土上的压力较小，这样也会相应减少下卧层土的沉降量。

（3）加速软弱土层的排水固结。垫层材料水性大，软弱土层受压后，垫层作为良好的排水面，促进基础下面的孔隙水压力迅速消散，加速垫层下软弱土层的固结和强度的提高，避免地基土的塑性破坏。

（4）防止冻胀。因粗颗粒的垫层材料孔隙大，消除了毛细现象，可以防止寒冷地区土中结冰造成的冻胀，这时垫层应满足当地冻结深度要求。

（5）消除膨胀土的胀缩作用。在膨胀土地基上可选用砂、碎石、块石、煤渣、二灰或灰土等材料作为垫层，以消除胀缩作用。

换填法适用于淤泥、淤泥质土、湿陷性黄土、素填土、杂填土地基及暗沟、暗塘等浅层处理，不同的垫层有其不同的适用范围，见表6-2。

表 6-2 垫层的适用范围

垫层种类		适用范围
砂（砂砾、碎石）垫层		多用于中小型建筑工程的浜、塘、沟等局部处理。适用于一般饱和、非饱和的软弱土和水下黄土地基处理，不宜用于湿陷性黄土地基，也不适宜用于大面积堆载、密集基础和动力基础的软土地基处理。砂垫层不宜用于有地下水，且流速快、流量大的地基处理。不宜采用粉细砂作垫层
土垫层	素土垫层	适用于中小型工程及大面积回填、湿陷性黄土地基的处理
	灰土或二灰垫层	适用于中小型工程，尤其适用于湿陷性黄土地基的处理
粉煤灰垫层		用于厂房、机场、港区陆域和堆场等大、中、小工程的大面积填筑，粉煤灰垫层在地下水位以下时，其强度降低幅度在 30% 左右
矿渣垫层		用于中小型建筑工程，尤其适用于地坪、堆场等工程大面积的地基处理和场地平整、铁路、道路地基等。但对于受酸性或碱性废水影响的地基不得用矿渣作垫层

6.2.2 设计要点

垫层的设计不但要满足建筑物对地基变形及稳定的要求，而且也应符合经济合理的原则，设计的主要内容是合理确定垫层厚度和宽度。现以砂（或砂石、碎石）垫层设计为例进行介绍。

1. 垫层厚度的确定

垫层厚度如图 6-2 所示。依据下卧土层的承载力确定，垫层底面处土的自重应力与附

加应力之和不大于同一高程处软弱土层的容许承载力。其表达式为:
$$p_z + p_{cz} \leqslant f_z \tag{6-1}$$
式中：f_z——垫层底面处的附加压力值/kPa;
$\quad\quad p_z$——垫层底面处的附加应力/kPa;
$\quad\quad p_{cz}$——垫层底面处土的自重压力/kPa。

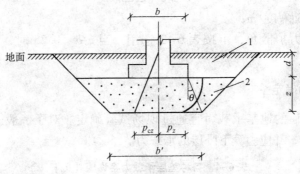

图 6-2　垫层内压力分布
1-回填土；2-砂垫层

具体计算时，一般可根据垫层的容许承载力确定基础宽度，再根据下卧土层的承载力确定垫层的厚度。垫层厚度通常不宜小于 0.5 m，一般也不宜大于 3 m。垫层太厚造价太高，且施工困难；太薄（<0.5 m），则垫层作用不明显，通常砂垫层厚度为 1~2 m 左右。

垫层底面处的附加压力值 p_z，可分别按式（6-2）和式（6-3）简化计算。

条形基础：
$$p_z = \frac{b(p - p_c)}{b + 2z\tan\theta} \tag{6-2}$$

矩形基础：
$$p_z = \frac{bl(p - p_c)}{(b + 2z\tan\theta)(l + 2z\tan\theta)} \tag{6-3}$$

式中：p——基础底面压力/kPa;
$\quad\quad p_c$——基础底面处土的自重压力/kPa;
$\quad\quad l、b$——基础底面的长度和宽度/m;
$\quad\quad z$——基础底面下垫层的厚度/m;
$\quad\quad \theta$——垫层的压力扩散角，可按表 6-3 选用。

表 6-3　压力扩散角 θ

换填材料 z/b	中砂、粗砂、砾砂、圆砾、角砾、石屑、卵石、碎石、矿渣	粉质黏土、粉煤灰	灰土
0.25	20°	6°	30°
≥0.50	30°	23°	

注：1. 当 z/b < 0.25 时，除灰土仍取 θ = 28°外，其余材料均取 θ = 0°，必要时，宜由试验确定；
　　2. 当 0.25 < z/b < 0.50 时，θ 值可内插求得。

2. 垫层宽度的确定

为防止垫层向两侧挤出，垫层顶面每边宜超出基础底边不小于300 mm，或从垫层底面两侧向上，按当地开挖基坑经验要求的坡度延伸到地面。垫层的宽度应满足基础底面应力扩散的要求，一般可按下式计算或根据当地经验确定：

$$b' \geq b + 2z\tan\theta \tag{6-4}$$

式中：b'——垫层底面宽度/m；

　　　θ——垫层压力扩散角，可按表 6-3 选用。当 $z/b < 0.25$ 时，仍按表中 $z/b = 0.25$ 取值。

3. 垫层承载力的确定

经换土垫层处理后的地基承载力宜通过现场试验确定。对于一般工程，当无试验资料时，可按表 6-4 选用，并应验算下卧层的承载力。

表 6-4　各种垫层承载力容许值 $[f_{cu}]$

施工方法	垫层材料	压实系数 λ_c	承载力容许值/kPa
碾压、振密或夯实	碎石、卵石	0.94~0.97	200~300
	砂夹石（其中碎石、卵石占总质量的30%~50%）		200~250
	土夹石（其中碎石、卵石占总质量的30%~50%）		150~200
	中砂、粗砂、砾砂		150~200

注：1. 压实系数 λ_c 为土的控制干密度 ρ_d 与最大干密度 $\rho_{d,max}$ 的比值，土的最大干密度宜采用击实试验确定；碎石最大干密度可取 $2.0\sim2.2\ t/m^3$；

　　2. 当采用轻型击实试验时，压实系数 λ_c 宜取高值；当采用重型击实试验时，宜取低值。

4. 沉降计算

对于重要的建筑或垫层下存在软弱下卧层的建筑，还应进行地基变形计算。建筑物基础沉降等于垫层自身的变形量 S_{cu} 与下卧土层的变形量 S_s 之和，对于超出原地面高程的垫层或换填材料的密度高于天然土层密度的垫层，宜早换填并考虑其附加的荷载对建筑物及邻近建筑物的影响。垫层地基的沉降量按下式计算：

$$S = S_{cu} + S_s \tag{6-5}$$

$$S_{cu} = p_m \frac{h_z}{E_{cu}} \tag{6-6}$$

式中：S——垫层地基沉降量；

　　　S_{cu}——垫层本身的压缩量；

　　　S_s——下卧层沉降量。可按《公路桥涵地基与基础设计规范》（JTG D63—2007）中第 4.3.4~4.3.7 条规定计算；

　　　p_m——垫层内的平均压应力，即基底平均压应力与垫层底平均压应力的平均值；

　　　h_z——垫层厚度；

　　　E_{cu}——垫层的压缩模量，宜由静载荷试验确定。如无试验资料时，如砂砾层，可采用 12~24 MPa。

6.2.3 施工要点

1. 垫层材料的选择

不同垫层材料有不同的要求。砂垫层材料应选用级配良好的中粗砂，含泥量不超过3%，不含植物残体、垃圾等杂质。当使用粉细砂时应掺入25%～30%的碎石或卵石，其最大粒径不宜大于50 mm。

素土垫层的土料中有机质含量不得超过5%，也不得有冻土或膨胀土，不得夹有砖、瓦和石块等渗水材料，当含有碎石时，其粒径不宜大于50 mm。

灰土垫层宜采用2∶8或3∶7的灰土。土料宜用黏性小及塑性指数大于4的粉土，不得含有松软杂质，并应有过筛，其颗粒不得大于15 mm，石灰宜用新鲜的消石灰，其颗粒不得大于5 mm。

矿渣垫层其矿渣应质地坚硬、性能稳定和无侵蚀性，小面积垫层一般用8～40 mm 与40～60 mm 的分级矿渣，或0～60 mm 的混合矿渣；大面积铺垫时，可采用混合矿渣或原状矿渣，矿渣最大粒径不大于200 mm。

2. 垫层压实方法的确定

机械碾压法是采用各种压实机械来压实地基土。此法常用于基坑底面积宽大、开挖土方量较大的工程。

重锤夯实法是用起重机将夯锤提升到某一高度，然后自由落锤，不断重复夯击以加固地基。重锤夯实法一般适用于地下水位距地表0.8 m 以上稍湿的黏性土、砂土、湿陷性黄土、杂填土和分层填土。

平板振动法是使用振动压实机处理无黏性土或黏粒含量少、透水性较好的松散杂填土地基的一种方法。一般经振实的杂填土地基承载力可达100～120 kPa。

3. 分层铺填并压实

除接触下卧软土层的垫层底层应根据施工机械设备及下卧层土质条件的要求具有足够的厚度外，一般情况下，垫层的分层铺填厚度可取200～300 mm。

4. 含水率控制

为获得最佳夯压效果，宜采用垫层材料的最佳含水率 w_{op} 作为施工控制含水率，对于素土和灰土，现场可控制在最佳含水率 w_{op}±2%的范围内。最佳含水率可通过击实试验确定，也可按当地经验取用。

5. 铺前应先验槽

基坑内浮土应清除，边坡必须稳定，防止塌土。基坑（槽）两侧附近如有古井、古墓、洞穴、旧基础、暗坑等软硬不均的部位时，应根据要求先行处理，并经检验合格后，方可铺填垫层。

6. 避免软弱土层结构扰动

垫层下卧层为淤泥或淤泥质土时，因其有一定的结构强度，一旦被扰动则强度大大降低，变形大量增加，影响到垫层及建筑的安全使用，通常的做法是：开挖基坑时应预留厚约 300 mm 的保护层，待做好铺填垫层的准备后，对保护层挖一段随即用换填材料铺填一段，直到完成全部垫层，以保护下卧软土层不被破坏。

下垫层底面宜设在同一高程上，如深度不同，基坑底土面应挖成阶梯或斜坡搭接，并按先深后浅的顺序进行垫层施工，搭接处应夯压密实。

素土及灰土垫层分段施工时，不得在柱基墙角及承重窗间墙下接缝，上下两层的缝距不得小于 500 mm，接缝处应夯压密实，灰土应拌和均匀并应均匀铺填夯压，灰土夯实后 3 天内不得受水浸泡。

垫层竣工后，应及时进行基础施工与基坑回填。

6.2.4 质量检验

垫层质量检验包括分层施工质量检查和工程质量验收。

（1）分层施工的质量以达到设计要求的密度要求为标准。一般来讲，砂垫层的干重度，中砂 $\geqslant 16 \text{ kN/m}^3$，粗砂根据经验应适当提高；废渣垫层表面应坚实、平整，无明显缺陷，压陷差 <2 mm；灰土垫层的压实系数一般应达 $0.93 \sim 0.95$。

（2）对素土、灰土和砂垫层可用贯入仪检验垫层质量，对砂垫层也可用钢筋检验，并均应通过现场试验以控制压实系数所对应的贯入度为合格标准。压实系数可用环刀法或其他方法。

（3）测点布置，对于整片垫层，面积 $\leqslant 300 \text{ m}^2$ 时，环刀法为 $50 \sim 100 \text{ m}^2$ 布置一个，贯入法为 $20 \sim 30 \text{ m}^2$ 布置一个，用于条形基础下垫层，参照整片垫层要求且满足：环刀法每 20 m 至少布置一个，贯入法每 10 m 至少布置一个。对于单独基础下垫层，参照整片垫层要求，且不少于 2 个。

土垫层工程质量验收方式可以通过载荷试验进行，在有充分试验依据时，也可采用标准贯入试验或静力触探试验。当有成熟试验表明通过分层施工质量检查已满足工程需要时，也可不进行工程质量的整体验收。

6.3 预压法

6.3.1 预压法的原理及适用范围

预压法是指在建（构）筑物建造前，先在拟建场地上一次性施加或分级施加荷载，使土体中孔隙水排出，孔隙体积变小，土体沉降固结，土体的抗剪强度增加，地基承载力和稳定性提高，土体的压缩性减小，经过一段时间后，地基的固结沉降基本完成或大部分完成，再将预压荷载卸去，这是建造建（构）筑物的一种地基处理方法。

预压法以事先预测的固结沉降和由于固结使地基强度增长为目标，预压法施工以前，应查明土层在水平和竖直方向上的分布和变化，以及透水层的位置和水源补给条件等，应通过土工试验确定土的固结系数、孔隙比和固结压力的关系曲线及三轴和原位十字板的抗剪强度指标等资料。

为了改变地基原有的排水边界条件，增加孔隙水排出的通道，缩短排水距离，加速地基土的固结，常在地基土中设置竖向排水体和水平向排水体，常见竖向排水体有砂井袋装砂井、塑料排水板等；常用水平向排水体有砂垫层。

施加的荷载主要是使土中孔隙水产生压差而渗流使土固结，常用的方法有堆载法、真空法、降低地下水位法、联合法等。

通常堆载预压有两种情况：①在建筑物建造以前，在场地先进行堆载预压，待建筑物施工时再移去预压荷载。堆载预压减小建筑物沉降的原理如图6-3所示，如不先经预压直接在场地建造建筑物，则沉降—时间曲线为a，其最终沉降量为S_f。经过堆载预压，建筑物使用期间的沉降—时间曲线为b，其最终沉降量为S_f'，可见，通过预压，建筑物使用期间的沉降大大减小；②超载预压。在预压过程中，将一超过使用荷载p_f的超载p_s先加上去，将沉降满足要求后，将超载移去，再建造建筑物，如图6-4所示，这样建（构）筑物的沉降S_f将缩小。

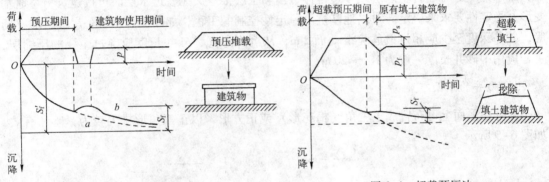

图6-3 堆载预压法　　　　　图6-4 超载预压法

预压法是处理黏土地基的有效方法之一，适用于淤泥、淤泥质土和冲填土等饱和黏性土的地基处理，也可用于可压缩粉土、有机质黏土和泥炭土地基等，预压法已成功地应用于码头、堆场、道路、机场跑道、油罐、桥台、房屋建筑等对沉降和稳定性要求比较高的建筑物地基。

6.3.2 砂井预压法

砂井预压法是在软弱地基中设置砂井作为竖向排水通道，并在砂井顶部设置砂垫层作为水平排水通道，在砂垫层上部压载以产生超静水压力，使土体中孔隙水较快地通过砂井砂垫层排出，以达到加速土体固结，提高地基土强度的目的。

1. 砂井的构造和布置

1) 砂井的直径和间距

砂井的直径和间距主要取决于黏性土层的固结特性和工期要求，因缩小井距要比增大砂井直径更有利于加速土层的固结，原则上以"细而密"为布置方案，井径不宜过大或小，过大不经济，过小则施工中易造成灌砂率不足，缩颈或砂井不连续等质量问题，工程上常用的普通砂井直径为30～50cm，袋装砂井直径为7～10cm，塑料排水常可按式（6-7）进行当量换算直径。砂井的间距通常可按井径比 n（$n=d_e/d_w$，d_w 为砂井的直径，d_e 为每个砂井的有效影响范围的直径，确定普通砂井的间距可按 $n=6\sim8$ 选用，一般取 $2\sim4\,\mathrm{m}$，袋装砂井或塑料排水带的间距可按 $n=15\sim20$ 选用，一般取 $1\sim1.5\,\mathrm{m}$。

$$D_p = a \times \frac{2(b+\delta)}{\lambda} \tag{6-7}$$

式中：D_p——塑料排水带当量换算直径；
　　　a——换算系数。无试验资料时可取 $a=0.75\sim1.00$；
　　　b——塑料排水带宽度；
　　　δ——塑料排水带厚度。

2）砂井的长度

砂井长度的选择和土层分布、地基中附加应力大小、地基变形和稳定性要求及工期等因素有关。当软黏土层不厚时，排水井应贯穿软黏土层，软黏土层较厚但间有砂层或砂透镜体时，排水井应尽可能打至砂层或砂透镜体，当黏土层很厚又无砂透水层时可接建筑物对地基变形及稳定性要求来决定。对以地基抗滑稳定性控制的工程，如路堤、土坝、岸坡、堆料场等，砂井深度至少应超过最危险滑动面 $2\,\mathrm{m}$，从沉降考虑，砂井长度应穿过主要的压缩层，工程应用中砂井长度一般为 $10\sim20\,\mathrm{m}$。

3）砂井的平面布置

砂井在平面上可布置成正三角（梅花形）或正方形，以正三角形排列较为紧凑和有效，如图 6-5 所示。

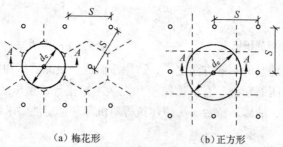

（a）梅花形　　（b）正方形

图 6-5　砂井平面布置及影响范围土柱体剖面

一根砂井的有效排水圆柱体的直径 d_e 和井间距 S 的关系如下。

正三角形布置：　　$d_e=1.05S$

正方形布置：　　$d_e=1.13S$

砂井的布置范围一般比建筑物基础范围稍大为好。因为基础以外一定范围内地基中仍然产生由于建筑物荷载所引起的压应力和剪应力，如能加速基础处地基土的固结，对提高地基的稳定性和减小侧向变形及由此引起的沉降均有好处，扩大的范围可由基础的轮廓线向外增大约 $2\sim4\,\mathrm{m}$。

4）砂垫层

在砂井顶面应铺设排水砂垫层，以连通各个砂井形成通畅的排水面，将水排到场地以外。砂垫层厚度宜大于 $400\,\mathrm{mm}$，水下施工时，砂垫层厚度一般为 $1\,000\,\mathrm{mm}$ 左右，为节省砂料，也可采用连通砂井的纵横砂沟代替整片砂垫层，砂沟的高度一般为 500～1 000 mm，砂沟的宽度取砂井直径的 2 倍。

2. 施工要点

1）砂井施工工艺

砂井施工工艺如图 6-6 所示。

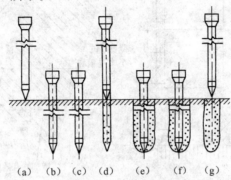

图 6-6 砂井施工工艺图

(a) 桩机就位，桩尖插在标桩上；(b) 打设到设计深度；(c) 灌注砂子；(d) 拔起桩管，活瓣桩尖张开，砂留在桩孔内；(e) 将桩管再次打到设计深度；(f) 灌注砂子；(g) 拔起桩管完成扩大砂井。

2）砂料的选择

砂井的选择应尽可能选用渗透性好的砂料，以减小砂井阻力的影响，一般宜选用含泥量小于 3% 的中粗砂或矿渣，但渗透系数不得小于 10^{-2} cm/s。

垫层的砂料宜采用透水性好的中砂，其含泥量不得大于 4%，砂砾垫层的干密度宜大于 1.5 t/m³，其渗透系数不宜小于 10^{-2} cm/s。

3）质量控制

(1) 应保证达到要求的灌砂密实度，自上而下保持连续，不出现颈井，且不扰动砂井周围土的结构；砂井的长度、直径和间距应满足设计要求；砂井的位置的允许偏差为该井的直径，垂直度的允许偏差为 1.5%，其实际灌砂量不得小于计算的 95%，对灌砂量未达到设计要求的砂井，应在原位将桩管打入、灌砂、复打一次。

(2) 施工期间应进行现场测试。

① 边桩水平位观测。主要用于判断地基的稳定性，决定安全的加荷速率，要求边桩位移速率应控制在 3～5 mm/d。

② 地面沉降观测。主要控制地面沉降速度，要求最大沉降速率不宜超过 10 mm/d。

③ 孔隙水压力观测。用于计算土体固结度、强度及强度增长，分析地基的稳定，从而控制堆载速度，防止堆载过多、过快而导致地基破坏。

6.3.3 真空预压法

真空预压法是先在需加固的软土地基表面铺设砂垫层，然后埋设垂直排水管道，再用不透气的封闭膜使其与大气隔绝,通过砂垫层内埋设的吸水滤管。用真空装置进行抽气,并保持较高的真空度,在土的孔隙水中产生负的孔隙水压力,使土体内部与排水通道、垫层之间形成压差,将土体中的孔隙水和空气逐渐吸出,使土体固结,如图 6-7 所示。真空预压法是以大气压作为预压荷载的。

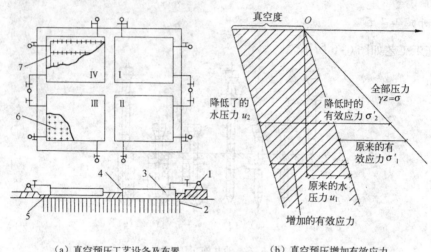

(a) 真空预压工艺设备及布置　　　　(b) 真空预压增加有效应力

图 6-7　真空预压法

1—真空装置；2、6—袋装砂井；3—砂垫层；4—封闭膜；5—回填沟槽；7—膜下管道

真空预压法最早由瑞典皇家地质学院 W. Kjellman 教授于 1952 年提出,但一直未能很好地用于实际工程。我国自 1980 年起,由天津大学与交通部第一航务工程局结合实际工程进行了大规模的现场和室内试验研究,膜下真空度达到 80～95 kPa（610～730 mmHg）,在天津新港、连云港碱厂等近 300 万 m^2 工程中成功使用。就单块薄膜面积达 3 000 m^2 的加固场地,历时 40～70 天,固结度达 80%,承载力可提高 3 倍,目前我国的真空预压技术在真空度和大面积加固方面处于国际领先地位。

1. 真空预压法的特点及适用范围

(1) 设备及施工工艺简单,省略了加载、卸载工序,缩短了预压时间,节省大量原材料、能源和运输能力,无噪声,无振动,无污染,技术经济效果显著。

(2) 在真空预压过程中,加固体内外大气压差、孔隙水的渗透方向、渗透引起的附加应力等均指向被加固土体,所引起的侧向变形也指向被加固土体,真空预压可一次施加,地基不会发生剪切破坏而引起的地基失稳,可有效缩短排水固结时间。

(3) 真空法所产生的负压使地基土酌孔隙水加速排出,可缩短固结时间,同时由于孔隙水排出,地下水位降低,由渗流力和降低水位引起的土中有效自重应力也随之增大,提高了加固效果,并且负压可通过管路达到任何场地,适应性强。

(4) 适用于饱和均质黏性土及含薄层砂夹层的黏性土,特别适用于新淤填土、超软土地基的加固。

2. 真空预压法施工

(1) 工艺流程。为保证地基在极短的预压时间内达到加固效果,一般真空预压和竖向排水体联用，其工艺流程如下：

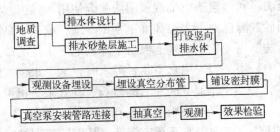

(2) 水平向分布滤管的埋设。一般采用条形或鱼刺形两种排列方法，如图6-8所示。铺设距离要适当，使真空度分布均匀，管上部位覆盖100～200mm厚的砂层。

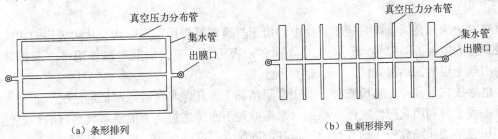

图6-8 真空分布管排列

(3) 密封膜的施工是真空预压法的成败关键之一，一般采用2～3层密封膜，按先后顺序同时铺设，并于加固区四周离基坑线外缘2m开挖深0.8～0.9m的沟槽，将膜的周边放入沟槽内，用黏土或粉质黏土回填压实，要求气密性好，即密封不漏气，或采用板桩覆水封闭（图6-9），其中以膜上全面覆水较好，既增强密封性又可减缓密封膜的老化。

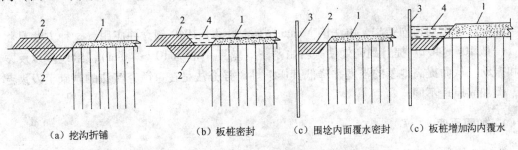

图6-9 薄膜周边密封的方法
1-密封膜；2-填土压实；3-钢板桩；4-覆水

(4) 质量控制。真空分布管的距离要适当，使真空度分布均匀，包管膜渗透系数不小于10^2cm/s，真空泵及膜内真空度应达到96kPa和73kPa以上的技术要求，地表总沉降应符合一般堆载预压时的沉降规律。如发现异常应及时采取措施，以免影响最终加固效果。

6.3.4 其他预压法

1. 降水预压法

降水预压法是通过降低地下水位，使降水范围内计算土的自重应力所用的重度由浮重度变为饱和重度，由此增加了土的有效固结应力，使土层固结变形，土的性质得到改善。

降低地下水位预压法可和真空法或堆载预压法联合使用，其工程效果更好，如河北某化肥厂尿素散装仓库采用砂井降低地下水位和堆土预压处理，取得了良好效果。

降低地下水位预压法适用于软土地基上部易于降低地下水位的砂或砂质土，不适宜在渗透性比较小的软土地基中采用，当应用真空装置降水时，地下水位大约能降低 6 m 左右，预压荷载可达 60 kPa 左右，相当于堆高 3 m 左右的砂石，其效果是很可观的。

降水预压法无需堆载，而且降水预压使土中孔隙水压力降低，渗流附加力指向固结区，所以不会使土体产生破坏，可一次降水至预定深度，从而缩短固结时间，但降水预压可能会引起相邻建筑物间的附加差异沉降，施工时必需高度重视。

2. 电渗法

在土中插入金属电极并通以直流电，由于直流电场作用，土中水会从阳极流向阴极，这种现象称为电渗。如果将水从阴极排除而在阳极不予补充，借助电渗作用可逐渐排除土中水，引起土层的固结沉降。

电渗法在饱和粉土和粉质黏土、正常固结黏土及孔隙水电解浓度低的情况下非常经济有效，工程中可利用它降低黏性土中的含水率或地下水位来提高土坡或基坑边坡的稳定性，也可利用它来加速堆载预压饱和黏性土地基的固结、提高强度等。

6.4 强夯法

6.4.1 强夯法的原理及适用范围

强夯法又称动力固结法，由法国 Menard 技术公司于 1969 创立并应用。这种方法是将重锤（一般 10～40 t）提升到高处使其自由落下（落距一般为 10～40 m），给地基以反复冲击和振动，从而提高地基的强度并降低其压缩性，强夯法是在重锤夯实法的基础上发展起来的，但加固原理不同。

1. 加固原理

夯锤自由下落产生巨大的强夯冲击能量，使土中产生很大的应力和冲击波，致使土中孔隙压缩，土体局部液化，夯击点周围一定深度内产生裂隙，形成良好的排水通道，使土中的孔隙水（气）溢出，土体固结，从而降低土的压缩性，提高地基的承载力。据资料显示，经过强夯的黏性大，其承载力可增加 100%～300%，粉砂可增加 40%，砂土可增加 200%～400%。强夯加固土体的主要作用如下。

（1）密实作用。强夯产生的冲击波作用破坏了土体的原有结构，改变了土体中各类孔隙的分布状态及相对含量，使土体得到密实。另外，土体中多含有以微气泡形式出现的气体，其含量约为 1%～4%，实测资料表明，夯击使孔隙水和气体的体积减小，土体得到密实。

（2）局部液化作用。在夯锤反复作用下，饱和土中将引起很大的超孔隙水压力，随着夯击次数的增加，超孔隙水压为也不断提高，致使土中有效应力减少。当土中某点的超孔隙水压力等于上覆的土压力时,土中的有效应力完全消失,土的抗剪强度降为零,土体达到局部液化。

(3) 固结作用。强夯时在地基中产生的超孔隙水压力大于土粒间的侧向压力时,土粒间便会出现裂隙,形成排水通道,增大了土的渗透性,孔隙水得以顺利排出,加速了土的固结。

(4) 触变恢复作用。经过一定时间后,由于土颗粒重新紧密接触,自由水又重新被土颗粒吸附而变成结合水,土体又恢复并达到更高的强度,即饱和软土的触变恢复作用。

(5) 置换作用。利用强夯的冲击力,强行将碎石、石块等挤填到饱和软土层中,置换原饱和软土,形成桩柱或密实砂、石层,与此同时,该密实砂石层还可作为下卧软弱土的良好排水通道,加速下卧层土的排水固结,从而使地基承载力提高,沉降减小。

2. 适用范围

强夯法适用于处理碎石土、砂土、粉土、黏性土、杂填土和素填土等地基,它不仅能提高地基土的强度,降低土的压缩性,还能改善其抗振动液化的能力和消除土的湿陷性,所以还用于处理可液化砂土地基和湿陷性黄土地基等。但对于饱和软黏土地基,如淤泥和淤泥质土地基,强夯处理效果不显著,应慎重选用。

6.4.2 设计要点

强夯法设计的主要参数为:有效加固深度,夯击能,夯击次数,夯击遍数,间隔时间,夯击点布置和处理范围等。

1. 有效加固深度

强夯的有效加固深度影响因素很多,有锤重、锤底面积和落距,还有地基土层性质、分布,地下水位以及其他有关设计参数等。强夯法的有效加固深度应根据现场试夯或当地经验确定。也可用下式估算:

$$H = K\sqrt{\frac{Wh}{10}} \tag{6-8}$$

式中:H——有效加固深度/m;

W——锤重/kN;

h——落距/m;

K——修正系数。与土质条件、地下水位、夯击能大小、夯锤底面积等因素有关,其范围值一般为 0.34~0.8,应根据现场试夯结果确定。

2. 夯击能

单击夯击能是表示每击能量大小的参数,其值等于锤重和落距的乘积,目前我国采用的最大单击夯击能为 800 kN·m,国际上曾经用过的最大单击夯击能为 5 000 kN·m,加固深度达 40 m。

单位夯击能指单位面积上所施加的总夯击能。根据我国的工程实践,一般情况下,对于粗颗粒土单位夯击能可取 1 000 ～ 3 000 kN·m/m², 细颗粒土为 1 500 ～ 4 000 kN·m/m²。

3. 夯击次数

不同地基土夯击次数也应不同,一般应通过现场试夯确定。以夯坑的压缩量最大、夯坑周围隆起量最小为原则,可以现场试夯得到的锤击数和夯沉量关系曲线确定。但要满足最后夯击的平均夯沉量不大于 50 mm, 当单击夯击能量较大时不大于 100 mm, 且夯坑周围地面不发生过大的隆起。此外还要考虑施工方便,不能因夯坑过深而发生起锤困难的情况。

4. 夯击遍数与间歇时间

夯击遍数应根据地基土的性质来确定。一般来说,由粗颗粒土组成的渗透性强的地基,夯击遍数可少些;由细颗粒土组成的渗透性低的地基,夯击遍数要求多些。根据我国工程实践,一般情况下,采用夯击遍数 2 ～ 3 遍,最后再以低能量满夯一遍。

两遍夯击之间有一定的时间间隔,以利于土中超静孔隙水压力的消散,所以间隔时间取决于超静孔隙水压力的消散时间。当缺少实测资料时,可按 3 ～ 7 d 考虑(适应条件是:饱和软黏土地基中夹有多层粉砂或采用在夯坑中回填块石、碎砾石、卵石等粒料进行强夯置换时)。对于渗透性较差的黏性土,地基的间隔时间应不少于 3 ～ 4 周;对于渗透性好的地基则可连续夯击。

5. 夯击点布置及范围

夯击点布置可根据建筑结构类型,采用等边三角形或正方形布点,间距以 5 ～ 7 m 为宜。对于某些基础面积较大的建(构)筑物,可按等边三角形或正方形布置夯点;对于办公楼、住宅建筑来说,则承重墙及纵墙和横墙交接处墙基下均有夯击点;对于工业厂房来说也可按柱网设置夯击点。

夯击点间距一般根据地基土的性质和要求加固的深度而定。根据国内经验,第一遍夯击时夯击点间距一般为 5 ～ 7 m, 以后各遍夯击点间距可与第一遍相同,也可适当减小。对要求加固深度较深或单击夯击能较大的工程,第一遍时夯击点间距宜适当增大。

强夯处理范围应大于建筑物基础范围,具体放大范围可根据建筑结构类型和重要性等因素综合考虑确定。对于一般建筑物,每边超出基础外缘宽度宜为设计处理深度的 1/2 ～ 2/3, 并不宜小于 3 m。

6.4.3 施工过程

为使强夯加固地基得到预想的效果,强夯法施工应按正式的施工方案及试夯确定的技术参数进行。

1. 施工步骤

(1) 清理并平整施工场地,标出第一遍夯点位置并测量场地高度。
(2) 起重机就位,使夯锤对准夯点位置,测量夯前锤顶高程。
(3) 将夯锤起吊到预定的高度,待夯锤脱钩自由下落后,放下吊钩,测量锤顶高程。

若发现因坑底倾斜而造成夯锤歪斜时,应及时将坑底垫平。

(4) 重复(3),按设计规定的夯击次数及控制标准,完成一个夯点的夯击。

(5) 重复(2)~(4),完成第一遍全部夯点的夯击。

(6) 用推土机将夯坑填平,并测量场地高度,停歇规定的间歇时间,使土中超静孔隙水压力消散。

(7) 按上述步骤逐遍完成全部夯击遍数,最后用低能量满夯将场地表层松土夯实,并测量夯后场地高度。

2. 强夯过程的记录及数据

(1) 每个夯点的每击夯沉量、夯坑深度、开口大小、夯坑体积、填料量都需记录。

(2) 场地隆起、下沉记录,特别是邻近有建(构)筑物时需详细记录。

(3) 每遍夯后场地的夯沉量、填料量记录。

(4) 附近建筑物的变形检测。

(5) 孔隙水压力增长,消散检测,每遍或每批夯点的加固效果检测,为避免时效影响,最有效的是检验干密度,其次为静力触探,以便及时了解加固效果。

(6) 满夯前应根据设计基底高程考虑夯沉预留量并平整场地,使满夯后接近设计高程。

(7) 记录最后两击的贯入度,看是否满足设计或试夯要求值。

3. 施工注意事项

(1) 强夯的施工顺序是先深后浅,即先加固深层土,再加固中层土,最后加固浅层土。

(2) 在饱和软黏土场地上施工,为保证吊车的稳定,需铺设一定厚度的粗粒料垫层,垫层料的粒径不应大于10 cm,也不宜用粉细砂。

(3) 注意吊车、夯锤附近人员的安全。

6.4.4 质量检验

1. 检验的数量

强夯地基检验的数量应根据场地的复杂程度和建筑物的重要性来决定。对于简单场地上的一般建筑物,每个建筑物地基的检验点不少于3处。对于复杂场地,应根据场地变化类型,每个类型不少于3处,强夯面积超出1 000 m² 以内应增加1处。

2. 检验的时间

经强夯处理的地基,其强度是随着时间增长而逐步恢复和提高的。因此,在强夯施工结束后应间隔一定时间方能对地基质量进行检验,其间隔时间可根据土的性质而定。时间越长,强度增长越高。一般对于碎石和砂土地基,其间隔时间可取1~2周,对于低饱和度的粉土和黏性土地基可取2~4周。对于其他高饱和度的土,测试间隔时间还可适当延长。

3. 检验方法

宜根据土性选用原位测试和室内土工试验方法。一般工程应采用两种或两种以上的方法进行检验，对于重要工程应增加检验项目。

检查强夯施工过程中的各种测试数据和施工记录，以及施工后的质量检验报告，不符合设计要求的，应补夯或采用其他有效措施。

6.5 挤密桩法

挤密桩法是以振动、冲击或带套管等方法成孔，然后向孔中填入砂、碎石、土或灰土、石灰、渣土或其他材料，再加以振实成桩并且进一步挤密桩间土的方法，其加固原理一方面是施工过程中挤密振密桩间土，另一方面桩体与桩间土形成复合地基。挤密桩按填料类别可分为土或灰土桩、石灰桩、碎（砂）石桩、渣土桩等；按施工方法可分为振冲挤密桩、沉管振动挤密桩和爆破挤密桩等。

6.5.1 土或灰土挤密桩法

土桩或灰土桩是用沉管、冲击或爆破等方法在地基中挤土，形成直径为 28～60 cm 的桩孔，然后向孔内夯填素土或灰土（灰土是将不同比例的消石灰和土掺和）形成的。成孔时，成孔部位的土被侧向挤出，从而使桩间土得到挤密；另一方面，对灰土桩而言，桩体材料石灰和土之间产生一系列物理和化学反应，凝结成一定强度的桩体。桩体和桩间挤密土共同组成人工复合地基。

土或灰土挤密桩法适用于处理地下水位以上的湿陷性黄土、素填土和杂填土等地基，处理深度宜为 5～15 cm。当以消除地基的湿陷性为主要目的时，宜选用土挤密桩法；当以提高地基的承载力或水稳定性为主要目的时，宜选用灰土挤密法。当地基土的含水率大于 23% 及其饱和度大于 0.65 时，桩孔可能缩颈和出观回淤问题，挤密效果差，也较难施工，故不宜使用此方法加固地基。

土桩挤密法是前苏联阿别列夫教授 1934 年首创的。我国自 20 世纪 50 年代中期开始在西北地区试用，20 世纪 60 年代中期成功地创造了具有中国特色的灰土桩挤密法，目前灰土桩挤密法已成功地用于 50 m 以上的高层建筑的地基处理，有的处理深度已超过 15 m。土或灰土挤密桩法已成为我国黄土地区建筑地基处理的主要方法之一。

6.5.2 石灰桩

石灰在我国至少有 4 000 多年的生产历史，是一种古老的建筑材料，用石灰加固软弱地基已有两千年历史，著名的长城、西藏佛塔、北京御道、漳州民居、古罗马的加音亚军用大道等地基都采用石灰加固，据文献记载，我国是研究应用石灰桩最早的国家。

石灰桩是指采用机械或人工在地基中成孔，然后灌入生石灰块或按一定比例加入粉煤灰、炉渣、火山灰等掺和料及少量外加剂进行振密或夯实而形成的桩体，石灰桩与经改良的桩固土共同组成石灰桩复合地基，以支承上部建筑物。石灰桩法适用加固杂填土、素填土和黏性土地基，有经验的也可用于粉土、淤泥和淤泥质土地基。一般加固深度从几十米到十几米，在日本其加固深度已达 60 m，成桩直径达 800～1 750 mm。石灰桩不适用地下永位下的砂类土。

石灰桩既有别于砂桩、碎石桩等散体材料桩，又与混凝土桩等刚性桩不同，其主要特点是在形成桩身强度的同时也加固了桩间土。

按用料和施工工艺不同，石灰桩分为以下3类。

（1）石灰块灌入法。石灰块灌入法采用钢套管成孔，然后在孔中灌入新鲜生石灰块或在生石灰中掺入适量水硬性粉煤灰和火山灰，一般经验的配合比为8∶2或7∶3。在拔管的同时进行振密和捣密，利用生石灰吸收桩间土体的水分进行水化反应，此时，生石灰的吸水膨胀、发热及离子交换作用使桩间土体的含水率降低，孔隙比减小，土体挤密和桩柱体硬化，桩和桩间土共同承担外荷载，形成一种复合地基。

（2）粉灰搅拌法。粉灰搅拌法是粉体喷射搅拌法的一种，通常搅拌机将石灰粉加固料与原位软土搅拌均匀，促使软土硬结，形成石灰土桩。

（3）石灰浆压力喷注法。石灰浆压力喷注法采用压力将石灰浆或石灰—粉煤灰（二灰）浆喷射注于地基土的孔隙内或预先钻的桩孔内，使灰浆在地基土中扩散和硬凝，形成不透水的网状结构层，从而达到加固的目的。

6.5.3 碎（砂）石桩法

1. 加固原理及适用范围

碎石桩和砂桩总称碎（砂）石柱，又称粗颗粒土桩，是指用振动、冲击或水冲等方式在软弱地基中成孔后，再将碎石或砂挤压入已成孔中，形成大直径的碎（砂）石所构成的密实桩体。

碎（砂）石桩的加固作用主要如下。

（1）挤密作用。当采用沉管法或干振法施工时，由于在成桩道程中桩管对周围砂层产生很大的横向挤压力，桩管中的砂挤向桩管周围的砂层，使桩管周围的砂层孔隙比减少，密实度增大，这就是挤密作用，有效挤密范围可达3～4倍桩直径。

（2）排水作用。碎（砂）石桩在地基中形成渗透性良好的人工竖向排水减压通道，有效地消散和防止超孔隙水压力的增高和砂土产生液化，并可加快地基的排水固结。

（3）置换作用。用黏性土地基（特别是饱和软土）中以良好性能的碎（砂）石来替换不良的地基土，使地基中密实度高和直径大的桩体与原黏性土构成复合地基，共同承担上部荷载。

（4）垫层作用。若软弱土层厚度不大，则桩体可贯穿整个软弱土层，直达相对硬层，此时桩体在荷载作用下主要起应力集中的作用，从而使软土负担的压力相应减少。如果软弱土层较厚，则桩体可不贯穿整个软弱土层，此时加固的复合土层起垫层的作用，垫层将荷载扩散，使应力分布趋于均匀。

（5）加筋作用。碎石桩作为复合地基，除了提高地基承载力、减少地基沉降外，还具有提高土体的抗剪强度，增大坡的抗滑稳定性的筋体作用。

此外，对松散砂土进行振冲法施工，使填料和地基土在挤密的同时获得强烈的预震，增强了砂土的抗液化能力。

碎（砂）石桩适用于处理松散砂土、素填土、杂填土、粉土等地基，对于饱和软黏土地基，必须通过试验确定其适用性。

2. 设计要点

（1）地基加固范围应根据建筑物的重要性和场地条件及基础形式而定，通常要大于基底面积，一般地基应比基础外缘扩大 1～2 排；可液化地基则应比基础外缘扩大 2～4 排桩。

（2）桩位布置。对大面积满深基础，宜用等边三角形布置；对独立或条形基础，桩位宜用正方形、矩形或等腰三角形布置；对于圆形或环形基础，宜用放射形布置，如图 6-10 所示。

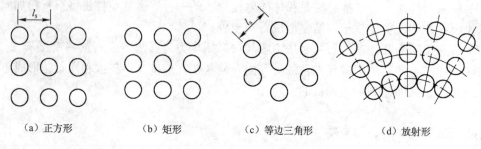

(a) 正方形　　　　(b) 矩形　　　　(c) 等边三角形　　　　(d) 放射形

图 6-10　桩位布置

（3）桩长的确定。当相对硬层的埋藏深度不大时，应按相对硬层埋藏深度确定；当相对硬层的埋藏深度较大时，按建筑物地基的变形允许值确定。桩长不宜短于 4 m。在可液化的地基中，桩长应按要求的抗震处理深度确定。

（4）桩径应根据地基土质情况和成桩设备等因素确定。当采用振冲器成桩时，一般桩径为 70～100 cm；采用沉管法成桩时，一般桩径为 30～70 cm。对饱和黏性土地基，宜选用较大的直径。

（5）桩体材料可用中粗泥合砂、碎石、卵石、砾砂石等，含泥量不大于 5%。对于碎石，常用粒径为 2～5 cm，一般不大于 8 cm。

（6）碎（砂）石桩施工完毕，基础底面应铺设 20～50 cm 厚度的碎（砂）石垫层。

（7）桩距的计算。松散粉土和砂土中打入碎（砂）石桩，假定起到 100% 挤密效果，则桩距确定公式如下。

等边三角形布置时：

$$l_s = 0.95d \sqrt{\frac{1+e_0}{e_0-e_1}} \tag{6-9}$$

正方形布置时：

$$l_s = 0.90d \sqrt{\frac{1+e_0}{e_0-e_1}} \tag{6-10}$$

$$e_1 = e_{\max} - D_{r1}(e_{\max} - e_{\min}) \tag{6-11}$$

式中：　l_s——碎（砂）石桩距；

　　　　d——碎（砂）石桩直径；

　　　　e_0——地基处理前砂土的孔隙比，可按原状土样试验确定，也可根据动力或静力触探等对比试验确定；

e_1——地基处理后要求达到的孔隙比；

e_{max}、e_{min}——砂土的最大、最小孔隙比；

D_{r1}——地基挤密后要求砂土达到的相对密实度，可取 0.70～0.85。

黏性土地基可根据式（6-12）或式（6-13）计算。

等边三角形布置时：

$$l_s = 1.08\sqrt{A_e} \qquad (6-12)$$

正方形布置时：

$$l_s = \sqrt{A_e} \qquad (6-13)$$

$$A_e = \frac{A_p}{m} \qquad m = \frac{d^2}{d_e^2} \qquad (6-14)$$

式中：A_e——每根砂石桩承担的处理面积；

A_p——砂石桩的截面积；

m——面积置换率；

d_e——等效影响直径。砂桩等边三角形布置，$d_e = 1.05l_s$，砂桩正方形布置，$d_e = 1.13l_s$。

(8) 承载力计算。由于碎（砂）石桩体均由散体颗粒组成，其桩体的承载力主要取决于桩间土的侧向约束能力，对这类桩最可能的破坏形式为桩体的鼓胀破坏，如图 6-11 所示。

砂桩加固软弱土的地基属于复合地基，复合地基理论的最基本假设为桩与土的协调变形，设计中一般不考虑桩的负摩阻力及群桩效应问题。计算中设有砂桩的复合地基的路堤整体抗剪稳定安全系数时，复合地基内滑动面上的抗剪强度采用复合地基抗剪强度 τ_{ps}，该强度可按下式计算：

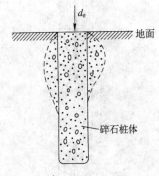

图 6-11 桩体的鼓胀破坏形式

$$\tau_{ps} = \eta\tau_p + (1-\eta)\tau_s \qquad (6-15)$$

$$\tau_p = \sigma\cos\alpha\tan\varphi_c \qquad (6-16)$$

$$\eta = 0.907\left(\frac{d}{l_s}\right)^2 \qquad (6-17)$$

$$\eta = 0.785\left(\frac{d}{l_s}\right)^2 \qquad (6-18)$$

式中：σ——滑动面处桩体的竖向应力；

φ_c——桩的内摩擦角。桩料为碎石时可取 38°，为砂砾时可取 35°；

η——桩对土的置换率。桩在平面上按等边三角形布置时，按式（6-17）计算确定，按正方形布置时，按式（6-18）计算确定；

τ_p——桩的抗剪强度/kPa；

τ_s——地基土抗剪强度/kPa；

d、l_s——桩的直径和桩间距/m。

(9) 沉降计算。在砂桩桩长深度内地基的沉降 s_z 按下式计算：

$$s_z = \mu_s s \tag{6-19}$$

$$\mu_s = \frac{1}{1 + m(n-1)} \tag{6-20}$$

式中：μ_s——桩间土折减系数；

n——桩土应力比，宜经试验工程确定。无资料时，n 可取 $2 \sim 5$；当桩底土质好、桩间土质差时取高值，否则取低值；

m——面积置换率；

s——砂桩桩长深度内原地基的沉降。

3. 施工方法

目前，碎（砂）石桩施工方法多种多样，本书仅介绍振冲法和沉管法。

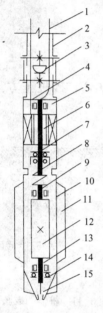

图 6-12 振冲器构造

1-水管；2-吊管；3-活节头；
4-电动机垫板；5-潜水电动机；
6-转子；7-电动机轴；8-联轴节；
9-空心轴；10-壳体；11-翼板；12-偏心体；
13-向心轴承；14-推力轴承；15-射水管

1）振冲法

振冲法以起重机吊起振冲器（图 6-12），启动潜水电动机后，带动偏心块，使振冲器产生高频振动，同时开动水泵，使高压水通过喷嘴喷射高压水流，在边振边冲的联合作用下，将振冲器沉到土中的设计深度。经过清孔后，就可以从地面向孔中逐段填入碎石，每段填料均在振动作用下被振挤密实，达到所要求的密实度，之后提升振冲器。如此重复填料和振密，直至地面，从而在地基中形成一根大直径的密实的桩体。

振冲挤密法一般施工过程如下（图 6-13）：

(1) 振冲器对准桩位。

(2) 振冲成孔。

(3) 将振冲器提出孔口，向桩孔内填料。

(4) 将振冲器再放入孔内，将石料压入桩底振密。

(5) 连续不断向孔内填料，边填边振，达到"密实电流"后，将振冲器缓慢上提，继续振冲，达到"密实电流"后，再上提。如此反复，直至整根桩完成。

2）沉管法

沉管法最初主要用于制作砂桩，近年开始用于制作碎石桩，属于干法施工。按成桩工艺可分为振动成桩法（含一次拔管法、逐步拔管法、重复压拔管法 3 种）和锤击成桩法（含单管法和双管法两种）两类。图 6-14 为双管锤击成桩法。

双管锤击成桩工艺步骤如下。

(1) 桩管垂直就位。

(2) 启动蒸汽桩锤或柴油锤，将内、外管同时打入土层中并至设计高程。

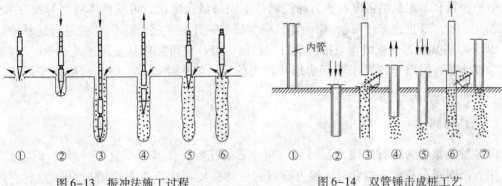

图 6-13 振冲法施工过程　　　　图 6-14 双管锤击成桩工艺
① 定位；② 成孔；③ 到底开始填料；
④ 振制桩柱；⑤ 振制桩柱；⑥ 完成

(3) 拔起内管至一定高度，打开投料口，将砂石料投入外管内。

(4) 关闭投料口，放下内管压在砂石料面上，拔起外管，使外管上端与内管和桩锤接触。

(5) 启动桩锤，锤击内、外管将砂石料压实。

(6) 拔起内管，向外管里加砂石料，每次投料量为两手推车，约 $0.30 m^3$。

(7) 重复步骤 (4)~(6)，直至拔管接近桩顶。

(8) 制桩达到桩顶时，进行锤击压实至桩顶高程，进行封顶。

4. 质量检验

碎（砂）石桩施工结束后，除砂土地基外，应间隔一定时间方可进行质量检验，对黏性土地基，间隔时间为 3~4 周，对粉土地基可取 2~3 周。

常用质量检验方法有单桩载荷试验和动力触探试验，单桩载荷试验可按每 200~400 根桩基，随机抽取一根进行检验，但总数不得小于 3 根。对大型的、重要的或场地复杂的碎（砾）石桩工程，应进行复合地基的处理效果检验，检验点数量可按处理面积大小取 2~4 组。

6.5.4 渣土桩法

渣土桩是指用建筑垃圾、生活垃圾和工业废料形成的无黏结强度的桩。此项技术既可消纳垃圾，又可加固地基，具有显著的社会和经济效益。

渣土桩施工的方法很多，归纳起来，主要有垂直振动法成桩和垂直夯击法成桩两类。另外，对于粒径小的渣土桩，可以在渣土料中加入一定比例的黏结剂，如石灰、水泥等，使桩身黏结强度提高，加固效果更好。

渣土桩在工程实践中已成功应用，具有广阔的前景。

6.5.5 水泥粉煤灰碎石桩

水泥粉煤灰碎石桩简称 CFG 桩，是由碎石石屑、砂石和粉煤灰掺适量水泥，加水拌和形成的一种具有一定黏结强度的桩。通过调整水泥掺量及配比，可使桩体强度等级在 C5 ～ C20 之间变化。20 世纪 80 年代，中国建筑科学研究院开始立项研究 CFG 桩复合地基成套技术，1995 年将其列为国家级重点推广项目。目前，CFG 桩可加固从多层建筑至 30 层以下的高层建筑地基，民用建筑及工业厂房地基均可使用。就土性而言，CFG 桩可用于填土、饱和非饱和黏性土。

1. 桩体材料

CFG 桩的集料为碎石，掺入石屑可填充碎石的孔隙，使其级配良好，对桩体强度起重要作用。相同碎石和水泥掺量时，掺入石屑的桩体强度可比不掺石屑增加 50% 左右。碎石粒径一般为 20 ～ 50 mm；石屑的粒径一般为 2.5 ～ 10 mm。

粉煤灰是燃煤发电厂排出的一种工业废料，既是 CFG 桩中的细集料，又有低强度等级水泥作用，可使桩体具有明显的后期强度。

水泥一般采用强度等级不低于 42.5 的普通硅酸盐水泥。

2. 加固机理

CFG 桩加固软弱地基，桩和桩间土一起通过褥垫层形成 CFG 桩复合地基，如图 6-15 所示。加固软弱地基主要有以下 3 种作用：

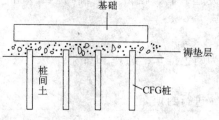

图 6-15　CFG 桩复合地基

（1）桩体作用。CFG 桩体具有一定黏结强度，在荷载作用下桩体的压缩性明显比其周围软土小，基础传给复合地基的附加应力随着地基变形逐渐集中到桩体上，出现明显的应力集中现象，复合地基的 CFG 桩起到了桩体的作用。

（2）挤密作用。施工时，由于振动和挤压作用，使得桩间土得到挤密，加固前后桩间土的物理力学性质明显改善。

（3）褥垫层作用。CFG 桩复合地基的许多特性都与褥垫层有关，因此褥垫层技术是 CFG 桩复合地基的一个核心技术。由级配砂石、粗砂碎石等散体材料组成的褥垫层，可保证桩、土共同承担上部荷载，并有效调整桩、土荷载分担比，减小基础底面的应力集中。通过褥垫层厚度的调整，可以调整桩、土水平荷载的分担比。结合大量的工程实践，褥垫层厚度一般取 10 ～ 30 cm。

3. 施工要点

CFG 桩常用的施工设备及施工方法有：振动沉管灌注成桩，长螺旋钻孔灌注成桩，泥浆护壁钻孔灌注成桩，长螺旋钻孔泵压混合料成桩等。实际工程中振动沉管机成桩施工较多，以下介绍振动成桩工艺。

（1）沉管。桩机进场就位，调整沉管与地面垂直，确保垂直度偏差不大于 1%，启动电机，沉管至预定高程，并做好记录。

（2）投料。混合料按设计配比经搅拌机加水拌和均匀，待沉管至设计高程后尽快投料，直至管内混合料面与钢管料口齐平。

（3）振动拔管。启动马达留振 5 ～ 10 s 开始拔管，拔管速度控制为 1.2 ～ 1.5 m/min 左右，边振动边拔直至地面。当确认成桩符合设计原理后，用粒状材料或湿黏土封顶，然后移机进行下一根桩施工。

（4）施工顺序。应考虑打桩对已打桩的影响，连续施打可能造成桩位被挤偏或缩颈，若采用隔桩跳打，则先打桩的桩径较少发生缩小或缩颈现象。但土质较硬时，在已打桩中间补打新桩，已打桩可能产生被振裂或振断现象。

在软土中，桩距较大可采用隔桩跳打，在饱和的松散粉土中，如桩距较小，不再采用隔桩跳打方案。满堂布桩，无论桩距大小，均不宜从四周向内推进施打。施打新桩时与已打桩间隔时间不应少于7 d。

（5）保护桩长与桩头处理。成桩时应预先设定加长的一段桩长，待基础施工时将其剔掉，即为保护桩长。设计桩顶高程离地表距离不大于1.5 m时，保护桩长可取50～70 cm，上部用土封顶；桩顶高程离地表较大时，保护桩长可设置为70～100 cm，上部用粒状材料封顶直到地表。

CFG桩施工完毕，待桩体达到一定强度，一般需要3～7 d，方可进行基槽开挖，可采用机械和人工开挖方式进行。但人工开挖置留厚度一般不宜小于70 cm。多余桩头需要剔除，凿开桩头。并适当高出桩间土1～2 cm。

（6）铺设褥垫层。褥垫层所用材料多为级配砂石，最大粒径一般不超过3 cm，或粗砂、中砂等。褥垫层厚度一般为10～30 cm，虚铺后多采用静力压实，当桩间土含水率不大时方可夯实。

（7）质量检验。施工前可进行工艺试验，在考查设计的施打顺序和桩距能否保证桩身质量施工过程中，要特别做好施工场地高程观测、桩顶高程观测。对桩顶上升量较大的桩或怀疑发生质量事故的桩要开挖检查。一般施工结束28 d后做桩、土及复合地基的检测，以进行地基加固效果的鉴定。

6.6 化学固化法

化学固化法是指在软土地基中掺入水泥、石灰等，采用喷射、搅拌等方法使其与原土体充分混合，产生固化作用；或把一些具有固化作用的化学浆液（如水泥浆、水玻璃、氧化钙溶液等）灌入地基土体中，以改善土的物理和力学性质的地基处理方法。现介绍几种常用的化学加固方法。

按加固材料的状态，可分为粉体类（如水泥、石灰粉末等）和浆液类（水泥浆及其他化学浆液）。按施工工艺，可分为低压搅拌法（如粉体喷射搅拌桩、水泥浆搅拌桩等）、高压喷射注浆法（如高压旋喷桩等）和胶结法（如灌浆法、硅化法等）三类。

6.6.1 灌浆法

灌浆法是指利用液压、气压或电动化学原理，通过注浆管把浆液均匀地注入地层中，浆液以填充、渗透和挤密等方式，赶走土颗粒间或岩石裂隙中的水分和空气后占据其位置，经人工控制一定时间后，浆液将原来松散的土粒或裂隙胶结成一个整体，形成一个结构新、强度大、防水性能好和化学稳定性良好的结合体。

灌浆的主要目的是：①防渗，降低渗透性，减少渗流量，提高抗渗能力，降低孔隙压力；②堵漏，封填孔洞，堵截流水；③加固，提高岩土的力学强度和变形模量，恢复混凝土结构及水工建筑物的整体性；④纠偏，使已发生不均匀沉降的建筑物恢复原位或减少其偏斜度。灌浆法在我国煤炭、冶金、水电、建筑、交通等部门广泛使用，并取得了良好的效果。

灌浆法按加固原理可分为渗透灌浆、压密灌浆、劈裂灌浆和电动化学灌浆等。

灌浆工程中所用的浆液是由主剂、溶剂及各种附加剂混合而成，通常所说的灌浆材料是指浆液中所用的主剂。灌浆材料按形态可分为颗粒型浆材、溶液型浆材和混合型浆材三大类。颗粒型浆材是以水泥为主剂，故通称为水泥浆材；溶液型浆材是由两种或多种化学材料配制，故通称为化学浆材；混合型浆材则由上述两类浆材按不同比例混合而成。在国内外灌浆工程中，水泥一直是用途最广和用量最大的浆材，其主要特点为结石强度高，耐久性较好，无毒，料源广且价格较低。

袖阀管法是土木工程界广泛应用的注浆方法，该法分为以下4个步骤。

（1）钻孔。通常用优质泥浆（例如膨润土浆）进行护壁，很少用套管护壁，如图6-16（a）所示。

（2）插入袖阀管。为使套壳料的厚度均匀，应设法使袖阀管位于钻孔的中心，如图6-16（b）所示。

（3）浇注套壳料。用套壳料置换孔内泥浆，浇注时应避免套壳料进入袖阀管内，并严防孔内泥浆混入套壳料中，如图6-16（c）所示。

（4）灌浆。待套壳料具有一定强度后，在袖阀管内放入带双塞的灌浆管进行灌浆，如图6-16（d）所示。

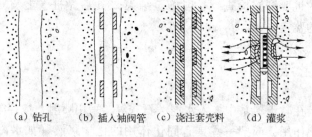

(a) 钻孔　(b) 插入袖阀管　(c) 浇注套壳料　(d) 灌浆

图6-16　袖阀管法施工程序

6.6.2　深层搅拌法

1. 加固机理及适用范围

深层搅拌法是通过特制深层搅拌机械，沿深度将固化剂（如水泥浆、水泥粉或石灰粉等，外加一定的掺合剂）与地基土强制就地搅拌，利用固化剂和软土之间产生的一系列物理—化学反应，使软土硬结成具有整体性、水稳性和一定强度的地基。深层搅拌法适用于处理淤泥、淤泥质土、粉土和含水率较高且地基承载力标准值不大于120 kPa的粘性土地基，并可根据工程需要将地基土加固成块状、圆柱状、壁状、格栅状等形状的水泥土，主要用于形成复合地基、基坑支挡结构、地基中止水帷幕及其他用途。深层搅拌法施工速度快，无公害,施工过程无振动,无噪声,无地面隆起,不排污,不排土,不污染环境,对邻近建筑物不产生有害影响,具有较好的社会和经济效益。我国自1977年引进开发深层搅拌法以来,已在全国得到广泛应用。

深层搅拌法的固化剂主要是水泥浆或水泥粉。当水泥浆与软黏土拌和后,水泥颗粒表面的矿物很快与黏土中的水发生水解和水化反应,在颗粒间生成各种水化物,这些水化物有的继续硬化,形成水泥石骨料,有的则与周围具有一定活性的黏土颗粒发生反应,通过离子交换和团粒化作用使较小的土颗料形成较大的团粒,通过凝硬反应,逐渐生成不溶于水的稳定的结晶化合物,从而使土的强度提高。水泥水化物中游离的氢氧化钙能够吸收水中和空气中的二氧化碳,发生碳酸化反应,生成不溶于水的碳酸钙,这种碳酸化反应也能使水泥土增加强度,土和水泥水化物之间的物理化学过程是比较缓慢的,水泥土硬化需要一定的时间,根据水泥土的基本特性,其强度标准值应取90 d龄期试块的无侧限抗压强度。

2. 设计要点

水泥土中水泥含量通常用水泥掺和比 a_w 表示:

$$a_w = \frac{掺和的水泥质量}{被拌和的黏土质量} \times 100\%$$

试验表明,影响水泥土强度的主要因素有水泥掺和比、水泥强度等级、养护龄期、土样含水率、土中有机质含量、外掺剂及土体围压等。工程实践中,水泥掺入比一般为7%~15%。

深层搅拌桩加固范围取决于基础尺寸及软土范围。当软土厚度不大时,桩体应穿透软土达到硬土层,深层搅拌桩可采用正方形或等边三角形布桩,当搅拌桩处理范围以下存在软弱下卧层时,需进行下卧层强度验算。

搅拌桩复合地基的变形包括复合土层的压缩变形和桩端以下未处理土层的压缩变形两部分。复合土层的压缩变形值可根据上部荷载、桩长、桩身强度等按经验取10~30 mm。桩端以下未处理土层的压缩变形可按规范规定的分层总和法计算确定。

3. 施工机具及施工工艺

深层搅拌机械分为喷浆型和喷粉型两种类型。目前较为常用的有SJB-Ⅰ、Ⅱ型深层双轴搅拌机,GZB-600型深层单轴搅拌机,DJB-14D型深层单轴搅拌机等。

喷浆型和喷粉型的深层搅拌施工工艺有所不同,现将喷浆型深层搅拌的施工工艺流程简介如下(图6-17)。

(1)定位。起重机(或塔架)悬吊深层搅拌机到达指定桩位,使中心管(双搅拌机型)或钻头(单轴型)中心对准设计桩位,当地面起伏不平时,应使起吊设备保持水平。

(2)预搅下沉。待深层搅拌机的冷却水循环正常后,启动搅拌电机,放松起重机钢丝绳,使搅拌机的导向架搅拌切土下沉,下沉的速度可由电机的电流监测表控制。工作电流不

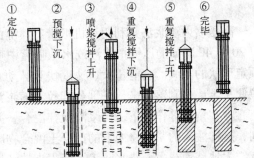

图6-17 喷浆型深层搅拌施工顺序

应大于70 A，如果下沉速度太慢，可以输浆系统补给清水以利钻进。

（3）制备水泥浆。待深层搅拌机下沉到一定深度时，即开始按设计确定的配合比拌制水泥浆，待压浆前将水泥浆倒入集料斗中。

（4）提升喷浆搅拌。搅拌机下沉到设计深度后，开启灰浆泵将水泥压入地基中，并且边喷浆边旋转搅拌钻头，同时按照设计确定的提升速度提升深层搅拌机。

（5）重复搅拌下沉。提升搅拌机到设计加固范围的顶面高程时，集料斗中的水泥浆正好排空。为使软土和水泥浆搅拌均匀，可再次将搅拌机边旋转边沉入土中，至设计加固深度后再将搅拌机提升地面。

（6）清洗。向集料斗中注入适量的清水，开启灰浆泵，清洗全部管路中残余的水泥浆，直至基本干净，并将黏附在搅拌头上的软土清除干净。

（7）移位。深层搅拌机移位，重复上述（1）～（6）步骤，进行下一根桩的施工。

4. 施工质量控制和检验

施工质量控制主要有以下几点：①垂直度：搅拌桩的垂直度偏差不得超过1%～5%；②桩位偏差不大于50 mm；③水泥应符合设计要求；④施工时主要控制下沉速度、提升速度、水泥用量、喷浆（粉）的连续均匀性，确保搅拌施工的均匀性；⑤施工记录应该详尽完善。

施工过程中应随时检查施工纪录，并对每根桩进行质量评定。对于不合格的桩，应根据其位置和数量等具体情况，分别采取补桩和加强邻桩等措施。搅拌桩应在成桩的7 d内用轻便触探器钻取桩身加固土样，观察搅拌均匀程度。同时根据轻便触探击数用对比法判断桩身强度，检验桩的数量应不少于已完成桩数的2%。

对下列情况尚应进行取样，单桩载荷试验或开挖检验：①经触探检验对桩身强度有怀疑的，应钻取桩身芯样，制成试块并测定桩身强度；②场地复杂或施工有问题的桩，应进行单桩载荷试验，检验其承载力；③对相邻桩搭接要求严格的工程，应在养护到一定龄期时选取数根桩体进行开挖，检查桩顶部分外观质量。

基槽开挖后，应检验桩位、桩数与桩顶质量，如不符合规定要求，应采取有效补救措施。

6.6.3 高压喷射注浆法

高压喷射注浆法是利用钻机把带有喷嘴的注浆管钻入（或置入）至土层预定的深度后，以20～40 MPa的压力把浆液或水从喷嘴中喷射出来，形成高压喷射流冲击破坏土层，形成预定形状的空间。当能量大、速度快和脉动状的喷射流的动压力大于土层结构强度时，土颗粒便从土层中剥落下来，一部分细粒土随浆液或水冒出地面，其原土颗粒在射流的冲击力、离心力和重力等作用下，与浆液搅拌混合，并按一定浆土的比例和质量大小有规律地重新排列，这样注入的浆液将冲下的部分土混合物凝结成加固体，从而达到加固土体的目的。它具有增大地基承载力、止水防渗、减少支挡结构物土压力、防止砂土液化和降低土的含水量等多种作用。

高压喷射注浆法适用于处理淤泥、淤泥质土、粉性土、粉土、黄土、砂土、人工填土和碎石土等地基。当土中含有较多的大粒径块石、坚硬黏性土、大量植物根茎或过多的有机物质时，应根据现场试验结果确定其适用程度。工程实践中，此法可适用于已有建筑和新建建筑的地基处理、深基坑侧壁挡土或挡水、基坑底部加固、防止管涌与隆起、坝的加固与防水帷幕等工程，但对已知地下水流速过大和已涌水工程应慎重使用。

高压喷射注浆法形成的固结体形状与喷射流移动方向有关，一般分为旋转喷射（简称旋喷）、定向喷射（简称定喷）和摆动喷射（简称摆喷）三种形式（图 6-18）。

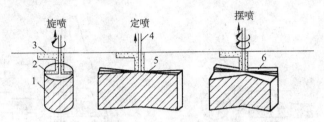

图 6-18　高压喷射注浆形式
1—桩；2—射流；3—胃浆；4—喷射注浆；5—板；6—墙

高压喷射注浆法的基本工艺有单管法、二重管法、三重管法、多重管法、多孔管法共 5 种方法。

1. 单管法

单管旋喷注浆法是利用钻机等设备，把安装在注浆管（单管）底部侧面的特殊喷嘴置入土层预定深度后，用高压泥浆泵等装量，以 20～40 MPa 左右的压力把浆液从喷嘴中喷射出去冲击破坏土体，同时借助注浆管的旋转和提升运动，使浆液与从土体上落下来的土粒搅拌混合，经过一定时间的凝结固化，在土中形成圆柱的固结体，如图 6-19（a）所示。

2. 二重管法

使用双通道的二重注浆管，当二重注浆管钻进到土层的预定深度后，通过在管底部侧面的一个同轴双重喷嘴，同时喷射出高压浆液和空气两种介质的喷射流冲击破坏土体，即从高压泥浆泵等高压发生装置喷射出 20～40 MPa 左右压力的浆液从内喷嘴中高速喷出，并用 0.7 MPa 左右压力把压缩空气从外嘴喷出，在高压浆液和它外圈环绕气流的共同作用下，破坏土体的能量显著增大，最后土中形成较大的固结体，固结体的直径显然大于单管法直径，如图 6-19（b）所示。

3. 三重管法

分别使用输送水、气、浆三种介质的三重注浆管，在以高压泵等高压发生装置产生的 20～40 MPa 左右的高压水喷射流的周围，环绕一股 0.5～0.7 MPa 左右的圆筒状气流，进行高压水喷射流和气流同轴喷射冲切的土体，形成较大的空隙，再另由泥浆泵注入压力为 0.5～5 MPa 的浆液填充，喷嘴作旋转和提升运动，最后在土中凝固为较大的固结体，如图 6-19（c）所示。

4. 多重管法

这种施工法需要先打一个导孔置入多重管，利用压力大于或等于 40 MPa 的高压水流旋转运动切削破坏土体,被冲下来的土、砂和砾石等立即用真空泵从管中抽到地面,如此反复冲出土体和抽泥,并以自身的泥浆护壁,使在土中冲出一个较大的空洞,依靠土中自身泥浆的重力和喷射余压使空洞不坍塌。装在喷头上的超声波传感器及时测出空洞的直径和形状,由电脑绘出空洞图形。当空洞的形状、大小和高低符合设计要求后,根据工程要求选用浆液、砂浆、砾石等材料进行填充,在地层中形成一个大直径的柱状固结体,如图6-19(d)所示。

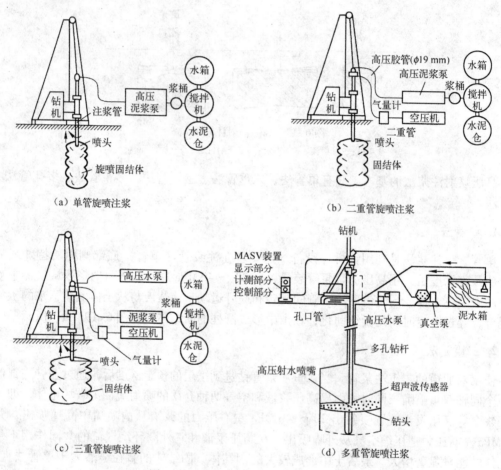

图6-19 高压喷射注浆工艺类型示意图

5. 多孔管法

多孔管法又称全方位高压喷射法,分别以高压水喷射流和高压水泥浆加四周环绕空气流的复合喷射流,两次冲击切削破坏土体,固结体的直径较大。浆液凝固时间的长短可通过喷嘴注入速凝液量调控,最短凝固时间可以到瞬时凝固,这是其他高压喷射注浆法难以达到的。施工时可根据地压的变化,调整喷射压力、喷射量、空气压力和空气量,增大固结效果,固结体的形状不但可做成圆形,还可做成半圆形。

高压喷射注浆质量检验可采用开挖检查、钻孔取芯、标准贯入、载荷试验或压水试验等方法进行检验,检验点的数量为施工注浆孔数的2%~5%,对不足20孔的工程,至少应检验 2 个点，质量检验应在高压喷射注浆结束 4 周后进行。

6.7 加筋法

加筋法是在土中加入条带、纤维或网格等抗拉材料，依靠它改善土的力学性能，提高土的强度和稳定性的方法。加筋法的概念早就存在，以天然植物作加筋已有几千年的历史，如我国陕西半坡村发现的仰韶遗址中利用草泥修筑的墙壁，距今已有五六千年。现代加筋法始于 20 世纪 60 年代初期，法国工程师 Henri Vidd 把加筋技术从朴素直观的认识和经验提高到理论的新阶段。我国在 20 世纪 70 年代开始进行加筋土的科研和探讨，随后在铁路、煤炭、公路、水利、建筑部门不断得到应用和发展。

加筋法的基本原理可以理解为：土的抗拉能力低，甚至为零，抗剪强度也很有限；在土体中放置了筋材，构成了土—筋材的复合体，当受外力作用时，将会产生体变，引起筋材与其周围土之间的相对位移趋势，但两种材料的界面上有摩擦阻力和咬合力，限制了土的侧向位移。

加筋法的种类与结构措施很多，以下仅对加筋土、土工合成材料、土层锚杆和土钉墙进行介绍。

6.7.1 加筋土

加筋土是由填土、在填土中布置一定重量的带状拉筋及直立的墙面板三部分组成一个整体的复合结构，如图 6-20 所示。这种结构内部存在着墙面土压力、拉筋的拉力、填料与拉筋间的摩擦力等相互作用的内力，这些力互相平衡，保证了这个复合结构的内部稳定，而且，加筋结构还能抵抗筋尾部后面填土所产生的侧压力，即保证了加筋土挡墙的外部稳定，从而使整个复合结构稳定。

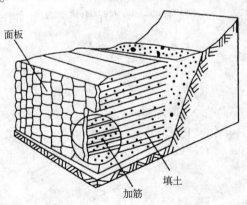

图 6-20 加筋土挡墙

加筋土挡墙具有以下特点：①可做成很高的垂直填土，节约大量土地资源，有巨大的经济效益；②面板、筋带等构件可实现工厂化生产，不但质量可靠，而且能降低原材料的消耗；③只需配备压实机械，施工易于掌握，可节省劳动力和缩短工期；④挡土墙结构轻型，造价低；⑤加筋土挡墙具有柔性结构的性能，可承受较大的地基变形，故可应用于软土地基上；⑥整体性较好，具有良好的抗震性能；⑦面板的形式可根据需要拼装完成，造型美观，适合于城市道路的支挡工程。

加筋土适用于山区或城市道路的挡土墙、护坡、路堤、桥台、河坝及水工结构和工业结构等工程，此外还可用于滑坡的治理。

6.7.2 土工合成材料

土工合成材料是指以聚合物为原料的材料名词的总称，它是岩土工程领域中一种新型建筑材料。土工合成材料的主要功能为反滤、排水、加筋、隔离等作用，不同材料的功能不尽相同，但同一种材料往往有多种功能。土工合成材料可分为土工织物、土工膜、特种土工合成材料和复合型土工合成材料 4 大类，目前在实际工程中广泛使用的主要是土工织物和土工膜。

土工织物是采用聚酯纤维（涤纶）、聚丙纤维（腈纶）和聚丙烯纤维（丙纶）等高分子化合物（聚合物）经加工后合成的。土工织物的特点是质地柔软，质量轻，整体连续性好；施工方便，抗拉强度高，没有显著的方向性，各向强度基本一致；弹性、耐磨、耐腐蚀性、耐久性和抗微生物侵蚀性好，不易虫蛀霉烂；具有毛细作用，内部具有大小不等的网眼，有较好的渗透性和良好的疏导作用，水可横向、竖向排出；材料为工厂制品，保证质量，施工简易，造价低。在加固软弱地基或边坡工程中，土工织物作为加筋使用形成复合地基，可提高土体强度，使承载力增大 3～4 倍，显著地减少沉降，提高地基的稳定性。

6.7.3 土层锚杆

土层锚杆的开发和应用是岩土工程的新发展，它使用在一些需要将拉力传递到稳定土体中去的工程结构，如边坡稳定、基坑围护、地下结构抗浮等，如图 6-21～图 6-23 所示。

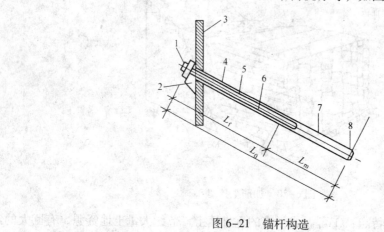

图 6-21 锚杆构造

1—锚头；2—锚头垫座；3—支护主柱；4—钻孔；5—套管；6—拉杆；
7—锚固体；8—锚底板；L_f—自由段长度；L_m—锚固段长度；L_0—锚杆长度

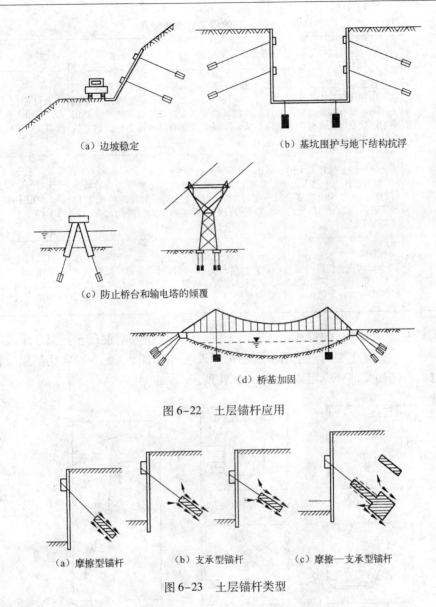

(a) 边坡稳定 (b) 基坑围护与地下结构抗浮

(c) 防止桥台和输电塔的倾覆

(d) 桥基加固

图 6-22 土层锚杆应用

(a) 摩擦型锚杆 (b) 支承型锚杆 (c) 摩擦—支承型锚杆

图 6-23 土层锚杆类型

土层锚杆的设计与施工必须有工程地质和水文地质勘察资料,并清理施工区域场地环境。

土层锚杆施工前,应在与施工的地质条件相同的地区做土层锚杆的基本试验,确定其设计和施工参数,并做好相应的拉拔力试验。当土层锚固段处于软土层中时,应注意土层锚杆的徐变和锚杆的松弛,并应施加预应力。

6.7.4 土钉墙

土钉是一种原位加固土的技术,就像是在土中设置钉子,故名土钉。按施工方法,土钉可分为钻孔注浆型土钉、打入型土钉和射入型土钉三类。土钉的施工方法及特点见表6-5。

表 6-5 土钉的施工方法及特点

土钉类型 （按施工方法）	施工方法及原理	特点及应用状况
钻孔注浆型土钉	先在土坡上钻直径为 100～200 mm 的一定深度的横孔，然后插入钢筋、钢杆或钢铰索等小直径杆件，再用压力注浆充填孔穴，形成与周围土体密实黏合的土钉，最后在土坡坡面设置与土钉端部联系构件，并用喷射混凝土组成土钉面层结构，从而构成一个具有自撑能力且能够支挡其后来加固体的加筋域	土钉中应用最多的形式，可用于永久性或临时性的支挡工程
打入型土钉	将钢杆件直接打入土中。多用等翼角钢（∟50×50×5～∟60×60×5）作为钉杆，采用专门施工机械，如气动土钉机，能够快速、准确地将钉杆打入土中。长度一般不超过 6 m，用气动土钉机每小时可施工 15 根。其提供摩阻力较低，因而要求的钉杆表面积和设置密度均大于钻孔注浆型土钉	长期的防腐工作难以保证，目前多用于临时性支挡工程
射入型土钉	由采用压缩空气的射钉机依任意选定的角度将直径为 25～38 mm、长 3～6 m 的光直钢杆（或空心钢管）射入土中。钉杆可采用镀锌或环氧防腐套。钉杆头通常配有螺纹，以附设面板。射钉机可置于一标准轮式或履带式车辆上，带有一专门的伸臂	施工快速、经济，适用于多种土层，但目前应用不广泛。有很大的发展潜力

土钉墙是由原位土体、设置在土体中的土钉与坡面上的喷射混凝土三部分组成的土钉加固技术的总称，土钉墙主要用于基坑工程围护和天然边坡加固，是一种实用的原位岩土加筋技术，土钉墙的结构及部分应用领域如图 6-24 所示。

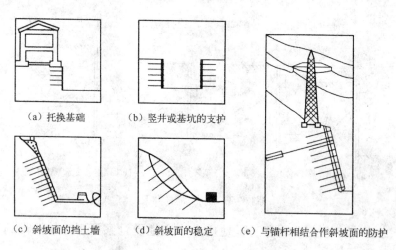

（a）托换基础　　（b）竖井或基坑的支护

（c）斜坡面的挡土墙　（d）斜坡面的稳定　（e）与锚杆相结合作斜坡面的防护

图 6-24 土钉墙的部分应用领域

土钉墙法适用于黏性土、砂性土、黄土等地基。对标准量入锤击数低于 10 击或相对密度低于 0.3 的砂土边坡，采用土钉墙法不经济；对不均匀系数小于 2 的级配不良的砂土，土钉墙法不能采用；土钉墙也不适用于软粉土地基中基坑工程围护。对侵蚀性土，土钉墙不能作为永久性支挡结构。

由于土钉墙加固技术具有施工机械简单、施工灵活、对场地邻近建筑物影响小、经济效益明显等特点，其应用日趋普遍。

6.8 托换法

6.8.1 概述

托换法亦称托换技术，是指解决已有建筑物的地基处理、基础加固或改建、增层和纠偏；或解决已有建筑物基础下需要修建地下工程，其中包括地下铁道要穿越已有建筑物；或解决因邻近需要建造新建工程而影响到已有建筑物的安全等问题的处理方法的技术总称。

托换技术的起源可追溯到古代，但直到20世纪30年代，兴建美国纽约市地铁时才得到迅速的发展，我国托换技术的工程数量和规模随着建设的发展也在不断地增长，托换技术是一种建筑技术难度较大、费用较高的特殊施工方法。

采用托换法进行施工时，应掌握以下资料：

(1) 现场的工程地质和水文地质资料，必要时应进行补充勘察工作。

(2) 被托换建筑物的结构设计、施工竣工后沉降观测和损坏原因的分析资料。

(3) 场地内地下管线、邻近建筑物和自然环境对已有建筑物在托换时或竣工后可能产生影响的调查资料。

6.8.2 桩式托换

桩式托换是所有采用桩的型式进行托换的方法总称，其内容十分广泛，在此仅介绍常用的几种方法。

1. 静压桩托换

静压桩托换是采用静压方式进行沉桩托换，若利用建筑物上部结构自重作支承反力，采用普通千斤顶，将桩分节压入土中则称为顶承式静压桩，如图6-25所示。预试桩与顶承式静压桩托换的施工方法基本相同，其特点是，当桩高压至预定深度后，用两个并排设置的千斤顶放在基础底和钢管顶之间，两个千斤顶之间要有足够空间，以使将来安放楔紧的工字钢桩，如图6-26所示。用千斤顶对桩顶加荷至设计荷载150%，待下沉并稳定后，取一段工字钢竖放在两个千斤顶之间，再用锤打紧钢楔、取出千斤顶，采用干填法或在压力不大的条件下将混凝土灌注到基础底面，将桩顶和工字钢用混凝土包起来，施工即完成。

自承式静压桩是利用静压机械加配重作为反力，通过油压系统，将预制桩分节压入土中，桩身接头采用硫磺砂浆连接。如沙市某商品住宅采用此法加固，该房屋为条形基础，在条形基边侧用压桩机压入截面为$200\,mm \times 200\,mm$的钢筋混凝土预制桩，桩长$4 \sim 8\,m$，在桩顶设置连梁和横梁支承上部荷载，加固后使用正常。

锚杆静压桩是利用锚杆承受反力进行压桩。先在基础上凿出压桩孔及锚杆孔并埋设锚杆，设置压桩架和千斤顶，将桩逐节压入原有基础的压桩孔中，当达到要求的设计深度时，将桩与基础用微膨胀混凝土封住，当混凝土达到设计强度后，该桩便能承受上部荷载，从而达到提高基础承载力和控制沉降的目的，如图6-27所示。

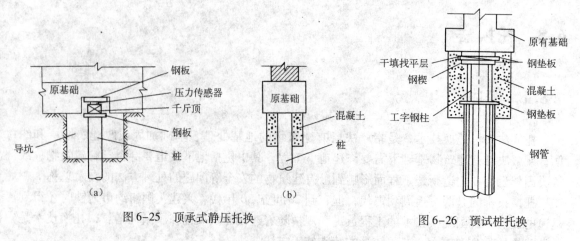

图 6-25 顶承式静压托换

图 6-26 预试桩托换

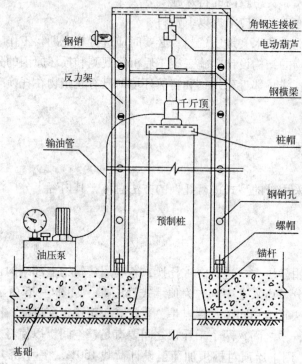

图 6-27 锚杆静压桩及装置

2. 树根桩托换

树根桩是一种小直径的钻孔灌注桩,其直径通常为 100～250 mm,有时也有采用 300 mm,其长度最大达 30 m,施工时一般利用钻机成孔,满足设计要求后,放入钢筋或钢筋笼,同时放入注浆管。用压力注入水泥浆或水泥砂浆而成桩。也可放入钢筋管后再灌入碎石,然后注入水泥浆或水泥砂浆而成桩。小直径钻孔灌注桩可以竖向、斜向设置,因其网状布置形和树根而得名。

树根桩技术在 20 世纪 30 年代初由意大利 Fomdedile 公司的 F. Lizzi 首创,随后得到广泛的应用，我国1985年上海东湖宾馆加层中第一次正式采用后，众多的工程采用了树根桩技术。目前，树根桩技术主要用于古建筑修复工程、地铁、原有建筑物地基加固工程、岩土边坡稳定加固，楼房加层改造工程和危房加固工程的地基加固，如图6-28所示。

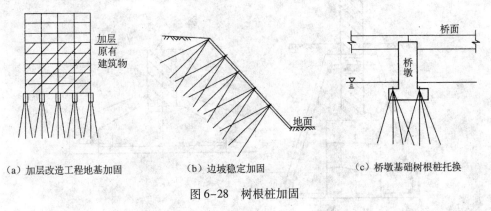

(a) 加层改造工程地基加固　　(b) 边坡稳定加固　　(c) 桥墩基础树根桩托换

图6-28　树根桩加固

3. 灌注桩托换

用于托换工程的灌注桩，按其成孔方法常用的有钻孔灌注桩和人工挖孔灌注桩两种，就灌注的材料而言，又有混凝土、钢筋混凝土、灰土等，灌注桩托换如图6-29所示。

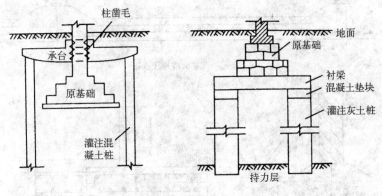

图6-29　灌注桩托换

6.8.3　灌浆托换法

灌浆法在托换工程中经常使用，灌浆可以达到加固地基效果的目的，但其效果是否达到完善的标准，如灌浆范围的限定、浆液流失的控制、环境污染的防治、施工速度的提高、灌浆成本的降低都与灌浆设计和施工的工艺有关。工翟实践证明，灌浆工程的机动性很高，采用不同的设计方案、选用不同的浆液和工艺，其加固效果和费用大不相同。因此，为了使灌浆技术更加完美，必须重视灌浆的工艺。

6.8.4　基础加宽技术

在许多已有建筑物的改建增层工程中，常因基底面积不足而使地基承载力和变形无法满足要求，导致建筑物开裂或倾斜，此时可采用基础加宽的托换方法，如图6-30所示，这种方法施工简单，造价低廉，质量容易保证，工期较短，各设计单位都乐于采用。

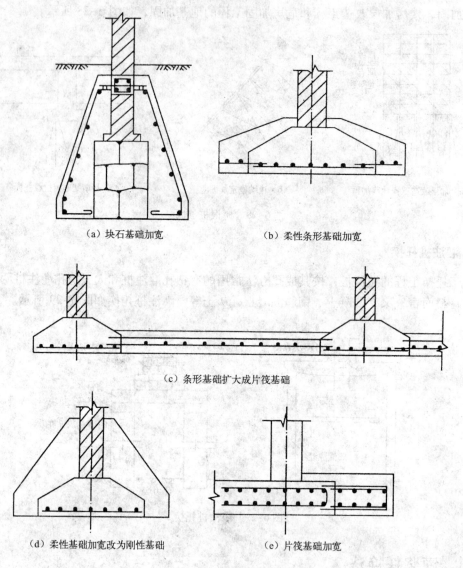

(a) 块石基础加宽　　(b) 柔性条形基础加宽

(c) 条形基础扩大成片筏基础

(d) 柔性基础加宽改为刚性基础　　(e) 片筏基础加宽

图6-30　基础加宽技术

基础加宽明显的，通过基础加宽可扩大基础底面积，有效降低基底接触压力。如原筏板基础面积为 $12\,m \times 45\,m = 540\,m^2$，若四周各加宽 $1.0\,m$，则基础底面积扩大为 $685\,m^2$，若原基底接触压力为 $220\,kPa$，基础加宽后基底接触压力减小为 $181\,kPa$，加宽部分与原有基础部分的连接极为重要。通常通过钢筋锚杆将加宽部分与原有基础部分连接，并将原有基础部分凿毛，浇水湿透，使两部分混凝土能较好地连成一体。

6.8.5　建筑物纠偏

建筑物纠偏是指已有建筑物偏离垂直位置发生倾斜而影响正常使用时所采取的托换措

施。造成建筑物整体倾斜的主要因素是地基的不均匀沉降，而纠偏是利用地基的新的不均匀沉降来调整建筑物已存在的不均匀沉降，用以达到新的平衡和纠正建筑物的倾斜。

倾斜建筑物纠偏主要有两类：一是对沉降少的一侧促沉；二是对沉降多的顶升。促沉纠偏的方法有掏土纠偏、浸水纠偏、降水纠偏、堆载纠偏、锚桩加压纠偏、锚杆静压桩纠偏等；顶升纠偏的方法有机械顶升、压浆顶升等。

建筑物纠偏是一项技术难度较大的工作，它需要对已有建筑物结构、基础、地基及相邻建筑物的详细了解，需要岩土工程、结构工程、施工工程等多方面知识。纠偏过程是建筑物结构、基础和地基中应力位移的调整过程，不能急于求成，只能缓慢进行，否则会适得其反。

6.9 软土路基及地基处理实例

公路软土路基地段主要分布在沿海一带的海相淤积及内湖相堆积层地带。下面以厦门沿海软土路基及江汉平原内湖相软土路基为例予以论述。这对同类公路路基的勘察设计有借鉴价值。

6.9.1 厦门沿海公路路基稳定性

1. 厦门沿海地貌及地质概况

厦门地区地处戴云山山脉西南部，属低山残丘—沿海平原地貌，总地势是西北高，东南低，山区逐渐过渡为残丘和缓坡台地，向外则为滨海堆积平原。

中生代燕山运动晚期，该区产生大规模的断裂构造。主要发育三组断裂带：第一组为 EW 向断裂，如七星山至香山断裂，构造岩已胶结；第二组为 NW 向断裂，如溪头社至七星山断裂，构造岩亦已胶结；第三组为 NE 向断裂，如篔筜港至钟宅断裂带，破碎带较宽且无胶结。

燕山期该区伴随岩浆入侵与火山喷发，使细粒至粗粒花岗岩及花岗斑岩广布全区。在花岗岩体中普遍发育有辉绿岩脉，其次还有侏罗系的火山凝灰熔岩及砂页岩零星分布，如图 6-31 所示。

新第三纪以来该区持续上升，遭受强烈风化剥蚀，形成较厚的花岗岩残积层。全新世早期，由于海平原上升，沿海接受海侵，沉积了较厚的淤泥或淤泥质地层，近几年由于建设整平，一些低洼处又覆盖了较厚的人工填土。

根据中国地震基本烈度区划图及国家地震局集美地震综合队最新资料，该区地震基本烈度为Ⅶ度。

2. 第四纪地层的野外特征

该区第四纪地层按成因可分为两大类：一是分布于残丘和台地山前及其沟谷一带，以冲积、坡积、坡残积、残积土层为主；二是分布于台地周边、沿海及海湾，为滨海相淤泥质沉积，其下伏基岩主要为花岗岩。

1) 人工填土（Q_4^{ml}）

人工填土主要由亚黏土夹碎（块）石组成，成分极不均一，结构疏松，局部还有架空

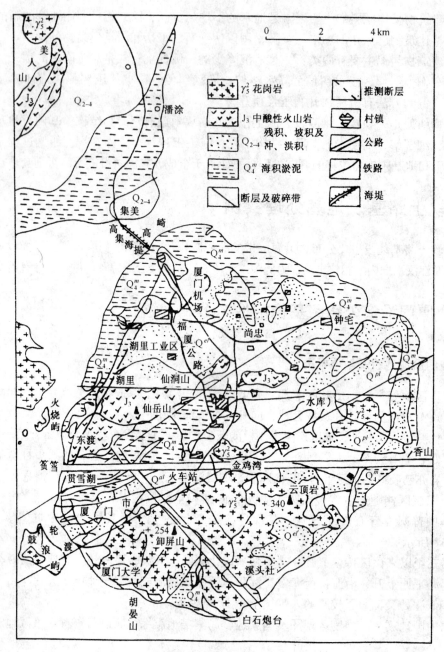

图 6-31 厦门地区地质构造图

现象,填方厚度一般 4~8m,主要分布在城区周边及低洼处。

2) 滨海相沉积层(Q_4^m)

(1) 淤泥或淤泥质土呈浅灰至灰黑色,含贝壳碎屑及腐殖质,有臭味且呈软塑流状态,用标准贯入试验的标贯器入土后,由于钻具自重可自动下沉 2~3m。中下部夹薄层粉细砂,此层埋藏厚度一般为 5~10m,最大厚度约 25m,主要分布在该区中、西部及沿海一带。

(2) 中至粗砂以浅灰白色石英砂为主,含黏性土 10%~30%,局部夹有粉细砂或淤泥质土，厚度一般为 2～4 m。

3）冲积、冲洪积亚黏土（Q_{2-4}^{wl}、Q_{2-4}^{wl+pl}）

冲积、冲洪积亚黏土呈黄褐至褐黄色，含 1%～30% 石英砂，可塑至硬塑，一般厚度为 3～8 m，此层下部有扁豆状的中、粗砂及卵石层，厚度为 0.5～2.0 m。

4）坡积、坡残积亚黏土（Q_{2-4}^{dl}、Q_{2-4}^{dl+el}）

坡积、坡残积亚黏土呈紫红或黄褐色，局部地段上部有红土化现象，见有网纹结构，含 10%～30% 石英砂及少量碎石，可塑至硬塑，此层分布于残丘和缓坡台地，一般厚度为 1～6 m。

5）残积土（Q_{2-4}^{el}）

残积土主要为花岗残积亚黏土，局部为凝灰熔岩及砂页岩残积粉土，其特征如下。

（1）花岗岩残积亚黏土由细、中、粗粒花岗岩风化残积而成，呈灰绿、灰白、褐黄色，含 10%～35% 石英砂及少量风化岩块，原岩结构随深度增加而渐渐清晰，长石石英已风化成粉砂粒状，手捏即散，黑色矿物已风化为黏土，稍湿至湿，可塑至坚硬状态，厚度一般为 8～20 m，最厚达 40～80 m，分布较广。

在花岗岩及粗粒花岗岩风化残积土层中，常见有微风化岩块的球状风化体，呈"孤石"埋藏，一般直径达 0.3～0.5 m。

（2）凝灰熔岩残积亚黏土颜色较杂，有灰、灰黄、灰绿、黄褐等颜色，原岩结构比较清晰，局部夹有风化岩块，坚硬至可塑。此层与强风化基岩界限不甚明显，呈递变埋藏，厚度为 0.2～3.6 m，分布于天马山、美人山、仙岳山、仙洞山等处。

3. 第四纪地层主要物理力学性质

从收集的部分第四纪主要地层的室外物理力学试验资料，经统计综合分析归纳有如表 6-6 所示特征。

表 6-6　主要第四纪地层物理力学性质

地层	含水率/%		孔隙比（e）		压缩系数（a）/MPa^{-1}		压缩模量（E_s）/MPa		标贯（$N_{63.5}$）/击		容许承载力（R）/MPa
	一般值	平均	一般值	平均	一般值	平均	一般值	平均	一般值	平均	一般值
1									0～26	3.6	0.1～0.6
2									2～19	5.6	
3	15～97	44	0.45～22	1.16	0.24～11.39	1.0	1.0～7.1	3.0	0～13	<1	0.04～0.08
4	10～48	22	0.34～1.09	0.65	0.0～0.92	0.24	2.6～11.6	7.2	2～41	11	0.18
5									3～46	16	0.18
6	10～47	21	0.46～0.95	0.70	0.1～0.45	0.26	3.5～15.8	7.8	6～68	15	0.22
7	6～51	24	0.36～1.4	0.81	0.05～0.8	0.35	2.3～23.6	5.6	3～50	22	0.2～0.22
8	17～49	30	0.45～1.4	0.87	0.09～0.33	0.26	3.1～19.1	8.1	3～49	26	

注：1 为 Q_4^l 人工土（未处理）；2 为人工土（强夯后）；3 为 Q^m 淤泥或淤泥质土；4 为 Q^{al}、Q^{al+pl} 亚黏土；5 为 Q^{al}、Q^m 砂；6 为 Q^{dl}、Q^{al+el} 亚黏土；7 为 Q^{el} 花岗岩残积亚黏土；8 为 Q^{el} 凝灰熔岩残积亚黏土。

1) 人工填土

人工填土组成成分及密实度不均匀，在自然堆积标准贯入试验 $N_{63.5}$ 为 0～26 击，平均 3.6 击，经强夯法处理后，密实度有所提高，$N_{63.6}$ 平均力 5.6 击，但强夯后的人工土层，在水平与垂直各向密实度差异仍然变化较大，有不均匀沉降的可能性。

2) 海相沉积淤泥，淤泥质亚黏土

海相沉积淤泥、淤泥质亚黏土的有机质含量较高，为 1.39%～9.1%，平均为 2.8%；天然含水率较高，平均为 44%；孔隙比也比较大，平均为 1.16；压缩系数平均为 1.04 MPa^{-1}，属高压缩性土；其软土触变性属高灵敏度软土，N63.5 平均小于 1 击；其容许承载力 R 为 0.04～0.08 MPa，压缩模量 E_s 为 1.5～3.5 MPa，此层不宜直接作为建筑物的天然基础持力层。

3) 冲积或冲洪积亚黏土

冲积或冲洪积亚黏土的孔隙比平均为 0.65，压缩系数平均为 0.24 MPa^{-1}，属中等压缩性粉土；其 N63.5 平均为 11 击，容许承载力 R 为 0.18 MPa，E_s 平均为 7.2 MPa，一般可作为建筑地基。

4) 滨海相沉积或陆相冲积砂

滨海相沉积或陆相冲击砂包括细、中、粗砂及砂砾，其 N63.5 平均为 16 击，R 平均为 0.18 MPa。

5) 坡积至坡残积亚黏土

坡积至坡残积亚黏土局部为黏土，下部夹有碎石，此层平均孔隙比为 0.7，平均压缩系数为 0.26 MPa^{-1}，属中等压缩性黏土；平均 $N_{63.5}$ 为 15 击；容许承载力 R 为 0.22 MPa；压缩模量 E_s 平均为 7.8 MPa，此层工程地质性能良好，是较理想的地基土。

6) 残积亚黏土

残积亚黏土中以花岗岩残积土分布最广。占全区 65% 左右，其次为凝灰熔岩及辉绿岩脉残积土，具体性质如下。

(1) 花岗岩残积土物理力学性的不均一，多母岩岩性、结构、裂隙发育程度、地下水活动等因素控制，土的物理力学试验指标比较离散，如孔隙比最小值为 0.36，最大值为 1.45；压缩系数最小为 0.05，最大值为 0.8；压缩模量最小值 2.3，最大值为 23.6；$N_{63.5}$ 最小值为 3 击，最大值大于 50 击，其差值有 10 倍左右，可见物理力学性质差异之大，另外，由于"孤石"埋藏，残积土不均匀性更为突出。

(2) 残积土有一定结构强度，残积土孔隙比偏大，平均孔隙比为 0.81；平均压缩系数为 0.35 MPa，显然压缩性偏高。

(3) 花岗岩残积土中，石英粒含量较多，长石风化后部分呈粉土粒状，黑色矿物已全部风化呈土状。

(4) 花岗岩残积土水理性较差，由于土中黏土颗粒平均仅占6.3%，此层地下水位以上或天然含水量小，土质强度较高，当受地下水浸润后，含水率增加，土质强度明显降低。

4. 路基稳定性评价

20世纪80年代以来，我国高等级公路建设发展迅速，由于高等级公路投资规模大，技术标准高，要求路基条件坚实稳定，这就对工程地质工作者提出了更高的要求，特别是在地质勘察中的深度和广度上要求更高了。

在第四纪地层中路基的稳定性取决于第四纪地层的物理力学指标的可靠性，为此，根据厦门地区第四纪主要地层的物理力学特征评价其路基稳定性。

1) 亚黏土

亚黏土在厦门地区分布广泛，从时代上有 $Q_2 \sim Q_4$，从成因上有残积、坡积、冲积、洪积或上述成因的混合型，由表6-5中平均值范围可知，亚粉土含水率为21%～30%，孔隙比为0.65～8.17，压缩系数为0.24～0.35 MPa，压缩模量为0.56～8.1 MPa，标贯为11～26击，容许承载力为0.18～0.22 MPa。上述指标说明，除花岗岩残积土物理力学性质的不均一，通过适当处理，作为公路路基也是可以的，同安—集美公路80%是经过此层土，特别是 Q_{2-3} 层的残积及冲洪积亚粉土从原公路路基稳定性表明也是较好的，经过多年运行，没有发现路基破坏性变形。

2) 淤泥或淤泥质土

淤泥或淤泥质土主要分布在中北部北海一带，以黑—灰黑色的腐殖质为主，其主要物理力学指标平均值为含水率44%，孔隙比为1.16，压缩系数为1.04 MPa^{-1}，压缩模量为3.0 MPa，标贯小于1击，容许承载力为0.04～0.08 MPa。上述指标说明，此层工程地质性能不好，各类指标均属软土指标范围，和一般软土地基相比这是比较突出的特征，工程性能差，是一种典型的高压缩性软土，其中最敏感的指标是含水率，含水率是影响路基强度的主要因素之一，因为水率的高低直接影响路基上的压实度及路面弯沉值的大小，这种海相沉积的淤泥质土作为公路路基一般是不好的，从旧公路情况表明，凡通过该层土地段，其路面大多发裂变形，有的像海绵垫似的。作为现代化的高等级公路，在摸清地质条件的前提下，对此类土必须因地制宜地认真加以处理，才能保证路基的长久稳定性，其处理方法目前国内外甚多，常采用的有挤淤、排水、固结等。

6.9.2 汉宜高速公路软土路基处理

1. 概述

湖北宜黄高速公路仙桃—江陵段（亦称仙江段），东起仙桃，西至江陵，全长121 km，是宜黄公路中建设里程最长、地质条件复杂、工程十分艰巨的一段。

仙江段地处江汉平原，所经地段湖相沉积软土广泛分布，地势低注，降雨量大，具有软基多、缺土源、无砂石、地下水位高、建筑物密集等特点，软土层最深达21m，需作特殊处理的软基就达26km，使工程具有艰巨性和基础处理的复杂性。处理好软基段的各种技术问题，就成为如期高质量建成这段高速公路的关键所在。

2. 地质环境条件

（1）江汉平原是中新生代的断陷盆地，接受了原陆相碎屑沉积，即红色岩系，除盆地南部有燕山期花岗岩侵入，以及局部有玄武岩的喷出外，一般无火成岩活动，宜黄公路仙江段跨越的是江汉断陷盆地下沉的凹陷区，下降幅度小，差异性运动不显著，故地质构造比较稳定，地震烈度为Ⅵ度。

（2）第四纪地层，江汉平原在晚第三纪以来，沉积了巨厚的第四系，而宜黄公路仙江段又是平原中的腹地，主要沉积为一套冲洪积层的二元结构体，即下部为粗颗粒砂砾石层，上部为软弱的粉性土层，其分布厚度，除砂砾石层外，软土厚度一般为5～8m，最厚达21m，砂砾石层顶板高程为7～7.6m之间，砾石成分以火成岩为主。

3. 各类土层的物理力学性质

各地层包括地表土层、淤泥层、淤泥质土层、粉土及亚粉土层、砂层、砾石层等，其主要物理力学指标见表6-7。

表6-7 各土层物理力学性质统计

	土类	单位		黏土	黏土	亚黏土	亚黏土	亚黏土	平均值
地表土层	土的状态		硬～软塑		硬～软塑	软塑	硬塑	硬塑	
	天然含水率	%	35.8～48.9		28.8	27.84	28.6	32.71	30.75
	密度	g/cm³	1.81		1.92	1.95	1.90	1.80	1.88
	干密度	g/cm³	1.33～1.22		1.491	1.53	1.48	1.36	1.44
	孔隙比		1.056～1.254		0.828	0.76	0.84	1.01	0.899
	液性指数		0.4～1.0		0.8	0.8	0.73	0.47	0.64
	容许承载力	MPa	0.1～0.16	0.131～0.152	0.14～0.15	0.196	0.19	0.11	0.145
	土类	单位	淤泥	淤泥	淤泥	淤泥	淤泥	淤泥	平均值
淤泥层	土的状态		流塑	流塑	流塑	流塑	流塑	流塑	
	天然含水率	%	56.53	73.94	68.4	66.22	66.66		66.33
	密度	g/cm³	1.70	1.52	1.61	1.66	1.57		1.61
	干密度	g/cm³	1.09	0.87	0.96	1.00	0.94		0.97
	孔隙比		1.52	2.14	1.908	1.72	1.91		1.33
	液性指数		1.23	1.72	1.31	1.38	1.01		1.33
	容许承载力	MPa		0.041	0.04	0.049	0.059	0.058	0.049

续表

	土类	单位							平均值
淤泥质土层	土类		亚黏土	亚黏土	亚黏土	亚黏土	亚黏土	黏土	平均值
	土的状态		流塑	流塑	流~软塑	流塑	流塑	流塑	
	天然含水率	%	42.72	40.69	41.38~44.79	50.06~39.72	38.1	39.0	41.90
	密度	g/cm³	1.70	1.75	1.77~1.79	1.68~1.82	1.81	1.79	1.70
	干密度	g/cm³	1.12	1.07	1.25~1.24	1.12~1.30	1.31	1.29	1.17
	孔隙比		1.206	1.18	1.14~1.24	1.09~1.45	1.04	1.11	1.13
	液性指数		1.47	1.38	1.10~1.12	1.30~1.53	1.47	0.70	1.24
	容许承载力	MPa	0.05	0.087	0.08~0.087	0.07~0.91	0.094	0.093	0.079
黏土或亚黏土层	土类		黏土	亚黏土	亚黏土	亚黏土	亚黏土	黏土	平均值
	土的状态		硬~软塑	硬塑	硬~软塑	硬~软塑	硬塑	硬~软塑	硬~软塑
	天然含水率	%	24.3~46.0	27.3	26.93~32.0	31.3~32.8	28.4	29.97	22.5	27.31
	密度	g/cm³		1.94	1.75~1.77	1.92~1.94	1.95	1.91	1.99	1.91
	干密度	g/cm³		1.52	1.38~1.34	1.45~1.48	1.52	1.47	1.62	1.50
	孔隙比		0.656~1.247	0.78	1.07~1.12	0.862~0.860	0.80	0.85	0.7	0.818
	液性指数		0.2~0.8	0.31	0.45~0.52	0.55~0.82	0.33	0.4	0.22	0.351
	容许承载力	MPa	0.1~0.35	0.282	0.098~0.18	0.1~0.3	0.274	0.253	0.26~0.30	0.195
砂层	土类		黏~细砂	粉~细砂	细砂	粉~细砂	细~中砂	粉~细砂	平均值
	土的状态		松~中密	松~中密	中密	中密	中~密实	中密	
	63.5的贯入击数	击		19~31	11~13	22~29			20.8
	土类名称		圆砾-卵石层						
	土的存在状态		紧密						
	土的成分		岩浆岩						
	粒径/cm	cm	1~2.00						

4. 软土层的特性

软土主要指淤泥及淤泥质土,根据表6-7可知,软土具有含水率高,密度小,孔隙比大,液性指数大,允许承载力低的特点,除此以外,软土的压缩性大,淤泥的压缩系数平均值为0.95 MPa^{-1},最大达1.74 MPa^{-1},压缩模量平均值为2.59 MPa;淤泥质土的压缩性系值为0.65 MPa^{-1},最大为1.07 MPa^{-1},压缩模量平均值为2.59 MPa,最小为2.18 MPa。另外,软土的抗剪强度低,淤泥的快剪平均凝聚力为0.012 MPa,最小为0.009 MPa,快剪平均内摩擦角为8.12°,最小为3.0°,淤泥质土的快剪平均凝聚力为0.026 MPa,最小为

0.004 MPa，快剪平均内摩擦角为6.97°，最小为3.0°。

5. 软土地基处理

仙江公路处在独特的地质条件下，地下水位高，是沿线分布有河湖相交替沉积的软土层，降低了地基的强度和稳定性。为了保证路基、路面稳固，必须采取处理措施。

1) 软基处理方案

(1) 预压砂垫层法。

预压砂垫层的适用范围是：软土层厚度为3.0～5.0 m，地表硬壳层有一定承载力；软土层厚度大于5.0 m，地表硬壳层的厚度大于2.0 m；软土层分布在地表，软土层厚度5.0 m 似内为软基。

预压砂垫层的结构为双层结构，下部为40 m厚的密实的中粗砂，上部为20 m厚的密实的粉细砂。

(2) 竖向塑料排水板（插板）加砂垫层法。

① 塑料插板加砂垫层法适应软土层厚度大于5.0 m，地表硬壳厚度小2.0 m 的软基。

② 塑料插板的尺寸为100 mm×4 mm。

③ 塑料插板的平面布置为梅花形，井距为1.5 m，砂井影响范围等效圆直径为1.575 m。

④ 塑料插板的插入深度随软土层厚度而定，一般以穿过软土层为准，井深一般为60～8.0 m，最大井深为12.0 m。

⑤ 塑料插板加砂垫层的结构要求如下：

a. 将中粗砂灌入塑料插板的井中，并使其密实，注入深度为1.0～2.0 m。

b. 为降低造价，砂垫层为双层结构，密实后厚度共30 cm，下部为20 cm 厚的中粗砂，上部为10 cm 厚的粉细砂。

c. 塑料插板在地基表面预留0.5 m，并将预留段平放于中粗砂层中部。

(3) 塑料插板加横向塑料排水板法。

该方法的适用范围、插板尺寸、插板的平面布置、板距及深度均与塑料插板加砂垫层的方法相同。不同之处是水平方向排水的结构采用横向塑料排水板。横向塑料排水板断面尺寸230 mm×6 mm，横向排水沟的断面尺寸30 cm×30 cm。横向排水板平放于沟底，将竖向排水板固定在横向排水板上，用排水性好的土将排水沟填平。此外，对部分剩余沉降量较大的路段在路面施工前，还增加了强夯处理工序，作为减少沉降的补充处理措施。

2) 软基处理效果

据观测断面所取得的沉降、水平位移、孔隙水压力的大量观测数据分析，本工程软基处理措施已达到预期效果。在路堤完成后，地质条件最差的软基观测断面经过400 d 间歇期，也已完成了地基总沉降量的93%，效果相当理想。

另外，对典型断面有关控制指标进行了经常性的监测，也未出现较大范围的地基失稳。这也说明实施的软基处理排水固结效果是好的。

复习思考题

6-1　地基处理的意义和目的是什么?
6-2　什么是复合地基? 举例说明。
6-3　地基处理有哪些主要的方法?
6-4　换填法的基本原理及作用是什么?
6-5　强夯法加固地基的机理是什么? 它与重锤夯实法有何不同?
6-6　排水砂井与挤密砂桩有何区别?
6-7　化学加固法有哪几种? 加固机理是什么?
6-8　加筋法的主要机理是什么?
6-9　什么是托换技术? 有哪些常用方法?

6-10　某房屋为 4 层砖混结构,承重墙传至 ±0.00 处的荷载 $F=200\,\text{kN/m}$。地基土为淤泥质土,重度 $\gamma=17\,\text{kN/m}^3$,承载力容许值 $[f_\text{cu}]=60\,\text{kPa}$,地下水位深 1 m。试设计墙基及砂垫层(提示:砂垫层承载力容许值 $[f_\text{cu}]=120\,\text{kPa}$,扩散角 $\theta=23°$)。

参 考 文 献

[1] 中华人民共和国国家标准．GB 50007—2011 建筑地基基础设计规范．北京：中国建筑工业出版社，2012.
[2] 中华人民共和国国家标准．GB 50009—2001 建筑结构荷载规范．北京：中国建筑工业出版社，2002.
[3] 中华人民共和国行业标准．JGJ 79—2002 建筑地基处理技术规范．北京：中国建筑工业出版社，2002.
[4] 中华人民共和国行业标准．JGJ 106—2003 建筑基桩检测技术规范．北京：中国建筑工业出版社，2003.
[5] 中华人民共和国行业标准．JGJ 94—2008 建筑桩基技术规范．北京：中国建筑工业出版社，2008.
[6] 中华人民共和国行业标准．JTG D60—2004 公路桥涵设计通用规范．北京：人民交通出版社，2004.
[7] 中华人民共和国行业标准．JTG D63—2007 公路桥涵地基与基础设计规范．北京：人民交通出版社，2007.
[8] 中华人民共和国行业标准．JTG D61—2005 公路圬工桥涵设计规范．北京：人民交通出版社，2005.
[9] 王晓谋．基础工程．4 版．北京：人民交通出版社，2010.
[10] 任文杰．基础工程．北京：中国建材工业出版社，2007.
[11] 王协群，章宝华．基础工程．北京：北京大学出版社，2006.
[12] 陈仲颐，叶书麟．基础工程学．北京：中国建筑工业出版社，1996.
[13] 钱家欢．土力学．南京：河海大学出版社，1995.
[14] 周景星，王洪瑾，等．基础工程．北京：清华大学出版社，1996.
[15] 《岩土工程手册》编委会．岩土工程手册．北京：中国建筑工业出版社，1994.
[16] 凌治平．基础工程．北京：人民交通出版社，1998.
[17] 刘世凯，陆永清，欧湘萍．公路工程地质与勘察．北京：人民交通出版社，1999.
[18] 赵明华．土力学与基础工程．武汉：武汉工业大学出版社，2000.
[19] 陈国兴，樊本良．基础工程学．北京：中国水利水电出版社，2002.
[20] 刘金砺．桩基础设计与计算．北京：中国建筑工业出版社，1990.
[21] 林宗元．岩土工程治理手册．沈阳：辽宁科学技术出版社，1993.
[22] 张明义．基础工程．北京：中国建材出版社，2002.
[23] 顾晓鲁，钱鸿缙．地基与基础．2 版．北京：中国建筑工业出版社，1995.
[24] 陈希哲．土力学地基基础．北京：清华大学出版社，1999.
[25] 赵明华．基础工程．北京：高等教育出版社，2002.
[26] 赵明华．桥梁桩基计算与检测．北京：人民交通出版社，2000.
[27] 席永慧，潘林友．土力学与基础工程．北京：高等教育出版社，2002.
[28] 赵明华，李刚．土力学地基与基础疑难释义．北京：中国建筑工业出版社，1998.
[29] 地基处理手册编写委员会．地基处理手册．北京：中国建筑工业出版社，1998.
[30] 张力霆．土力学与地基基础．北京：高等教育出版社，2002.
[31] 胡厚田．土木工程地质．北京：高等教育出版社，2001.
[32] 周京华．地基处理．成都：西南交通大学出版社，1997.
[33] 黄生根，张希浩，曹辉．地基处理与基坑支护工程．武汉：中国地质大学出版社，1999.
[34] 龚晓南．深基础工程设计手册．北京：中国建筑工业出版社，2000.
[35] 高大钊．土力学与基础工程．北京：中国建筑出版社，1998.
[36] 余志成，施文华．深基抗支护设计与施工．北京：中国建筑工业出版社，1997.
[37] 王钊．基础工程原理．武汉：武汉大学出版社，2001.